U0186381

“十三五”国家重点图书出版规划项目

中国高分辨率对地观测系统
数据处理与应用丛书

丛书主编　顾行发

高分四号卫星遥感参数反演

秦其明　等著

高等教育出版社·北京

内容简介

高分四号卫星是我国研制的50 m空间分辨率地球同步轨道光学卫星，定位于海南岛正南方（东经105.6°）的赤道上空。卫星观测面积大，能够对某一地域持续观测，代表了目前我国地球同步轨道遥感卫星最高分辨率水平。

本书是国内首部介绍地球同步轨道卫星遥感数据参数反演的专著，主要介绍了基于高分四号卫星数据的大气参数、陆地参数和水体参数遥感反演的最新成果。在简述遥感正演与反演理论和建模方法基础上，重点阐述了云检测建模与算法，气溶胶光学厚度、植被指数、植被覆盖度、叶面积指数、地表反照率、水体指数、雪盖指数反演与建模，并给出了相关的算法流程和伪代码。本书还介绍了高分四号卫星遥感参数反演系统设计与实现，以及在轨卫星的遥感反演产品生产方法和主要技术流程。

本书可供地学、环境、大气、水资源利用等领域专业人员与高校遥感专业师生参考。

图书在版编目（CIP）数据

高分四号卫星遥感参数反演 / 秦其明等著. -- 北京：高等教育出版社，2021. 1

（中国高分辨率对地观测系统数据处理与应用丛书 / 顾行发主编）

ISBN 978-7-04-056209-5

Ⅰ. ①高… Ⅱ. ①秦… Ⅲ. ①高分辨率－卫星遥感－遥感数据－研究 Ⅳ. ①TP75

中国版本图书馆CIP数据核字（2021）第114383号

策划编辑 关 焱　　责任编辑 关 焱　　封面设计 王凌波　　版式设计 徐艳妮
插图绘制 邓 超　　责任校对 马鑫蕊　　责任印制 赵 振

出版发行 高等教育出版社
社　　址 北京市西城区德外大街4号
邮政编码 100120
印　　刷 天津嘉恒印务有限公司
开　　本 787 mm×1092 mm 1/16
印　　张 16.75
字　　数 370千字
购书热线 010-58581118
咨询电话 400-810-0598

网　　址 http://www.hep.edu.cn
　　　　 http://www.hep.com.cn
网上订购 http://www.hepmall.com.cn
　　　　 http://www.hepmall.com
　　　　 http://www.hepmall.cn

版　　次 2021年 1 月第1版
印　　次 2021年 1 月第1次印刷
定　　价 198.00元

本书如有缺页、倒页、脱页等质量问题，请到所购图书销售部门联系调换

物 料 号 56209-00
GAOFENSIHAO WEIXING YAOGAN CANSHU FANYAN

《中国高分辨率对地观测系统数据处理与应用丛书》编委会

丛书编者的话

自改革开放至今的40多年间,我国航天遥感应用大胆创新,快速发展,直面信息化浪潮猛烈冲击,逐步形成时代新特征,技术能力从追赶世界先进技术为主向自主创新为主转变,服务模式从试验应用型为主向业务服务型为主转变,行业应用从主要依靠国外数据和手段向主要依靠自主数据转变,发展机制从政府投资为主向多元化、商业化发展转变,成为我国战略性新兴产业重要组成。

为顺应我国当前社会、经济、科技和全球化战略发展需求,促进航天遥感应用转型发展,我国适时提出并相继实施了"高分辨率对地观测系统"重大专项(以下简称高分专项)、国家民用空间基础设施中长期发展规划(以下简称空基规划)和航天强国战略等相关遥感应用的"新三大战役"。其中高分专项是《国家中长期科学和技术发展规划纲要(2006—2020年)》中16个重大专项之一,通过工程研发与建设,提升我国自主卫星遥感应用水平与能力,现已进入科研成果的收获期。

《中国高分辨率对地观测系统数据处理与应用丛书》(以下简称《丛书》)以此为契机,以航天遥感应用理论研究与应用基础设施建设为主题,兼容并蓄高分专项及这一阶段我国航天遥感应用领域研究成果,形成具有较完整结构的有关遥感应用理论与实践相结合案例的系统性阐述,旨在较全面地反映具有我国特色的当代航天遥感应用整体状况与变化新趋势。

丛书各卷作者均有主持或参与高分专项及我国其他相关国家重大科技项目的亲身经历,科研功底深厚,实践经验丰富,所著各卷是在已有成果基础上的高水平的原创性总结。

我们相信,通过《丛书》编委会、遥感应用专家和高等教育出版社的通力合作,这套反映我国航天遥感应用多方面发展的著作将会陆续面世,成为我国航天遥感应用研究中的一个亮点,极大丰富并促进我国这方面知识的积累与共享,有力推动我国航天遥感应用的不断发展!

2019年7月1日

前　　言

“高分辨率对地观测系统”重大专项(简称“高分专项”)是《国家中长期科学和技术发展规划纲要(2006—2020年)》中所确定的16个重大专项之一。“高分专项”自2010年启动实施以来,已成功发射了高分一号(GF-1)卫星、高分二号(GF-2)卫星、高分三号(GF-3)卫星、高分四号(GF-4)卫星、高分五号(GF-5)卫星、高分六号(GF-6)卫星和高分七号(GF-7)卫星。高分系列卫星上搭载的传感器具备了全球覆盖与特定区域实时监测的能力。为了推动国产卫星遥感数据资源的充分利用,中国航天局相关部门设立了高分专项应用共性关键技术项目(民高分),“基于GF-4卫星数据的特征参数反演技术”项目(编号11-Y20A05-9001-15/16)是其中之一,旨在从卫星遥感数据中提取地表参数信息,以地表参数产品的形式呈现给有关应用部门和相关用户,有利于应用者避开地表参数信息提取的复杂技术环节,提高卫星遥感数据的应用效率,拓展卫星遥感数据的应用范围,推动遥感数据产品的产业化和国产化。

“基于GF-4卫星数据的特征参数反演技术”项目主承研单位为北京大学,参研单位为民政部卫星减灾应用中心(现应急管理部国家减灾中心)、中国科学院遥感与数字地球研究所(现中国科学院空间信息创新研究院)和中国矿业大学。2015年12月29日,我国在西昌卫星发射中心用长征三号乙运载火箭成功发射GF-4卫星。2016年6月13日,我国首颗地球同步轨道高分辨率对地观测卫星GF-4结束在轨测试,正式投入使用。2016年9月底,GF-4卫星多光谱相机定标系数发布。围绕任务书的研制目标与技术考核要求,项目相关研制单位密切合作,基于GF-4卫星遥感数据,分别开展了云检测与云覆盖、气溶胶光学厚度、植被指数、植被覆盖度、叶面积指数、地表反照率、水体指数、雪盖指数等特征参数反演共性关键技术研究,开发出具有独立自主知识产权的8种特征参数反演模型插件与集成系统。结合GF-4卫星遥感数据与定标数据,项目组人员在应急管理部国家减灾中心等主用户组织与安排下,针对任务书要求达到技术考核指标,积极开展了模型验证与示范应用,预期成果达到或超过任务书考核要求,于2019年7月24日通过该项目专家验收。

本书是“基于GF-4卫星数据的特征参数反演技术”项目集体研究成果的总结与凝练，内容反映了GF-4卫星大气参数、陆表参数和水体参数遥感反演的最新成果。全书共10章。第1章为遥感反演绪论，在简述GF-4卫星与主要载荷特点的基础上，重点阐述了遥感反演涉及的地球表层电磁波辐射传输过程、遥感正演与反演问题，以及参数反演理论、方法和建模基础。第2章为云检测建模与算法，该章在研究现状基础上，分别阐述了云去除与云修补原理与建模方法，给出了GF-4卫星数据云检测算法流程和伪代码，并对该算法给出了应用与验证。第3章为气溶胶光学厚度反演，在综述气溶胶光学厚度反演技术现状基础上，阐述了气溶胶反演原理与建模方法，介绍了算法流程与伪代码实现，并将反演结果与地基数据和国外卫星气溶胶反演产品分别进行了对比。第4章介绍了植被指数建模与反演的主要成果，包括植被指数研究现状及合成与优化方法，给出了归一化植被指数(NDVI)、增强型植被指数(EVI)、土壤调节植被指数(SAVI)三种不同植被指数模型和植被指数合成方法，并给出了上述三种不同植被指数模型的算法流程与伪代码实现。结合应用需要，分别给出了基于单幅图像和基于时序图像的植被指数应用与分析。第5章介绍了植被覆盖度建模与反演的主要成果，围绕植被覆盖度建模相关问题，分别介绍了植被覆盖度统计模型、混合像元分解模型和机器学习方法研究现状，阐述了像元二分法与植被指数法计算植被覆盖度原理和建模方法，探讨了植被覆盖度算法的实现，给出了植被覆盖度伪代码，并结合地面实测数据与无人机数据开展了验证。第6章结合叶面积指数反演问题，分别给出了统计模型、物理模型和混合模型研究现状，在阐明叶面积指数反演原理与建模方法基础上，分别给出了统计模型、物理模型和混合模型的算法流程和伪代码实现，最后给出了叶面积指数区域应用和多尺度验证结果。第7章结合地表反照率反演问题，分别讨论了物理模型与半经验模型，并对核驱动二向反射分布函数(BRDF)模型构建、窄波段反照率估算和窄波段反照率转宽波段反照率等具体方法做了研究，在此基础上给出了算法流程和伪代码实现。结合应用要求，分别开展了基于MODIS卫星数据和基于Landsat 8卫星数据的交叉验证。第8章为水体指数的构建与反演。在该章中，分别给出了研究现状，在分析水体光谱特征基础上阐明了水体指数的基本原理与建模方法，分别给出了水体指数算法流程和伪代码，最后给出了应用与分析案例。第9章讨论了雪盖指数的构建与反演。该章由研究背景与研究现状入手，阐明了雪盖光谱特征和模型构建方法，给出了算法流程和伪代码实现，通过雪盖指数计算和雪盖像元提取，给出了应用案例。第10章阐述了基于GF-4卫星遥感数据的参数反演系统设计与实现，以及在参数反演系统支持下生成遥感产品的内容，给出了代表未来发展的遥感反演产品在轨卫星生产方法和主要技术流程，旨在为实时提供高精度卫星遥感反演产品提供更多的技术参考，满足国家应急管理迫切应用需求。

本书各章节执笔者写作分工如下：第 1 章为秦其明；第 2 章为胡昌苗、白洋、唐娉；第 3 章为张文豪、吴俣、徐辉、张丽丽、余涛；第 4 章为孙元亨；第 5 章为郑小坡、周公器、孙元亨；第 6 章为孟庆岩、张琳琳、张海香；第 7 章为汪子豪、秦其明、韩谷怀、赵作鹏、孙越君；第 8 章为张添源；第 9 章为张添源；第 10 章为秦其明。

在本书写作过程中，部分章节素材采用了秦其明教授指导的研究生论文，反演模型和参数反演系统部分吸收并采纳了秦其明、任华忠、叶昕、张添源、孙元亨、周公器、吴自华、郑小坡、龙泽昊等多人讨论形成的系统设计与系统开发研制的相关文档。此外，作者在承担的国家重点研发计划项目（编号 2016YFD03006）中第三课题“作物生长与生产力卫星遥感监测预测”（编号 2016YFD0300603）部分科研任务中，使用了 GF-4 卫星遥感数据及其研究成果，在示范区域应用相关地表参数反演模型进行作物长势监测，效果良好。本书编辑出版中得到该课题（编号 2016YFD0300603）部分科研经费资助。

本书内容丰富，书中的参数反演模型及反演算法力求简单清楚，选用的图像、插图力求有代表性，能够代表最新的研究成果。我们希望本书的问世有助于读者全面了解“基于 GF-4 卫星数据的特征参数反演技术”项目成果，同时也希望 GF-4 卫星数据的特征参数反演模块与集成系统在更为广阔的范围内得到检验、完善与应用，在此特别感谢承担特征参数反演模块与集成系统设计与开发项目的主要成员余涛、吴玮、孟庆岩、聂娟、任华忠、赵作鹏、唐娉等人的贡献。

秦其明对全书进行了统一审稿与修改。囿于著者的能力和水平，本书难免存在错误和疏漏，欢迎广大读者批评指正。

秦其明

2020 年 10 月

目　　录

第1章

绪　　论

遥感反演是定量遥感研究的前沿问题之一,也是“高分专项”亟待解决的关键共性技术之一[①]。本章在简述高分四号卫星与主要载荷的特点基础上,对比分析了高分四号卫星载荷的谱段设置与波谱特性。结合后续章节涉及的特征参数遥感反演,重点阐述了地球表层电磁波辐射传输过程,以及遥感正演与反演理论、方法和需要解决的问题,旨在给出特征参数遥感反演的技术全貌。

1.1　GF-4 卫星主要载荷与波谱特性

1.1.1　GF-4 卫星主要载荷与技术指标

2015 年 12 月 29 日,高分四号卫星(以下简称“GF-4 卫星”)在西昌卫星发射中心由长征三号乙运载火箭成功发射,定点于东经 105.6°赤道上空,距离地表约 36000 km,成为我国首颗地球同步静止轨道高分辨率光学成像遥感卫星,于 2016 年 6 月正式交付使用。

GF-4 卫星主要载荷为一台大面阵光学相机,采用 6 个通道对地观测。6 个通道均采用大面阵图像同时成像模式,一幅图像各像元相对几何精度很高。相机获取的单景图像观测幅宽,在可见光与近红外谱段为 500 km×500 km,在中波红外谱段为 400 km×400 km。可见光近红外通道(利用滤光轮实现 5 谱段辐射细分,细分后的全色波段和蓝绿光、绿光、红光、近红外谱段辐射能量被探测器转化为电信号)重复观测周期为 5 s,中波红外通道重复观测周期为 1 s,可以在数分钟内对用户下达的灾害应急观测任务做出响应(练敏隆等,2016)。

---

① 科技部,发展改革委,财政部关于印发《国家科技重大专项(民口)管理规定》的通知,国科发专〔2017〕145 号,2017 年 06 月 01 日。

GF-4 卫星相机设计的每天工作时间为平均 2 小时,白天时段,可见光近红外通道和中波红外通道均可观测,夜间可使用中波红外通道进行观测。GF-4 卫星主要载荷具有对目标进行长期连续监视和跟踪观测的能力,凝视模式下可对同一区域连续成像 20 景左右,是目前国内时间分辨率最高的大面阵相机;巡航模式下,通过不断地改变卫星镜头观测角度,可以实现全国地表的快速观测,充分发挥地球静止轨道卫星的对地遥感优势。

GF-4 卫星主要载荷采用的谱段范围、中心波长、空间分辨率、幅宽及重访周期等主要技术指标(表 1.1),决定了该传感器获取遥感数据的可适用范围与应用领域,其中大面阵光学相机谱段范围与波谱特性更是实现大气、水体与地表植被特征参数遥感反演的基础。

表 1.1 GF-4 卫星光学相机的主要技术指标

谱段范围/nm	星下点地面像元分辨率/m	星下点单景成像幅宽/km	信噪比/dB	噪声等效温差/dB	重复观测周期/s
B1:0.45~0.90	50	500×500	优于 46(太阳高度角 80°,反射率 0.8)		5(可见光近红外 5 个通道)
B2:0.45~0.52	50	500×500			
B3:0.52~0.60	50	500×500			
B4:0.63~0.69	50	500×500	优于 23(太阳高度角 10°,反射率 0.05)		
B5:0.76~0.90	50	500×500			
B6:3.5~4.1	400	400×400		0.2K@350K	1(中波红外通道)

注:据练敏隆等(2016);孟令杰等(2016)。

1.1.2 谱段设置与波谱特性分析

1887 年,德国物理学家赫兹用实验证实了电磁波的存在。1898 年,马可尼通过实验证明了光是一种电磁波,并发现了更多形式的电磁波。这些电磁波本质完全相同,只是波长和频率存在很大的差别。之后,1948 年,苏联科学家克里诺夫出版了国际上首部地物光谱反射特性专著《自然地物的光谱反射特征》(李兴,2006)。自 20 世纪 60 年代起,美国为发射地球资源卫星,曾对地物波谱特性开展了全面的研究。20 世纪 80 年代起,我国也开始了地物波谱特性的系列研究(童庆禧等,1990)。大量研究成果揭示:在电磁波与复杂地物相互作用过程中,地表任何地物都具有反射和发射电磁辐射的能力,由于组成不同物质的分子、原子性质和结构规模不同,这些地物对于电磁波不同波长,具有的反射和发射电磁辐射的能力是不同的。人们把地物电磁波谱响应特性随电磁波长改变而呈现的变化规律,称为地物波谱。

地物波谱是电磁辐射与地表物体相互作用的结果。大量地物波谱测量实验表明,大气、水体与地表不同物质反射、散射、透射、吸收和发射电磁波的能量是不同的(梅安新等,2001)。在可见光到近红外谱段,地物的波谱特性可以采用地物自身具有的反射、透射或吸收来进行描述,在中红外谱段,地物不仅具有对太阳辐射反射、透射或吸收的特性,也具有自身辐射的特性。鉴于卫星光学传感器仅能接收来自地球表层的反射或者辐射,因此,从可见光到反射红外谱段,反射率被用来描述地表物体的波谱特性。由于不同地物的反射率在电磁波段是存在差别的,据此可以判断地物的属性。在中红外谱段,地表物体在白天具有反射太阳辐射和自身辐射的特性,在夜间物体自身辐射为主,其特性可以采用辐射亮度来度量。

地物波谱特性反映出地物内在的物理、化学和生理信息,是定量遥感研究的重要内容,也是遥感图像识别地物或构建遥感反演模型的物理基础。表 1.2 给出了 GF-4 卫星光学相机谱段设置与对应波段对地物的识别能力,它在遥感正演与反演中有着重要的作用。

表 1.2 GF-4 卫星光学相机谱段设置与识别能力

波段序号	波段	波长范围/μm	波谱特性与识别能力
1	全色	0.45~0.90	该波段覆盖了可见光到近红外谱段区间,可以识别地表主要地物类型,如城镇、森林、草场、裸地、沙漠、水体以及积雪等
2	蓝绿光	0.45~0.52	对水体有透射能力,能够反射浅水水下特征,植被类胡萝卜素强吸收(刘畅等,2016)、Fe^{3+}吸收,区分人造地物类型
3	绿光	0.52~0.60	健康植被叶绿素反射率高(Carter,1993),可区分植被类型和评估作物长势,区分人造地物类型,对水体有一定透射能力
4	红光	0.63~0.69	植被叶绿素强吸收谱段,区分植物类型,区分人造地物类型
5	近红外	0.76~0.90	绿色植物强反射与水体强吸收谱段,对大气水汽含量敏感,区分植被种类和测定植被生物量,识别水陆边界和土壤含水量等
6	中波红外	3.5~4.1	中波红外敏感谱段,探测地表高温辐射源,如监测森林火灾、火山活动等,区分人造地物类型

注:据秦其明等(2018)。

GF-4 卫星光学相机谱段设置、技术指标和地物波谱特性制约并影响着遥感反演模型的构建和参数反演的精度,因此有必要进行对比分析。

GF-4 卫星遥感相机与陆地成像仪(Operational Land Imager,OLI)比较,两者因卫星运行轨道不同,呈现出明显不同的特点,分析如下:

GF-4 卫星为静止轨道卫星,运行轨道平面与地球赤道平面重合,且轨道运行周期等于地球的自转周期,其运行方向与地球的自转方向保持一致,即 GF-4 卫星定位于东经 105.6°赤道上空,与地面的位置相对保持不变,它持续提供上行和下行数据传输通道,以及较强姿态机动能力,卫星搭载的大幅面相机可对我国及周边地区进行观测,其时间分辨率显著高于 OLI。

Landsat 8 是美国陆地卫星计划的第八颗卫星,它搭载着 OLI 和热红外传感器(Thermal Infrared Sensor,TIRS),于 2013 年 2 月 11 日发射成功。该卫星距地表 705 km,采用近极地太阳同步轨道运行，卫星轨道平面绕地球自转轴旋转，卫星运行一圈都要经过南北两极附近，其旋转角速度等于地球公转的平均角速度（360°·a^{-1}），其方向与地球公转方向相同，对同一地区成像时的重访周期为16天。卫星以相同的方向经过同一纬度的当地时间是相同的，这使获取地表图像、图像的地面接收等都十分方便。相较于GF-4卫星遥感相机获取的遥感图像，OLI陆地成像仪获取影像的时间分辨率低，但卫星成像时地方时相同，其相邻两次成像时太阳高度角与方位角变化不大，尤其在中低纬地域成像时，太阳高度角变化对OLI遥感图像影响很小，而GF-4卫星遥感相机在同一天对同一地域多次成像，对于精确反演来说，需要考虑太阳高度角与方位角的变化。

对比GF-4卫星凝视相机与OLI波段设置（表1.3）可以发现，两者具有多处不同。GF-4卫星相机具有6个波段，各个波段对地物识别能力已经在表1.2中进行了介绍。

表1.3 GF-4卫星凝视相机与OLI陆地成像仪波段设置比较

GF-4卫星凝视相机			OLI陆地成像仪		
波段序号	波谱范围/μm	空间分辨率/m	波段序号	波谱范围/μm	空间分辨率/m
1	0.45~0.90	50	8	0.500~0.680	15
			1	0.433~0.453	30
2	0.45~0.52	50	2	0.450~0.515	30
3	0.52~0.60	50	3	0.525~0.590	30
4	0.63~0.69	50	4	0.630~0.670	30
5	0.76~0.90	50	5	0.845~0.885	30
			6	1.570~1.650	30
			7	2.110~2.290	30
			9	1.360~1.380	30
6	3.5~4.1	400			

注：GF-4第一波段与OLI第八波段均为全色波段。

OLI在波段设置上沿袭了Landsat 7 ETM+的可见光至短波红外的所有波段，但把Landsat 7卫星具有的热红外波段成像功能改由TIRS承担。Landsat 8上携带的TIRS传感器，采用两个热红外通道观测地表热辐射，这是对TM/ETM+传感器热红外成像功能的拓展。与GF-4卫星相机具有6个波段相比，OLI在可见光至短波红外方面设置上，包括1个全色和8个多光谱波段，缺少GF-4卫星相机独具的中红外遥感波段。

与GF-4卫星相机全色波段相比，OLI全色波段（第八波段）的波段范围（0.500~0.680 μm）较窄，便于在图像中区分植被和无植被特征。在多光谱波段上，OLI具有GF-4卫星相机未能设置的4个波段：第一波段，即海蓝波段（0.433~0.453 μm），主要用于海岸带观测与识别；第六波段，即第一短波红外波段（1.570~1.650 μm），该波段有较好的大气、云雾分辨能力，并能有效地区分裸露土壤，水体和道路，也能对比区分不同植被长势；第七波段，即第二短波红外波段（2.110~2.290 μm），该波段能够分辨不同植被覆盖和土壤含水量状况，也可识别碳酸盐矿物、黏土，可识别与分析Al-OH/Fe-OH矿物；第九波段，即卷云波段(1.360~1.380 μm),该波段包含水汽强吸收特征,适用于云检测等。此外,为了避免大气吸收部分特征,OLI 对 ETM+第五波段进行了重新调整,调整后第五波段(0.845~0.885 μm),排除了 ETM+第四波段 0.825μm 处大气水汽吸收对成像的影响。

通过上述与 OLI 波段设置对比分析可以发现,GF-4 卫星相机在波段设置上缺少适用于分辨植被长势,区分裸露土壤、水体和道路,以及大气和云雾的 OLI 第六波段,也缺少适用于云检测的 OLI 第九波段,这直接给云检测、反演大气参数和植被不同参数带来了明显的困难,也无法借鉴基于 Landsat 8 数据构建的遥感反演模型。同样,GF-4 卫星相机第五波段设置受到 0.825 μm 处大气水汽吸收的影响,增加了使用该波段进行植被参数反演的难度。

进一步把 GF-4 卫星光学相机与美国和日本的气象静止轨道卫星成像仪进行对比分析(表 1.4):2016 年 11 月 19 日,美国新一代静止气象卫星 GOES-R 发射升空;2014 年 10 月7 日,日本 Himawari-8 卫星成功发射。在波段设置方面,美国 GOES-R ABI 和日本 Himawari-8 AHI,分别为 16 个观测通道(GF-4 卫星为 6 个观测通道),增加的通道有 10 个,主要集中在 6~14 μm,用于获取大气的热辐射信息。在时间分辨率方面,GF-4 卫星与 GOES-R 卫星和 Himawari-8 卫星同属于地球静止轨道卫星,三者的成像仪在一天里对同一区域都可以多次观测,三者基本处于相同水平。减灾应用服务时效性测试流程表明(吴玮等,2016),GF-4 卫星具有高时效观测能力,最快能在 1.5 小时以内实现从需求申请到产品生产的全链路数据产品服务。

表 1.4 GOES-R ABI 和 Himawari-8 AHI 成像仪的谱段与分辨率

美国 GOES-R ABI			日本 Himawari-8 AHI		
波段序号	中心波长/μm	空间分辨率/km	波段序号	中心波长/μm	空间分辨率/km
1	0.47	1.0	1	0.46	1.0
2	0.64	0.5	2	0.51	1.0
3	0.86	1.0	3	0.64	0.5
4	1.37	2.0	4	0.86	1.0
5	1.6	1.0	5	1.6	2.0
6	2.2	2.0	6	2.3	2.0
7	3.9	2.0	7	3.9	2.0
8	6.2	2.0	8	6.2	2.0
9	6.9	2.0	9	7.0	2.0
10	7.3	2.0	10	7.3	2.0
11	8.4	2.0	11	8.6	2.0
12	9.6	2.0	12	9.6	2.0
13	10.3	2.0	13	10.4	2.0
14	11.2	2.0	14	11.2	2.0
15	12.3	2.0	15	12.3	2.0
16	13.3	2.0	16	13.3	2.0

注:据何兴伟等(2019)。

在空间分辨率方面，GOES-R ABI 和 Himawari-8 AHI 可见光波段分辨率为 0.5~1 km，红外波段 2~4 km，而 GF-4 卫星光学相机在可见光与近红外波段的空间分辨率达到 50 m，是 GOES-R ABI 和 Himawari-8 AHI 的 10~20 倍，中红外波段分辨率达到 400 m，是 GOES-R ABI 和 Himawari-8 AHI 的 5 倍。三颗卫星同在距地面高度约为 36000 km 的静止轨道，GF-4 卫星光学相机与另外两颗卫星传感器相比，提高了图像空间分辨率，反映了成像技术水平的提高。

综上所述，GF-4 卫星光学相机的主要技术指标与波段特性奠定了特征参数遥感反演的基础，同时也制约着特征参数建模的方法与途径。

1.2 电磁辐射传输过程

电磁辐射传输（radiative transfer, RT）是遥感正演与反演的理论基础。辐射传输理论是研究电磁辐射强度在不均匀和随机介质中多次散射、吸收、传播的理论（曾亮等，1990），它在电磁波与复杂地物相互作用的研究领域中有着重要应用，是定量遥感理论构建的基石。

太阳辐射、大气辐射和地表辐射具有不同的特性，但本质都是电磁辐射。电磁辐射通过大气或地表不同介质时与介质发生相互作用（吸收、散射、发射等），辐射传输方程描述了辐射能在介质中的传输过程、特性及其规律。

本节主要讨论光学遥感的电磁辐射传输过程，它进一步可以细分为：太阳辐射透过大气到达地表的下行辐射过程、电磁辐射与下垫面（固体地表和水体）相互作用过程、下垫面上行辐射透过大气下界到达大气上界的遥感平台过程中发生的吸收与散射过程和遥感平台传感器对电磁辐射的响应过程。

1.2.1 太阳辐射的下行辐射过程

太阳是被动遥感主要的辐射源。通常采用太阳常数，即平均日地距离下的大气层外太阳辐亮度来标识太阳辐射，美国国家航空航天局（NASA）给出的人造卫星测得的太阳常数大约为 1367 $W \cdot m^{-2}$（王炳忠，1993）。

太阳辐射主要集中在 350~2500 nm 的波谱区域，这一区域包括了可见光、近红外和短波红外。光学传感器覆盖的电磁波谱区域，除了上述区域，还包括 2500~5000 nm 的中红外波谱区域和 6000~15000 nm 的热红外波谱区域（张磊等，2005）。

太阳辐射透过大气到达地表的下行辐射过程中，存在着太阳辐射与大气相互作用。大气是一种不稳定的传播介质，太阳辐射在大气传播过程中会受到大气分子吸收、散射、湍流扰动等影响。大气中主要的吸收体是部分气体分子，包括氧气（O_2）、臭氧（O_3）、水汽（H_2O）和二氧化碳（CO_2）等。水汽在大气中所占比例较小，却是最为活跃的气体组分，受到温度分布、对流、湍流和云层凝结作用的影响，因此分布复杂。气溶胶是悬浮在气体介质中形成的固体或液体微粒的分散体系，这些大气中的微小粒子与进入大气的电磁辐射相互作用，对太阳辐射具有散射作用。在不同的环境、地区、季节等条件下，其散射作用差别很大，导致电磁辐射在大气中的传输有显著不同。

概括来说，大气对太阳下行电磁辐射的作用主要体现在两方面：

- 吸收作用：通过大气 O_2、O_3、H_2O 和 CO_2 等气体吸收，削弱了到达地表的辐射能量。在云层覆盖时，到达地表的能量更是被大量削弱。
- 散射作用：大气的散射是指太阳电磁辐射在大气中传输时与大气微粒发生碰撞使传播方向发生改变的现象。散射使得辐射沿原来方向上的强度衰减，在其他方向上的辐射强度增加。在这种情况下，太阳辐射能量的一部分未到达地表前就被大气散射了，剩余太阳辐射能量透过大气到达地表。

当太阳入射天顶角θ_s改变时，将会影响太阳下行辐射在大气中的传输距离，增加（或减少）大气对太阳辐射的吸收，并造成大气透过率的改变。

1.2.2 太阳辐射与地表相互作用过程

太阳下行辐射透过大气窗口到达地表下垫面（固体地表和水体），将与地表不同介质发生相互作用。简单来说，不同地物在接收来自太阳辐射能量时，表现出选择性吸收、透射和反射特性。可以利用吸收率、透射率和反射率来分别表示地物选择性吸收、透射和反射特性。

吸收率（α），指入射到物体上而被吸收的电磁辐射（α_i）与入射到物体上的总电磁辐射（E_s）之比。

$$\alpha = \alpha_i / E_s \tag{1.1}$$

透射率（τ），指电磁辐射经过折射穿过介质过程中的出射电磁辐射（τ_i）与入射的总电磁辐射（E_s）之比。

$$\tau = \tau_i / E_s \tag{1.2}$$

反射率（ρ），指物体反射的电磁辐射能量（ρ_i）占总辐射能量（E_s）的百分比。

$$\rho = \rho_i / E_s \tag{1.3}$$

若设到达地表的太阳辐射能量$E_s = 1$，根据能量守恒定律，则有

$$1 = \alpha + \rho + \tau \tag{1.4}$$

在地物参数的光学遥感反演中，使用最普遍的仍是反射率，这是因为光学传感器接收到的电磁辐射强度信号取决于地表物体或大气的反射率ρ，即

$$\rho = 1 - \alpha - \tau \tag{1.5}$$

由公式(1.5)可知,地表反射率总是≤1。在很大程度上,利用地表反射率可以判断物体的不同性质。

在地球表层,平坦地表仅占据地表一部分,山区与丘陵有着广泛的分布。起伏的地形与高耸的山峰造成地形效应,它在地球中高纬度区域表现尤为明显:在山区不同坡度与坡向分布的目标地物,在晴朗天空光照角度不变的情况下,获得的太阳辐射强度存在着差异。

在人类活动频繁区域,大规模农作物种植与收割以及季节变化造成的植被覆盖度变化,直接造成同一地域在不同季节地表景观变化,这种变化的幅度,在农业区最为显著。在山区,特别是中纬度的高山,季节变化造成的植被覆盖变化幅度相对较小。地表覆盖的季节变化,导致了同一区域太阳辐射强度的季节变化,进一步造成地表物体反射太阳辐射强度的变化。

1.2.3 地表上行辐射过程

地表上行辐射,是指地表物体反射或发射太阳辐射,上行穿过大气层到达大气上界传感器入瞳处的整个传输过程。大气效应削弱并部分改变了传感器接收地面目标的"辐射亮度",降低了相邻像元地表亮度的对比,模糊了目标地物和环境背景的差别,造成卫星传感器获取的对地观测图像质量下降。究其原因,在于传感器入瞳处接收的电磁辐射来自多种途径:

- 目标物体的直接辐射。地表目标物体反射辐射上行穿过大气层上界,到达卫星传感器入瞳处的过程中,整个大气层对目标物体反射上行辐射同样有着消光作用,同时大气中H_2O、CO_2、O_3等成分也对上行辐射产生选择性吸收,这使得地面目标物体反射辐射能量到达大气层顶受到明显削弱,能量分布也发生了改变。天空晴朗时,到达卫星传感器入瞳处的目标物体直接辐射能量占接受总能量的大部分。
- 目标物体的散射辐射。地表目标物体反射辐射进入大气,直接辐射被大气粒子向各个方向散射,称为一次散射。部分一次散射被大气粒子再次向各个方向散射,依次类推,大气散射作用会造成多次散射,经历多次大气散射衰减后,其中地表目标物体散射辐射中的一小部分沿传感器观察方向上行到达传感器,这是传感器接收的目标物体的散射辐射能量。
- 大气程辐射。太阳下行辐射在大气传输过程中,受到大气各组分及气溶胶微粒散射后,一部分下行辐射改变传输路径直接进入传感器。
- 邻近效应的贡献。大气多次散射作用,使得邻近地物的反射能量对到达传感器的目标地物反射能量产生了附加贡献,造成了邻近效应。这种效应也称为大气的交叉辐射效应,它降低了图像对比度,使图像变得模糊。

此外,"太阳-目标地物-传感器"的整个辐射传输过程中,也需要关注成像过程中观测几何改变带来的问题。观测几何涉及三维空间中太阳方位角和高度角的变化、地表空间物体高度与结构形态以及传感器观测角度与在轨卫星的空间位置的变化。自然界中目标物体对电磁波的反射,既不是理想的镜面反射,也不是均匀漫反射,大多数情况下呈现出二向性反射,即反射不仅具有方向性,这种方向性还依赖于入射的方向(李小文等,2001)。因此,地物反射光谱随太阳入射角、方位角和卫星搭载传感器的观测天顶角、方位角的改变而改变。上述改变则进一步造成太阳辐射传输穿过大气路径的长度以及地物反射辐射穿过大气路径的长度的变化。

1.2.4 传感器的响应

卫星传感器是采集入瞳辐亮度、传输、转化与存储地物电磁波辐射能量的重要装置,如GF-4搭载的大幅面相机。星载传感器的响应是一个能量传输、转化并存储信息的传输过程。在光学遥感对地成像过程中,地物反射辐射能量,上行穿过大气层后经过成像系统的镜头汇聚到焦平面上,通过焦平面上的光电转换芯片(CCD或CMOS)将入射的光子转化为电子,经过一定的积分时间形成一个电荷包,在转移电路的作用下电荷包被读出,经信号放大、采样、量化后输出到对应像素的DN(digital number)值,经编码后存储为数字图像。

对于具有成像功能的卫星传感器来说,其成像质量会受到多种因素的影响。例如,由于遥感平台本身在姿态稳定度和指向控制精度方面存在不足,飞轮转动、天体引力、振动噪声等均会带来高、低频振动,致使传感器在成像中出现非正常的像移、光轴抖动,导致运动模糊和离焦模糊(樊学武等,2013)。同时,传感器受到光电转换以及电子系统等的影响,存在着暗流噪声、CCD或CMOS像素响应不一致、空间环境高能重离子或质子击穿电子部件的芯片等现象。

上述干扰虽然一部分被成像系统去噪,但仍有一部分作为噪声混入图像。因此,传感器的响应是一个多元函数,具体可表示如下:

$$\mathrm{DN} = f(L, T_0, R_{\mathrm{CCD}}, \beta) + \varepsilon \tag{1.6}$$

式中,DN为传感器响应结果的模拟数值;函数f反映了传感器的响应过程;L是卫星上传感器测量的入瞳辐亮度;T_0为光学系统透过率;R_{CCD}为光电转换的灵敏度或响应函数;β为电子系统增益、转换系数;ε为总体误差,是传感器系统误差与随机误差之和。

传感器对不同电磁波段的响应能力和模数转换精度不同,最终影响遥感图像的质量。原始遥感图像数据是包含辐射误差和几何误差的像元DN值。DN值通常是通过定标方法来校正误差,建立起各成像通道DN值与目标测量真值之间的定量关系。

1.3 遥感正演与反演

1.3.1 遥感正演

遥感"正演"是根据辐射传输理论,构建数学物理模型来仿真地表物体与电磁波相互作用的过程,针对特定地物波谱特性以及已知的具体环境或边界条件来模拟遥感图像或预测观测结果。

遥感正演,有助于深入阐明遥感成像过程中太阳辐射与地球表层不同地物相互作用的过程,深入研究不同地物吸收、反射等物理特性差异,以及它们对传感器接收电磁辐射强度的贡献,认识与分析地表电磁辐射在大气中传输过程,借助数学物理模型来生成不同地表环境与大气状况下的模拟图像,通过人为控制遥感成像条件和传感器相关参数,模拟传感器生成图像的过程,评价新型传感器载荷的性能,并为传感器成像系统设计、图像处理算法验证和参数反演建模等提供技术支撑。

遥感正演建模是针对已知的具体环境或边界条件来模拟生成遥感图像(遥感器对地观测数据)的技术方法,可以说正演建模与成像模拟密切相关。成像模拟从遥感成像机理出发,运用数学物理模型来描述电磁波传播过程,求出观测区域目标地物的电磁波(反射或发射)辐射强度。光学成像过程模拟包括辐射模拟与成像几何模拟。

1)辐射成像模拟

卫星光学遥感成像是一个非常复杂的过程,它包括:①地表目标物体辐射特性模拟;②地表目标物体反射辐射在大气的辐射传输过程模拟;③卫星传感器成像模拟等关键过程,其中涉及三个主要环节(图1.1),现分别叙述如下。

图1.1 遥感成像正演过程示意图

(1)地表目标物体辐射特性模拟

基于辐射传输过程的目标物体辐射特性模拟,是基于遥感成像机理正向建模,对目标物体辐射特性进行正演模拟,获得的模拟图像具有明确的物理意义。模拟得到的图像既可以作为卫星拟搭载的传感器设计依据,又可以支持各种卫星遥感数据定量处理算法的预先研究。

目标物体辐射特性模拟分为两类:

- 地表场景图像的模拟。它根据需要模拟的地域中不同地物类型的分布,确定地表覆盖类型图,基于不同地表覆盖类型,选择已有的地物波谱库,得到每个类型对应像元的波谱数据;根据波段响应函数计算得到目标像元的反射率;重复以上步骤,可得到场景图像的反射率。地表场景图像的反射率,理论上表征了地面对太阳辐射的吸收和反射能力,地面反射率的大小取决于地面不同物体的性质和状态。
- 基于辐射传输模型的特定地物类型正向模拟。不同于地表场景图像模拟,此正向模拟针对具有季节变化性或者受自然环境影响大的目标物体,借助于已有的

PROSPECT 叶片辐射传输模型和 SAIL 植被冠层模型等遥感物理模型,结合辅助数据进行成像模拟。

(2)大气的辐射传输过程模拟

在轨卫星对地观测,传感器透过大气层获取地表图像。因此,地表目标物体辐射信号上行传输到卫星,必然受到大气的散射和吸收影响。大气辐射传输模拟主要有两种不同的途径:

- 直接构建大气辐射传输模型,计算地表目标地物反射太阳辐射的大气透过率、大气路径辐射和大气多次散射,模拟地表太阳辐射透过大气层,经过大气吸收与多次散射后到达大气上界后的表观辐亮度。直接建模需要全面掌握大气辐射传输机理,计算太阳辐射传播路径、大气透射与吸收、气溶胶消光系数、邻近效应等参数,建模与软件研制工作量大。优点是利用正演物理模型,有针对性地解决大气辐射传输面临的具体问题,避免现有大气辐射传输模型的不足或不够灵活、难以适应的问题。
- 利用现有大气辐射传输模型(软件),输入模型需要的参数,依赖给定的大气辐射传输模型与参数,获取地表太阳反射辐射上行穿过大气层到达大气上界的表观辐亮度。现有大气辐射传输模型(软件)为非专业应用人员提供了方便。

上述大气辐射传输过程的模拟,尽管方法不同,但都综合考虑了大气向上的程辐射能量 $L\uparrow$,目标像元地表反射率 ρ_t 以及与波长有关的大气吸收与散射状况。

(3)卫星传感器成像模拟

传感器的成像过程,实质上是传感器系统的点扩散函数与观测场景的卷积过程(余奇等,2017)。传感器成像模拟,是指针对特定的遥感平台搭载的传感器系统,模拟入瞳辐亮度信号经过光学系统、探测器和采集电路之后对光谱响应,形成 DN 值图像的过程。这里,基于针孔成像模型,给出了像素 DN 值与入瞳辐亮度 L 之间的成像公式(1.7)作为传感器成像模拟的参考(王明志等,2017)。

$$\mathrm{DN} = \mathrm{int}\left[\frac{2^m - 1}{V_{\mathrm{REF}}}\left(GT\tau\eta\frac{\pi r^2\left(\frac{a}{f}\right)^2}{hc}\int_{\lambda_1}^{\lambda_2}\lambda \mathrm{d}L + Gn_c + n_g\right)\right] \tag{1.7}$$

式(1.7)中,假定传感器对地观测角度为垂直观测,r 为光学遥感成像系统的光学镜头孔径半径,a 为焦平面上的像素尺寸,f 为焦距。通过以上对光学遥感成像过程中能量转化过程的分析和公式推演,可以得出像素 DN 值与入瞳辐亮度、成像系统的入瞳孔径 r 和透过率 τ、焦距 f、像素尺寸 a、量子效率 η、积分时间 T、增益 G、放大电路的噪声 n_g、量化参考最大电平 V_{REF}、量化位数 m 之间的定量数学关系。

由于星载传感器在轨运行过程中,受到卫星平台轨道和姿态变化、光学调整、精密稳像与调焦机构等带来的系统机械振动的影响,以及传感器噪声、重力梯度和地磁力矩等复杂扰动环境共同作用,入瞳辐亮度进入传感器之后,电信号转化过程中不可避免地出现各种干扰与噪声,因此需要进行传感器成像模拟,评估传感器主要技术指标与任务设计指标的吻合度,分析问题存在的原因。

将上述目标物体辐射特性模拟、大气辐射传输过程模拟及星载传感器成像模拟等多个环节连接起来,形成目标物体辐射到星载传感器成像过程的统一性和连续性,对实现遥感正演有着重要意义,这有助于建立光学成像过程敏感参数误差传递模型,分析敏感参数误差对模拟结果精度的影响,为卫星载荷论证分析与反演模型算法先期研究提供技术支撑。

2)几何成像模拟

几何成像模拟是通过模拟卫星的轨道和姿态,结合传感器设计参数,计算出成像时刻每个像元的地理坐标、观测角度和覆盖的区域,模拟出每个像元的几何特性。由于本书主要讨论地表参数反演,它与辐射成像模拟联系密切。这里仅对几何成像模拟进行简述:

- 模拟卫星的轨道和姿态来确定地面成像的地理位置,建立卫星传感器在地球轨道坐标系中对地成像的观测视线(line of sight,LOS)及其对地观测视点(LOS 与地表的交点)。建立太空轨道坐标系到地球地心旋转坐标系的转换矩阵,在地心旋转坐标系下计算 LOS 与地球表面的交点坐标,获取卫星传感器的成像位置。
- 构建地球轨道坐标系,轨道坐标系的原点是卫星质心,基于卫星在惯性空间中的位置确定其方向。据此建立光学传感器卫星在轨道坐标系中的 LOS,基于传感器的成像方式进行几何成像模拟。
- 成像系统入瞳处的目标地物信号经过卫星光学系统、探测器和采集电路对目标地物进行成像,目标像元的空间响应可通过点扩展函数(point spread function,PSF)进行描述,从功能上讲,PSF 是成像系统光学传递函数的空间域形式。一个观测对象的模拟图像可以被看作是目标对象和 PSF 的卷积。

基于上述几何成像模拟步骤与方法,可以依据 GF-4 卫星的轨道和姿态,结合传感器特定参数和观测角度,模拟出 GF-4 卫星成像时刻每个像元地理位置与覆盖区域。

1.3.2 遥感反演

“反演”是遥感“正演”的反问题,即根据遥感器实际获取的遥感图像数据,逆向推导辐射传输过程,在顾及具体观测条件的基础上建立反演模型,把模型参数和遥感数据以某种定量方式联系起来,并进行求解,求出目标地物的有关参数(如地表反射率、发射率、温度及叶面积指数等植被参量),如果推导过程与反演模型正确,所得到的反演结果就比较符合真实状况。在多数情况下遥感反演问题中,由于遥感信息的不确定性(承继成等,2004),造成反演问题通常具有多解性。正演与反演两者之间有着密切联系。例如,已经知道地球表层特定地域分布的植被在可见光与近红外电磁波段的吸收与反射特征，同时也了解电磁波上行通过大气层瞬间的各种大气参数，求传感器获取植被分布的遥感图像，这是正演。一般来说正演问题是确定的，正演模型参数是相对完备和无噪声的，在绝大多数情况下，遥感正演问题给出的解是唯一的。基于传感器获取的遥感图像，遥感反演地表参数（如植被覆盖度、叶面积指数等）时，受到传感器成像过程中系统噪声和随机噪声影响，以及大气吸收与散射影响，图像信息存在着多种噪声造成的信息不确定性，由此造成地表参数反演具有多解性。

1）遥感反演的影响因素

由本章第1.2节和第1.3节可知，多种影响因素导致了地表参数反演的多解性。为了消除或减弱图像中与目标参数反演无关的信息，提炼或保留有用的真实信息，减少反演结果的多解性，提高遥感参数反演的精准性，需要认清影响反演精度的主要因素及其作用与效应，分析遥感反演过程中导致精度误差的主要原因，以及提高遥感反演精度的方法或途径。为此，表1.5简要叙述了遥感反演精度的主要影响因素与解决途径。

表1.5 遥感反演精度的主要影响因素与解决途径

影响因素	效应与作用	误差存在原因	解决途径
传感器噪声或老化	辐射畸变与成像模糊	传感器成像时存在干扰与噪声	星上定标、场地定标、交叉定标、辐射校正
大气吸收与散射	大气邻近效应和程辐射导致图像目标和环境背景的模糊、对比度降低	大气成分选择性吸收与气溶胶微粒及大气分子散射	大气校正
观测几何动态变化	太阳高度角或方位角的变化改变地表单位面积的辐射能量分配；卫星传感器观测天顶角、方位角的改变造成对地成像位置与成像面积的改变	地球公转与自传导致太阳高度角或方位角改变；用户需求导致卫星传感器观测天顶角方位角的改变	观测几何归一化处理
起伏地形	地形效应与坡度坡向作用（坡度改变到达地表太阳辐射能量大小，坡向造成太阳辐射传输的遮挡→阴影）	地形效应对到达地表的太阳辐射能量进行二次分配	地形效应校正
混合像元	目标地物与环境背景光谱并存在同一图像像元内部，降低反演精度	像元中包括两种或两种以上地物类型	混合像元分解（提取目标端元光谱）

从表 1.5 可知,提高遥感反演精度的途径,依次包括辐射校正(含消除物理量纲)、大气校正、观测几何归一化处理(消除观测几何动态变化导致的不可比性)、地形效应校正(消除或降低坡向、坡度等地形造成的太阳辐射差异)、混合像元分解等,遥感反演流程见图 1.2,分别叙述如下。

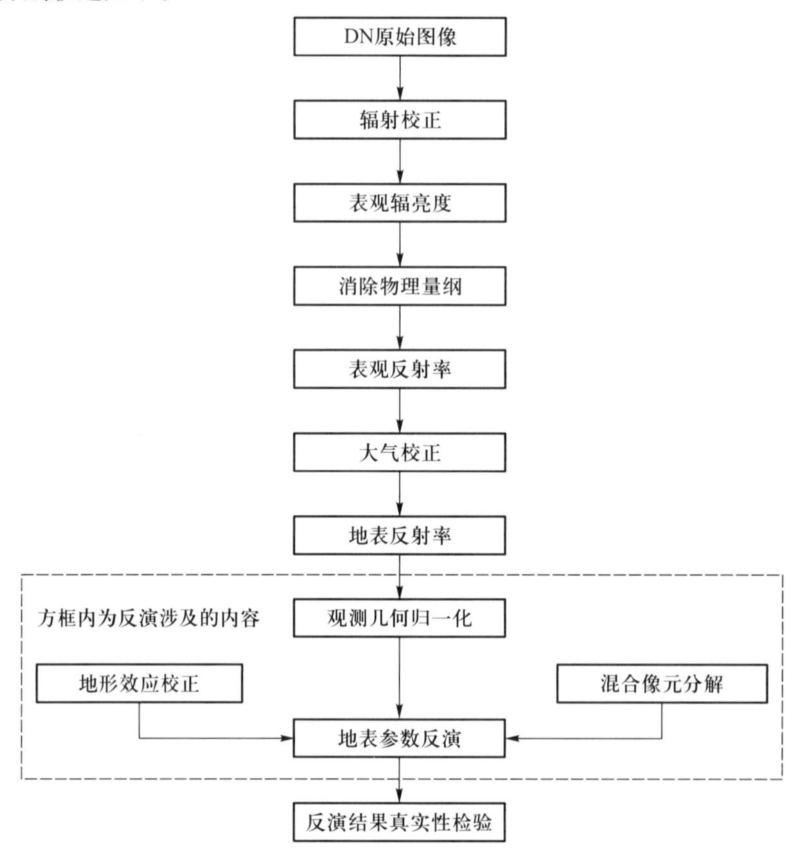

图 1.2 遥感反演流程图

(1)辐射校正

传感器成像时存在干扰与噪声,一般通过传感器研制部门或卫星运行管理部门通过实验室定标、星上定标或场地定标来进行辐射标定。用户也可以用过交叉定标来进行辐射标定,这部分内容将在后续章节有专门介绍,这里主要阐述辐射校正。

地表参数反演的对象是传感器获取的 DN 值原始遥感图像,这里简称为"DN 原始图像",是在轨卫星对地观测过程中接收到的辐射能量进行量化后的数值,也是数字遥感图像中没有校准到具有物理量纲的像元值,值大小与传感器的辐射分辨率、地物反射率或发射率、大气散射率等有关。

为了消除传感器观测的不确定性,需要对获得的图像进行辐射校正。通常采用线性转换公式进行辐射校正,转换公式如下:

$$L = k \cdot \mathrm{DN} + c \tag{1.8}$$

式中,L 为传感器获得的辐亮度,DN 是传感器系统模数转换后的成像单元灰度值,k 为增益,c 为偏移量。

原始图像的 DN 值经过辐射校正,输出结果是大气层顶的辐亮度。辐亮度值是在轨卫星的传感器在大气上界接收的辐射能量的强度,单位为 $\mathrm{W \cdot cm^{-2} \cdot \mu m^{-1} \cdot sr^{-1}}$。从 DN 值转换得到的辐亮度是具有物理意义的,它表示从卫星传感器成像瞬间每个像元对地观测接收到的单位面积辐射能量的总和,其观测值表示该像元接收辐射能量的强弱。

卫星观测得到的辐亮度 L 与表观反射率(apparent reflectance)具有如下关系:假定太阳入射天顶角为θ_s,$\mu_s = \cos\theta_s$,卫星观测天顶角为θ_v,两者的相对方位角为 $\phi = \phi_s - \phi_v$,大气层顶处的太阳入射辐射为 E_s,大气层顶的表观反射率值为ρ_{TOA},卫星传感器观测到的辐亮度 L 为

$$L = \frac{\mu_s E_s \rho_{\mathrm{TOA}}}{\pi} \tag{1.9}$$

(2)大气校正

表观反射率是指地球大气层顶(上界)的反射率,其值近似于地表反射率ρ_t与大气反射率ρ_{a+r}之和。三者之间具有如下关系式:

$$\rho_{\mathrm{TOA}}(\theta_s, \theta_v, \phi) = \rho_{a+r}(\theta_s, \theta_v, \phi) + \frac{T(\theta_s)}{1 - \rho_t S}\rho_t T(\theta_v) \tag{1.10}$$

式中,$\rho_{a+r}(\theta_s, \theta_v, \phi)$ 为大气分子或气溶胶等粒子散射导致的程辐射反射率;$T(\theta_s)$ 为入射方向上太阳辐射从大气层顶到像元的总透过率;$T(\theta_v)$ 为观测方向上太阳辐射从像元到大气层顶的总透过率;S 为大气球面反照率,它是波长、大气光学性质、传感器高度、传感器方位角、观测视角以及太阳高度角方位角等变量的函数。

求取地表反射率ρ_t,需要通过大气校正来消除大气的影响。从公式(1.10)中表观反射率ρ_{TOA}与地表反射率ρ_t的关系可以看出,求解地表反射率ρ_t,需要获取相应的大气参数,即 $T(\theta_s)$、$T(\theta_v)$、S,并去除掉程辐射反射率$\rho_{a+r}(\theta_s, \theta_v, \phi)$,然后根据公式(1.10)反推出地表反射率$\rho_t$。上述过程就是对大气效应的校正。

地表反射率数据是地表参数遥感反演的基础数据,它表征了地表不同物体对太阳辐射的吸收和反射的能力。地表反射率的大小取决于地表物体的不同性质和分布状态。

(3)观测几何归一化

为了解决不同地表物体的物理参数或生理生态参数反演结果的可比性,在参数反演前,需要去除或减弱观测几何变化的影响。

静止轨道卫星对地观测时具有较大的观测视场。大视场既是优势,也带来了不同时间与不同地点的遥感图像受到观测几何变化的影响。观测几何涉及三维空间中太阳方位角和高度角的变化、传感器观测角度或观测方位的变化。自然界中物体对电磁波的反射,既不是理想的镜面反射,也不是均匀漫反射,大多数情况下呈现出二向性反射,即反射不仅具有方向性,而且这种方向性还依赖于入射的角度。因此,地物反射光谱随太阳入射角、方位角和卫星搭载传感器的观测天顶角、方位角的改变而改变。

对于GF-4卫星来说,采取凝视模式对同一块区域进行连续成像,太阳天顶角与方位角将随着观测时间发生变化。在传感器观测方向与太阳入射方向不同时,三维目标物体在地表形成目标地物迎光面、目标地物自身阴影面、直接照射的环境背景地面、阴影遮蔽的(环境背景)地面。当传感器观测方向与太阳入射方向重合时,植被阴影被完全遮蔽,观测到的反射辐射能量达到局部最大值,这种现象被称为"热点效应"。上述情况的存在,若不做归一化处理,将直接影响时间序列数据之间的定量比较。

卫星传感器采用巡航观测模式对地观测,通过不断地改变观测角度,从西向东,在南北方向观测不同区域,可以实现全国地表的快速观测。当传感器观测角度改变时,获取的地表信息呈现不同的变化,例如,垂直观测森林时,观测到的信息主要来自冠层的顶部信息,而倾斜观测时,除了冠层上部信息还包含了植被中部和底部叶片的信息。传感器垂直观测时,图像像元覆盖的地表面积最小;倾斜观测时,图像像元覆盖的地表面积随着倾斜观测角度的改变而变化。这种情况,若不做归一化处理,将影响地表参数的定量反演精度。

简单来说,观测几何归一化,就是将卫星传感器获取的遥感数据归一化到标准视几何(如太阳入射天顶角$\theta_s=0°$,卫星观测天顶角$\theta_v=0°$,相对方位角 $\phi=180°$) 条件下,以消除由于观测条件(太阳高度角、方位角或传感器观测角度)变化而引起的地表目标辐射特性的不均一性。

(4)地形效应校正

地球表面存在着广阔的丘陵山地,地形起伏是导致遥感图像辐射畸变的重要外部因素之一。这种因地形高低起伏引起的卫星成像时辐射畸变称为地形效应。这种效应主要体现在以下方面:对山区目标地物成像时,图像上表现为阳坡较亮,阴坡较暗的现象。这是由于山峰与沟谷相对高差很大时,山区太阳光照受山峰遮挡,在山地北坡出现阴影。在晴朗天空、太阳光照角度不变的情况下,覆盖不同坡度坡向的各像元获得的太阳辐射存在差异,这在太阳高度角很低的情况下更为显著。这种坡度坡向差异性也会出现在像元内部,它由地表坡度和坡向变化引起光谱辐射的差异而造成。

概括来说,地形效应是倾斜地表与光源、传感器位置间相对方位的函数,反映了倾斜地表的辐射亮度相对于水平地表的变化。地形起伏效应不仅增加了高空间分辨率光学遥感成像精准仿真的建模难度,而且也影响着山区地物参数遥感反演的精度。消除地形效应,是山地遥感提高反演精度的重要步骤。

(5)混合像元分解

在地表异质区域,不同空间分辨率的遥感图像中广泛存在着混合像元问题。多数学者认为,混合像元是遥感参数反演的主要误差来源之一,它给地表参数反演造成了巨大的挑战。对地成像时,每个像元覆盖着一定面积的地表。若该像元覆盖的地表仅包含一种类型,称为纯像元;若像元中包括两种或两种以上地物类型,则称为混合像元。混合像元与遥感影像空间分辨率有着密切的联系,因此,尺度效应对混合像元分解后提取地物端元组分具有明显影响。

混合像元的光谱信号由各个地物成分(即端元)的光谱信号和它们对应的比例(即丰度)加权求和得到,为了获得混合像元中某类地物成分的光谱信号,可以通过混合像元分解的方法来获取,其采用的方法包括混合像元线性分解和非线性分解。

上述遥感反演精度的主要影响因素,可以通过构建物理数学模型的方法,将不同影响因子分开处理,重点解决对参数反演具有较大影响因子的作用,逐步消除影响因素对反演精度提升的制约。

2)反演过程与建模方法

遥感应用的前提是将传感器获取的遥感数据通过反演转化为人们需要的大气或地表参量(信息)。参数(参量)反演一般是通过数学物理方法构建遥感模型来实现。其方法与步骤简述如下。

(1)建模准备

建模准备的关键是明确反演任务与技术指标要求。任务与要求是遥感反演建模研究的目标和推动力。明确任务是正确选择反演模型、制定周密反演计划和合理安排反演工作的起始点。

在明确遥感反演任务时,应对承担的反演任务进行技术可行性和时间可行性分析。需要围绕任务来解决“做什么和如何做”的问题。“做什么”是指从遥感图像上反演哪些目标地物参数信息,据此来确定建立反演参数模型,如叶面积指数等。其次,根据任务要求,明确遥感反演结果达到何种精度要求。“怎么做”是从技术角度构建反演模型的方法,对反演模型求解,以及采取何种方法和途径来对反演(参量)精度进行真实性检验。

(2)模型构建

根据建模目的、反演参数精度要求和获得的遥感数据,对反演任务进行分析,构建反演模型。遥感反演模型是对被反演对象实质性的抽象描述和对辐射传输过程复杂性的适当简化,旨在固定某些(不敏感)参数、简化某些过程、假设某些条件来实现地表参数的遥感反演。

需要指出,“正演模型”建模是“反演”的前提条件,但“反演”地表参数在实际应用中更有价值。由于“遥感反演”涉及辐射传输过程中许多变量,其中很多变量是未知的或目前难以精确测量的,因此反演难度更大。针对上述困难,人们先后发展出三类不同模型来求解参数:

经验统计模型是基于同步测量的地表目标物体光谱数据以及遥感多光谱(高光谱)数据,构建目标地物属性参数和目标地物表观光学性质之间的定量关系模型。该类模型通常由与一个或多个随机变量相关的数学方程来指定,模型表达式具有多样性(线性、指数、对数、幂)。经验模型的优势在于建立较为简单,反演也比较方便,但是其适宜使用的区域和时间有很大局限性,因此经验统计模型较难推广。

半分析模型是基于辐射传输机理,并参考同步测量的地表目标物体光谱数据与遥感波谱数据之间的经验关系,构建的目标地物属性参数和目标地物表观光学性质之间的定量关系模型。半分析模型融合了物理模型和经验统计模型的特点,在保留了一定的遥感物理意义的基础上,对模型的形式或变量进行了简化,如全覆盖植被冠层水分遥感监测的模型(阿布都瓦斯提,2007)。与经验统计模型相比,半分析模型相对复杂,物理含义清晰,且反演精度较高;与物理模型相比,模型相对简单,辐射传输机理不明晰,反演精度没有那么精确,如基于 NIR-Red 光谱特征空间的土壤水分监测模型(詹志明等,2006)。针对某一地区建立的半分析模型,在另一地区应用时需要进行模型本地化后方能有效使用。

物理模型是基于辐射传输机理来构建的目标地物属性参数和目标地物表观光学性质之间的定量关系模型。由于辐射传输过程的复杂性,涉及该过程的遥感物理模型变量与参数很多,比起经验统计模型和半分析模型,反演精度更为精确。由于遥感物理模型计算复杂,求解耗时费力,不少遥感物理模型采用查找表的形式提供反演结果。

(3)模型求解

对于地物参数遥感反演来说,为解决遥感模型反演中的不确定解问题,需要引入多变量解耦方法。数学中解耦是指含有多个变量的数学方程,通过参数化的方法将某个地表参数表示为其他参数的函数,例如,把陆地某种因子的参量 x 表示为 s 与 t 的函数,进而简化分析计算,构建能够用单个变量表示的方程组,求解反演模型。在实现解耦以后,反演过程就可以由多变量系统化为多个独立的单变量系统的反演问题。

在模型求解过程中,反演模型的数值解常常缺乏唯一性和稳定性。大家知道:在数学上为了实现遥感反演模型的解的唯一性,需要增加问题的约束条件,如利用先验知识,增加观测数据,利用多波段数据、多时相数据、多角度数据等。解的稳定性与反演模型的鲁棒性关系密切。某些反演模型中,如果观测数据有一个较小的变化,就可以引起反演解的非常大的波动,那么该模型解的稳定性就不好(冯春,2005)。为了增强遥感反演模型中解的稳定性,需要降低反演模型中所采用的遥感数据之间的相关性。运用适当的数学工具求解遥感物理模型,求解时要考虑解的存在性等问题,一般需要存在遥感物理模型的解析解。

通过增加问题的约束条件和避免数据相关性,可以保证参数反演模型的唯一性及提高模型的稳定性,如何保证与验证遥感反演结果的正确性与精度,下一节给予讨论。

1.4 真实性检验

基于卫星遥感数据获得的地物参数反演结果是一种初级遥感产品。遥感产品来源于遥感数据,但遥感数据并不是遥感产品。如前所述,由于成像条件的复杂性和遥感信息不确定性问题,在地物参量反演过程中,电磁辐射传输多个环节或反演模型都不可避免地会引入误差,以至于反演获得的遥感产品的精度与质量成为关注的中心问题,因此需要进行真实性检验。

真实性检验是通过独立方法来对比遥感反演产品与客观实际地物特征参量(如地表温度,FPAR 等)“真值”的吻合程度,并评价其反演精度和分析其误差的过程。真实性检验主要涉及地物参量“真值”如何获取,如何比较遥感反演产品与地表物体参量“真值”,如何评价遥感反演产品精度指标的问题。

1.4.1 地物参量“真值”获取

地物参量“真值”获取是一个看似简单实际却很复杂的问题。在现实世界上,客观存在着定量遥感反演产品的“真值”,如植被冠层单位面积上“叶绿素含量”、特定时刻地表温度等参量“真值”,即绝对真值。但是在现实条件下,这些参量“真值”是仪器在地表或空间上难以准确无误进行测量得到的,因此只有根据观测仪器的实际精度来获取地物参量相对真值代替绝对“真值”,以作为遥感反演产品精度比对的标准(张仁华等,2010)。地物参量相对真值获得,则涉及地物参量具体采样方法和测量仪器正确操作方法步骤。

1.4.2 反演产品与地物参量真值

任何一种地物参量遥感反演产品,都是在特定时刻在某视场或像元里地物特征参数反演的结果,它具有时间标度与空间尺度。理想状况的比较是地物参量具有相同的时间标度与空间尺度的相对真值。由于星载传感器获得的遥感数据是以图像像元为基本单元,因此数据不仅与地物参量空间分布的均匀度有关,而且与仪器测量的时刻、空间范围和仪器的精度有关。对于中低分辨率遥感图像来说,地表采样无法做到对卫星过境区域在相同时间大范围采样或测量,存在着遥感反演产品与地物参量相对真值不可比的问题。

因此,选取具有代表性的典型地域、布设无线传感器网络或者在该区域内按照某种采样规律(如十字法采样单元)布设观测点或采样点,在卫星过境时获取多个实地测量样本数据,已经成为一种可行方法。为解决可比性问题,目前多采用尺度转换方法。

按照具体应用,尺度转换方法大体分为尺度上推(聚合)和尺度下推(分解)。具体来说,尺度上推是把地面高分辨率网络观测点聚合为低分辨率图像的像元尺度。尺度下推则是把地面低分辨率观测点插值成与高分辨率图像上像元相匹配的尺度,如地面高程测量点。尺度转换中比较典型的方法有数理统计方法,如基于统计的局部平均法、中值采样法、重采样方法(如最邻近法、双线性内插法和立方卷积内插法)等。空间尺度转换过程中,各种因素(如空间的异质性、观测和采样误差等)会对转换结果的精度产生非线性影响,影响空间尺度转换结果的准确性。

在具体参量反演中,还需要区分弱尺度效应参数与强尺度效应参数反演,两者对于尺度效应的敏感性不同。弱尺度效应参数,如反照率、气溶胶厚度等,受到尺度效应的影响不明显,可以直接把地面单点测量值和待检验参量产品进行分析验证。强尺度效应参数,如叶面积指数等,受到尺度效应的影响明显,需要考虑尺度效应对反演精度的作用。

1.4.3 精度检测与评价

遥感产品真实性检验方法有多种,不同方法具有各自的优缺点(王春梅等,2019)。产品精度真实性检验主要方法和技术流程见图1.3。

常用的检测与评价方法主要有直接检验和交叉检验等。

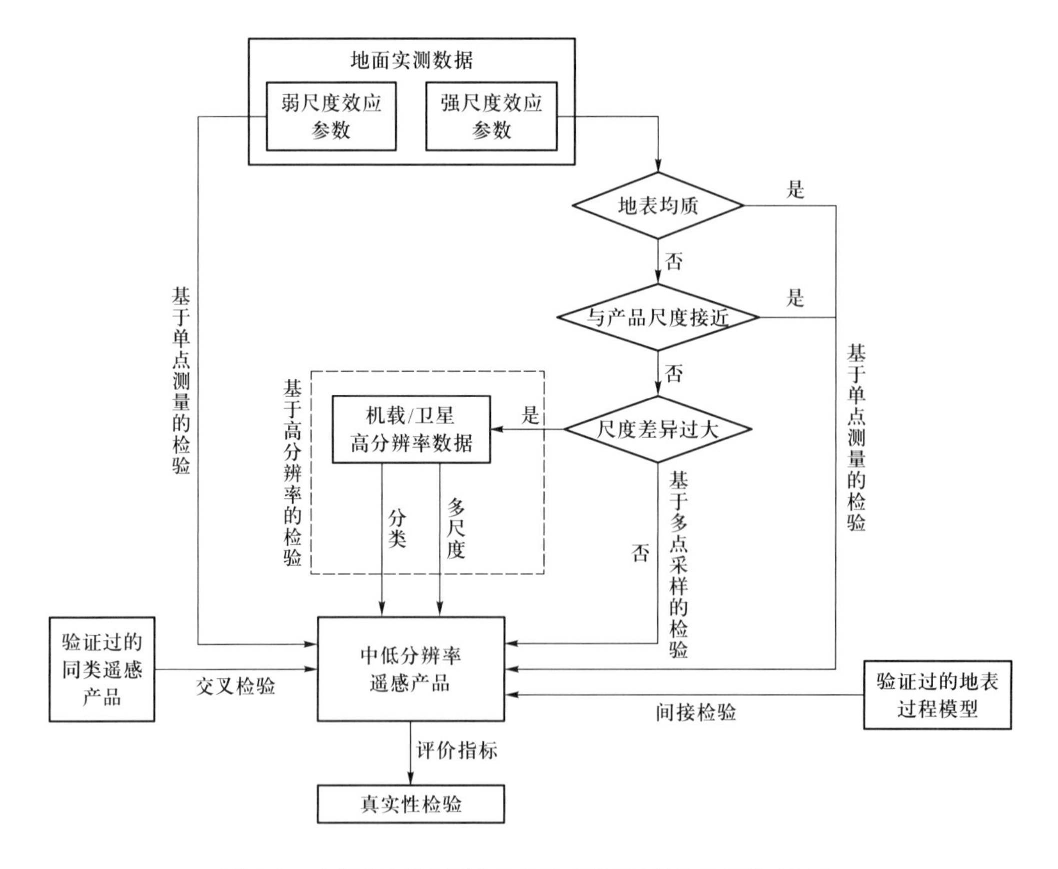

图1.3 真实性检验主要方法和技术流程(据吴小丹等,2015)

1）直接检验

直接检验是利用卫星载荷过境时刻的地面同步实测数据，对地表特征参数遥感产品进行检验与评估的方法。该方法可以利用遥感反演值与地表观测真值，采用均方根误差或者相关系数进行精度检测与评价。

均方根误差（RMSE）又称标准误差，是遥感反演值与地表观测真实值偏差的平方与观测次数 n 比值的平方根，其公式如下：

$$\mathrm{RMSE}=\sqrt{\sum_{i=1}^{n}(x_k-y_k)^2/n} \tag{1.11}$$

式中，x_k为遥感反演值，y_k为地表观测相对真值，n 为观测次数。均方根误差可以用来检验遥感反演值相对于地表观测值的偏离程度。

相关系数是由统计学家卡尔·皮尔逊设计的统计指标，一般用 r 表示，其公式如下：

$$r=\frac{\sum_{k=1}^{n}(x_k-\bar{X})(y_k-\bar{Y})}{\sqrt{\sum_{k=1}^{n}(x_k-\bar{X})^2}\sqrt{\sum_{k=1}^{n}(y_k-\bar{Y})^2}} \tag{1.12}$$

式中，x_k为遥感反演值，$\bar{X}$为遥感反演平均值；y_k为地表观测相对真值，$\bar{Y}$为地表观测平均值。

采用相关系数 r 检验时，r 表示观测值与遥感反演值之间的一致性状况或接近程度，r 越大，观测值与遥感反演值之间接近度越大，精度提高；反之，则越小，精度降低。

2）交叉检验

交叉检验是在某些区域因云层覆盖等原因很难获得卫星过境期间地面实地测量数据，或者现有地面观测数据集不能满足产品检验需求时，通过与精度已知的参考地表参数反演遥感产品的比对分析，间接地对需要检验的地表参量等遥感产品进行检验与评估的方法。该方法仅能给出待检验遥感产品和参考地表参量遥感产品间的相对准确度和精度，需配合其他检验方法来确定待检验地表参量遥感产品的绝对精度。在具体运用该方法过程中，需要采用已知精度的同类产品作为相对真值产品进行替代，将时相接近的地表参量不同遥感产品统一到相同的空间分辨率和相同的投影坐标系中进行对比，得到该地表参量产品的相对精度。因此，采用交叉检验方法获得数据反演结果的最大误差应该是地表参量遥感产品自身精度误差加上待检验遥感产品比较误差（与该类遥感产品相比较获得）之和。

在上述方法均无法满足的情况下，可采取间接检验方法。该方法基于辐射传输过程的正演模拟思路，将待检验地表参量结果输入正演模型，将模拟得到的辐亮度与实际观测值比对分析，间接对地表参量反演结果进行检验与评估；或者借助与已知时空趋势精度的地表过程模型，将待检验地表参量反演结果作为参数输入，验证参量精度，进行间接检验。

上述方法都有一定的适用条件，在反演产品真实性检验的实施过程中，应根据观测与检验条件的差别，选择恰当的检验方法，以保证反演产品的精度和可信性。

参考文献

阿布都瓦斯提・吾拉木,李召良,秦其明,童庆禧,王纪华,阿里木江・卡斯木,朱琳.2007. 全覆盖植被冠层水分遥感监测的一种方法:短波红外垂直失水指数. 中国科学D辑(地球科学),37(7):957-965.

承继成,郭华东,史文中,等.2004. 遥感数据的不确定性问题. 北京:科学出版社:1-7.

樊学武,赵惠,易红伟.2013. 光学遥感器成像品质的主被动提升技术. 航天返回与遥感,34(3):16-25.

冯春.2005. 基于辐射传输模型的遥感定量化关键问题研究. 中国地质大学(北京)博士研究生学位论文.

何兴伟,冯小虎,韩琦,张甲珅,赵现纲.2019. 新一代静止气象卫星成像仪特性研究. 软件导刊,18(10):140-143.

李小文,汪骏发,王锦地,柳钦火.2001. 多角度与热红外对地遥感. 北京:科学出版社.

李兴.2006. 高光谱数据库及数据挖掘研究. 中国科学院遥感应用研究所博士研究生学位论文.

练敏隆,石志城,王跃,董杰. 2016."高分四号"卫星凝视相机设计与验证. 航天返回与遥感,37(4):32-39.

刘畅,孙鹏森,刘世荣.2016. 植物反射光谱对水分生理变化响应的研究进展. 植物生态学报,40(1):80-91.

梅安新,彭望琭,秦其明,刘慧平.2001. 遥感导论. 北京:高等教育出版社.

孟令杰,郭丁,唐梦辉,王琦.2016. 地球静止轨道高分辨率成像卫星的发展现状与展望. 航天返回与遥感,37(4):1-6.

秦其明,范闻捷,任华忠,等.2018. 农田定量遥感理论、方法与应用. 北京:科学出版社.

童庆禧,等.1990. 中国典型地物波谱及其特征分析. 北京:科学出版社.

余奇,王泽龙,谭欣桐,朱炬波.2017. 星载光学遥感成像系统复杂性分析. 国防科技大学学报,39(6):187-192.

王春梅,顾行发,余涛,周翔,占玉林,韩乐然,谢秋霞.2019. 被动微波土壤水分产品真实性检验研究进展. 浙江农业学报,31(5):846-854.

王炳忠.1993. 太阳常数测定情况进展. 气象科技,(3):23-31.

王明志,王璐.2017. 光学遥感成像系统的辐射分辨率. 第四届高分辨率对地观测学术年会论文集.

吴玮,秦其明,范一大,刘明,舒阳.2016."高分四号"卫星数据产品减灾服务时效性测试. 航天返回与遥感,37(4):102-109.

吴小丹,闻建光,肖青,李新,刘强,唐勇,窦宝成,彭菁菁,游冬琴,李小文.2015. 关键陆表参数遥感产品真实性检验方法研究进展. 遥感学报,19(1):76-92.

张磊,郑小兵,李双,王骥,乔延利,王乐意.2006. 高精度中远红外辐射定标技术研究. 红外技术,28(3):178-183.

曾亮,金亚秋.1990. 随机介质中的矢量辐射传输理论. 物理学进展,10(1):57-99.

詹志明,秦其明,阿布都瓦斯提・吾拉木,汪冬冬.2006. 基于NIR-Red光谱特征空间的土壤水分监测新方法. 中国科学D辑(地球科学),36(11):1020-1026.

张仁华,田静,李召良,苏红波,陈少辉.2010. 定量遥感产品真实性检验的基础与方法. 中国科学D辑(地球科学),40(2):211-222.

Carter G A. 1993. Responses of leaf spectral reflectance to plant stress. *American Journal of Botany*,80(3):239-243.

第 2 章

云检测建模与算法

云检测,即云像元的标记,有利于后续气溶胶反演、大气校正及多种参数反演等。本章基于 GF-4 数据特征,对于单幅图像,利用简单稳定的基于统计的自动阈值方法实现云像元的快速检测。对于同区域的多幅图像,利用云在不同图像上的运动特性,在自动的几何配准与相对辐射归一的基础上,结合自动阈值与 Savitzky-Golay 滤波(简称 S-G 滤波)实现 GF-4 序列图像的自动云检测算法。云区修补方面,利用典型相关分析进行云区与云下阴影区域自动变化检测,实现云区与云下阴影区域的自动修补(胡昌苗等,2018)。该算法自动化程度高,可以满足工程化处理数据的需求。

2.1 研究现状

云在遥感图像中具有较高的辐射亮度,并且遮蔽地物,影响遥感数据的大气与地表参数反演及应用。对云像元进行标记,生成的云掩膜被很多卫星数据产品采用。云检测的研究一直是遥感领域的重点,尤其是在气象卫星数据研究领域(Stowe et al.,1999;Walder and Maclaren,2000;Heidinger et al.,2002)。气象卫星通常在设计时便考虑了对云的监测,例如,采用相对静止的地球同步轨道,相机波段设置在对云敏感的非大气窗口区域且空间分辨率不高等。气象卫星云检测的常用算法有阈值法、统计法和基于辐射传输的方法等(Goodman and Henderson-Sellers,1988)。马芳等(2007)针对我国风云系列气象卫星综合利用多个波段进行云检测。文雄飞等(2009)对 FY-2C 提出了一种基于云指数的云检测方法。刘健(2010)采用滑动分析区和嵌套分析区的方法改进了 FY-2C 云检测的阈值提取方法。王根等(2015)提出了基于最小剩余法的 FY-3B 云检测方法。卢晶等(2015)提出了基于 FY-3C 卫星双氧通道的云检测方法。相对气象卫星云检测,高分辨率地表监测卫星由于波段设置、分辨率差异等因素,云检测方法更加多样,Sedano 等(2011)利用同时相、同区域的多幅高分辨率遥感图像进行云检测,并通过区域生长来修正云腌膜;Martinuzzi 等(2007)利用结合地物先验特征的自动云覆盖估计法对 Landsat 图像进行云检测。模式识别方法也被用于云检测。金炜等(2010)提出了一种基于密度聚类支持向量机的云检测方法。闫宇松和龙腾(2010)通过提取多种特征,采用最小距离分类器,实现了实时的云检测;赵敏等(2012)提出了基于支持向量机与无监督聚类相结合的云分类算法。

近年来,随着遥感卫星数量与种类的快速增长,遥感图像获取变得越来越容易,基于参考底图/序列图像的云检测得到发展。该类方法利用云在不同图像上的运动特性,有效减少了高亮地表的误检。目前,国内利用不同高分辨率遥感卫星数据构建的多套中国区域多季相近无云底图都可用于对应卫星数据的云检测。Savitzky-Golay 滤波是一种常用的算法(Savitzky and Golay,1964),对序列图像进行滤波的同时还可去除云与云下阴影(辛智慧,2003;Chen et al.,2004)。

GF-4 卫星搭载了空间分辨率为 50 m 的可见光近红外相机,地物细节特征丰富,具有典型的高分辨率多光谱卫星数据特性,同时 GF-4 卫星又具有很多气象卫星的特征,包括采用地球同步轨道、面阵凝视成像、具有中红外波段及短时间内获取同一区域的序列图像的能力等。GF-4 数据的上述特征,使得其云检测研究具有挑战性。

2.2 原理与建模

2.2.1 GF-4 数据云检测原理

GF-4 卫星运行在距地约 36000 km 的地球同步轨道上,定点位置 105.6°E,采用面阵凝视方式成像,具备全色、多光谱和中波红外成像能力,具备高时间分辨率和较高空间分辨率的优势。通过指向控制,GF-4 卫星可对中国及周边地区进行自由观测,也可采用凝视模式对幅宽 400 km 的固定区域进行持续观测。

由于采用地球同步轨道,GF-4 卫星具备短时间内获取同一地理区域多幅数据的能力。但是受相机硬件约束,GF-4 卫星无法全天 24 小时连续成像,相机每天平均工作时间为 2 小时,根据当天的观测订单,在不同时刻开机获取图像,在相机凝视模式下可对同一区域连续成像 20 景左右。在实际的灾害监测应用中,GF-4 卫星对灾害区域的多天定时连续观测数据通常具有较强的序列特性。GF-4 卫星形成序列图像有两种方式:一是 GF-4 相机在凝视工作模式下获取的同一天、相近时间内的连续多幅图像组成的序列;二是非凝视模式下,不同天获取的、同一地区的多幅图像。在 GF-4 卫星的实际运营中,第二种非凝视模式构成的序列图像数据获取很容易,因为灾害监控是 GF-4 卫星的重要任务,当某一区域发生灾害时,GF-4 卫星可以在经纬度误差 0.1°的范围内对固定区域进行多天、多次观测。GF-4 数据发布的 L1 级数据包含的头文件中记录了辐射定标参数及成像几何信息。L1 级数据未经系统几何校正,但包含系统几何校正的有理函数参数文件。

GF-4 多光谱图像中云像素的光谱特征显著。相对于大部分地表,云区通常是高亮的。GF-4 图像前 5 个波段的图像示例如图 2.1 所示。

(a) (b) (c) (d) (e)

图 2.1 云在 GF-4 图像不同波段的光谱特性：(a) 波段 0.45~0.90 μm；(b) 波段 0.45~0.52 μm；(c) 波段 0.52~0.60 μm；(d) 波段 0.63~0.69 μm；(e) 波段 0.76~0.90 μm

GF-4 图像之间整体辐射存在差异，扩大了云像元与地表像元辐射数值的变化范围，给云像元的识别标记带来困难。由于 GF-4 卫星为静止卫星，可以在白天任意时刻成像，不同的太阳天顶角下图像整体的辐射差异差别较大。例如，早上图像平均辐射亮度较低，随着太阳天顶角的增加，到正午时，图像平均辐射亮度增加到高值；随着太阳天顶角的减小，到下午时，图像的平均辐射值又会降到低值。图 2.2 是长江中下游区域和内蒙古东部区域多图像镶嵌图。从图 2.2 中可以看出，不同成像时间、不同太阳天顶角下数据之间的整体辐射差异比较显著。

虽然 GF-4 中波红外图像中的云像素具有低温特性，但该波段数据与多光谱波段数据存在的差异使得其用于精细像元的云标记非常困难。首先，中波红外与可见光近红外的分辨率差异大。一个 400 m 分辨率的中波红外像素对应一个 8×8 像素块、共 64 个 50 m 分辨率的可见光近红外像素。其次，图像尺寸也不同。可见光近红外图像尺寸为 10240 像素×10240 像素，中波红外图像尺寸为 1204 像素×1024 像素。数据质量方面，中波红外存在明显的噪声，如图 2.3c 所示。另外，中波红外与可见光近红外之间的几何配准困难。两者覆盖地理范围不完全重合，图 2.4 显示了可见光近红外与中波红外根据头文件中的有理函数系统几何模型校正后，按照地理坐标配准叠加的结果，由图可见，中波红外数据的覆盖范围比可见光近红外要小，并且两者的地图中心位置也存在差异。图 2.4c 和图 2.4d 分别为箭头白框处中波红外和可见光近红外局部放大数据，点 A 与点 C 为相同地物点，点 B 为可见光近红外上点 A 在中波红外上的地图坐标点，C 与 B 之间的差异便是地理位置误差，需要进一步配准修正，而两者的数据差异使得实现自动配准困难，难以适应工程化快速处理的需求。最后，中波红外与可见光近红外成像时间存在差异。由于中波红外与可见光近红外被设计为固定间隔 45 s 成像，云的运动特性会导致中波红外与可见光近红外数据中云的位置、形态发生变化。仔细比较图 2.3 可发现两幅图上云的细节差异。

GF-4 卫星虽然包含中波红外谱段，但难以应用到高精度云检测中，因此云检测主要通过可见光波段的数据进行。结合 GF-4 卫星在获取同区域序列与多幅数据的特性，以及云在不同时刻图像中的运动特性，通过序列与多幅图像提高云检测精度，为了减小将高亮地表误检为云的情况。

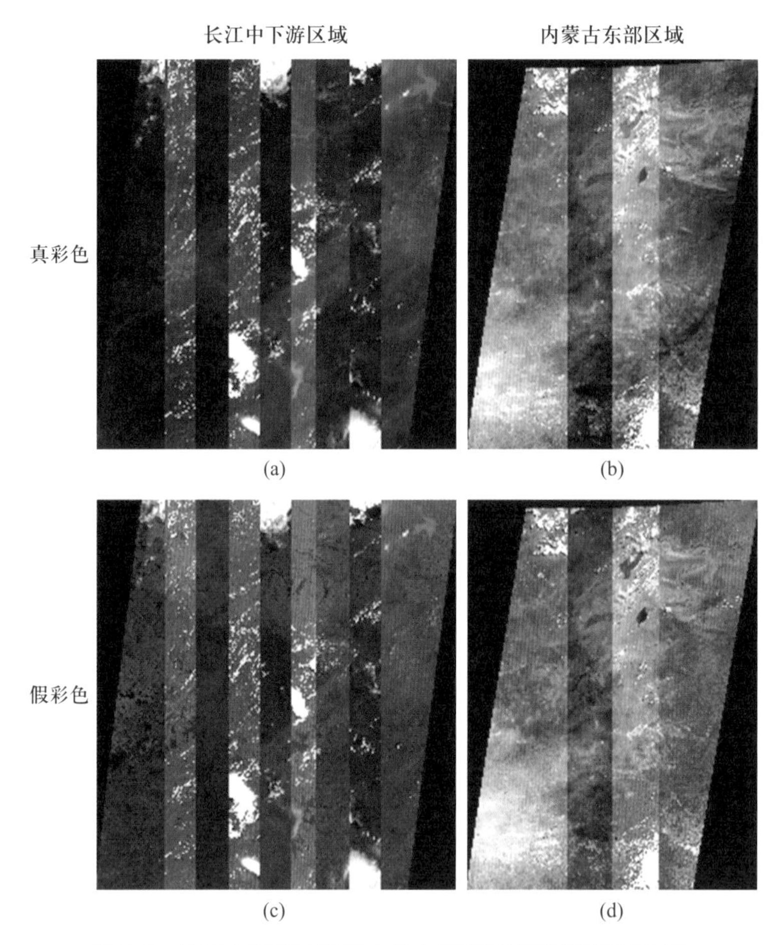

图 2.2 长江中下游区域和内蒙古东部区域图像镶嵌图对比

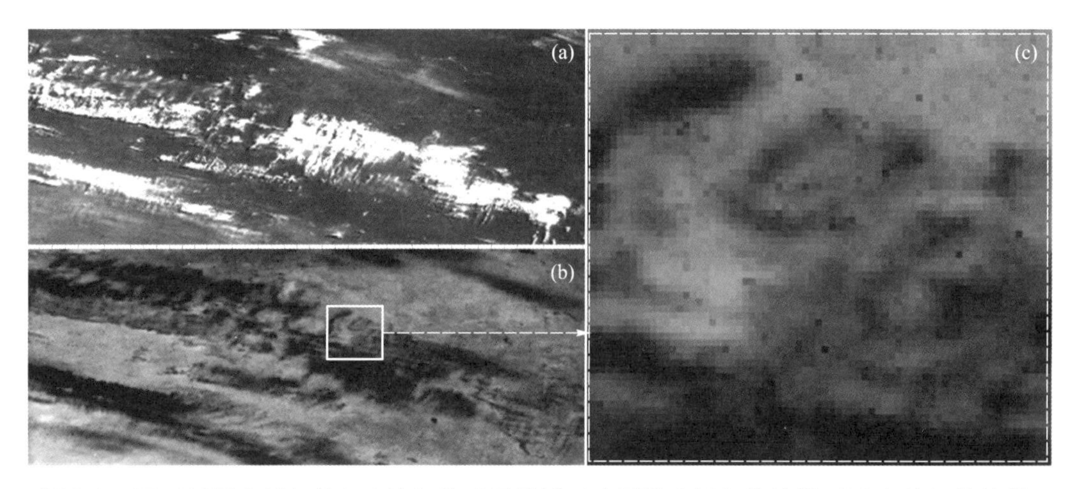

图 2.3 GF-4 可见光近红外与中波红外云区示例:(a)可见光近红外波段;(b)中波红外波段;(c)图(b)中局部区域放大显示

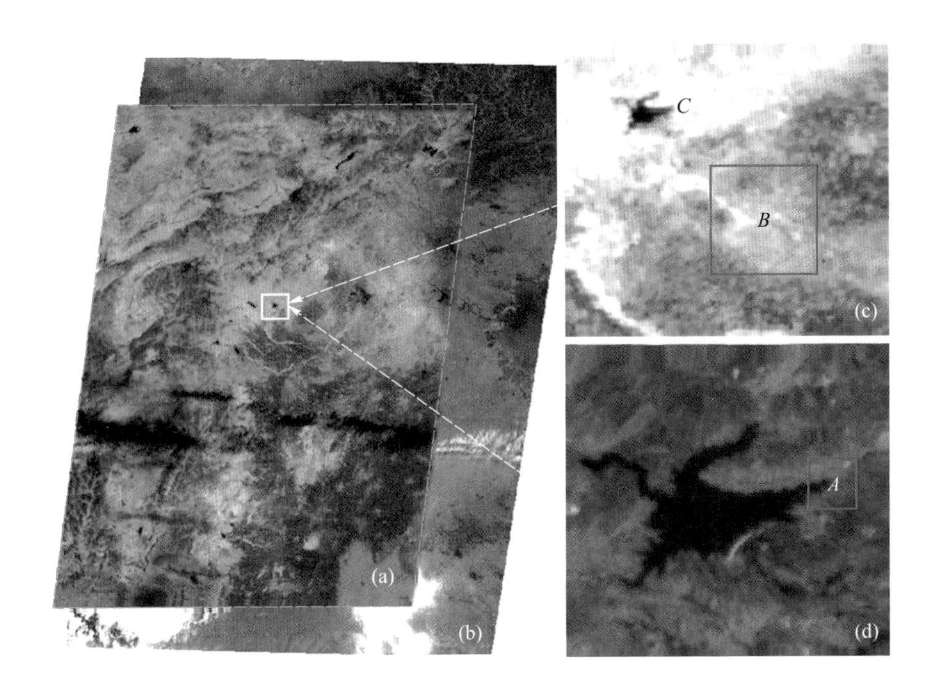

图 2.4 GF-4 可见光近红外与中波红外数据示例:(a)中波红外图像;(b)可见光近红外图像;(c)与(d)分别为图(a)中白框区域在中波红外图像和可见光近红外图像上的局部放大图像,点 A 与点 C 为相同地物点,点 B 为可见光近红外图像上点 A 在中波红外图像上的地图坐标点,C 与 B 之间的差异便是地理位置误差

依据 GF-4 卫星数据产品的生产与应用需求,在不同的数据处理阶段采用不同的云检测算法。这里将云检测算法大致分成三个级别:最初的级别是用在对 GF-4 卫星 L1B 级数据产品特征参数反演的过程中,L1B 级数据是未经系统几何校正的数据,采用简单快速的基于单幅图像的检测方法;中间的级别是对 GF-4 卫星在一个连续的时间段里获取的同一区域的序列图像采用基于序列图像的云检测算法,用于更新之前单幅云检测的结果,排除一些高亮地表的误检测;最后是应用与制图级别,是当 GF-4 卫星获取同一区域足够多的数据后,采用多幅图像的、高精度的云和云下阴影的检测与修补算法,用于提高成图质量。

2.2.2 GF-4 数据云检测建模

云检测算法流程主要包含三个级别流程:单幅图像云检测、序列图像云检测、多图像云检测与修补,具体如图 2.5 所示。

1)单幅图像云检测

简单的阈值法是确定云盖量的常用方法,常用于太阳同步轨道的卫星遥感数据,根据传感器不同增益状态来设置经验阈值。利用波段差异增强云特征的云指数也常用于确定

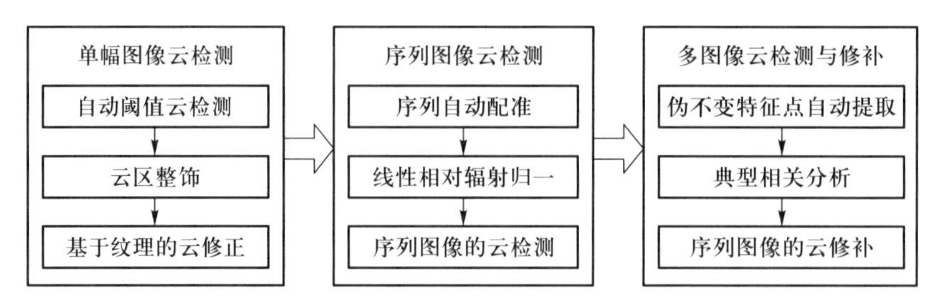

图 2.5 GF-4 数据云检测算法级别流程

阈值。复杂些的自动阈值法则在分析图像直方图的基础上添加各种判断方法获得相对精确的云阈值。

GF-4 单幅图像云检测方法是根据 GF-4 数据特征定制的自动阈值法。主要利用可见光近红外各波段云和背景场之间的数值差别来检测，反差越大，越容易识别云。对于 GF-4 数据的第二波段(0.45~0.52 μm)，云有较高反射率，但受大气散射影响明显，薄雾较多，云边界模糊，不利于云检测。对于第三波段(0.52~0.60 μm)，绿色植被反射率最低，水体其次，土壤和城镇最高，云的反射率明显高于下垫面，并随着厚度、高度而变化。对于第四波段(0.63~0.69 μm)，晴空数据具有较低的反射率，厚云则有高的反射率，同时该波段能够增强云与陆地之间的对比。对于第五波段(0.76~0.90 μm)，云也有较高反射率，但一些裸露地表、贫瘠土地以及植被也会有与云相似的反射率。用第三与第四波段进行基于自动阈值的云检测，策略是分别统计波段三与波段四的直方图，有云图像的直方图可假定有两个波峰，根据高反射率的波峰位置确定两个波段云的自动阈值所在的大致范围，以该波峰为起点，向低反射率方向，以步长 5 个灰度值为单位，统计步长内像素点个数的增长率。当增长率大于一定阈值 a 时(例如，$a=0.2\%$)，认为到达云与地表的分界点。由于云的波段性差异，波段三和波段四各自通过上述方法获取的阈值并不相同，进一步的修正方法是在两个阈值基础上小范围内寻找中间值，以两个波段统计的云覆盖百分比最接近的点作为最终单幅云检测的阈值。这样，确定阈值的关键参数只有 a，调整 a 的数值大小即可改变整体上检测出的云量的多少，以修正不同时期数据的检测结果。

由于 GF-4 是地球同步轨道卫星，在白天的任意时段都可进行数据获取，辐射值变化差异大。虽然 GF-4 的 L1 级数据包含定标参数，通过辐射预处理转换可得到表观反射率或地表反射率，但该参数并不适用固定阈值的云检测。出于同样原因，构造的云指数数值也是不稳定的。

自动阈值主要用于确定厚云，即亮度明显高于一般地表，呈现白色，且地表透过率基本为 0 的云像素。如果厚云边界位置存在薄云过渡区域，则可通过导向滤波(guided filtering)算法获取(He et al.，2013)。导向滤波算法中，将原始的有薄雾图像 $L(x,y)$ 作为导向图像，将自动阈值标记厚云的图像 $V(x,y)$ 作为滤波输入图像，输出图像记为 $\hat{V}(x,y)$。像素点 (x,y) 处的滤波结果可以被表达为一个加权平均：

$$\hat{V}(x,y)=\sum_{i\in\omega_k}W_i(L(x,y))V(x,y) \tag{2.1}$$

假设导向滤波器在导向图像 $L(x,y)$ 和滤波输出 $\hat{V}(x,y)$ 之间是一个局部线性模型：

$$\hat{V}(x,y)=a_kL(x,y)+b_k,\quad (x,y)\in\omega_k \tag{2.2}$$

通过最小化窗口 ω_k 的代价函数：

$$E(a_k,b_k)=\sum_{\omega_k}((a_kL(x,y)+b_k-V(x,y))^2+\varepsilon a_k^2) \tag{2.3}$$

得到局部线性系数 a_k,b_k 的值。

需要说明的是,是否进行薄云检测要根据具体应用确定。例如,如果云检测的结果是作为气溶胶光学厚度反演的输入,则通常只进行厚云检测;如果云检测的结果是为了更加精细地标记每个像素状态,则通常需要对薄云进行标记,最好能标记每个像素的投射率,并且对云下阴影也要进行标记。在本研究中,云检测结果将作为后续气溶胶反演的输入,默认处理过程中不进行薄云检测,如果开启薄云检测,则仅需修改配置文件。

云下阴影的提取难度相对来说大于云检测。云下阴影的光谱特征大多数时候不可避免地会与其他具有类似光谱特征的暗表面(如地形阴影、建筑物阴影、水体等)混淆,而且容易将那些不够暗的云下阴影排除在外。当云下阴影与城市内部地物、雪、冰或者高亮地物相叠加时,其亮度可能高于周围地物的平均亮度;另外,当云为薄云时,其云下阴影较为细微,这对检测提出了更高的技术要求。GF-4 卫星云下阴影的检测主要依赖近红外波段(波段五)。在陆地区域,云下阴影在近红外波段相较于可见光波段呈现出更加明显的暗影。在水体区域,由于水体在近红外波段的强吸收作用,水体表现较暗,所以水体区域的云下阴影利用可见光波段进行检测。云下阴影检测使用洪水填充算法(flood fill),该算法将输入的灰度图像像素值视为地面的高程值,如果洪水经过地面则在所有的低洼区域填满洪水,填充值为低洼区域最小值,而这些填充区域则为云下阴影的可能区域。对近红外波段与由三个可见光波段构成的平均值波段使用洪水填充算法,分别用于提取陆地和水体中云下阴影的可能区域。计算公式如下：

$$\text{Shadow}=\begin{cases}\text{FloodFill}(B_5)-B_5>t_{\text{L}} & (\text{陆地})\\ \text{FloodFill}(B_{\text{mean}})-B_{\text{mean}}>t_{\text{W}} & (\text{水体})\end{cases} \tag{2.4}$$

式中,$B_{\text{mean}}=(B_1+B_2+B_3+B_4)/4$,是包括全色波段在内的所有可见光波段构成的平均值波段;t_{L} 与 t_{W} 分别为陆地与水体区域云下阴影的检测阈值,考虑到 GF-4 静止卫星成像时间的任意性导致的数据 DN 值动态范围变化大的问题,t_{L} 与 t_{W} 同样采用动态阈值,通过统计直方图的低值分布确定,并结合厚云检测的比例,云下阴影的检测比例不超过且通常远低于厚云比例,同时考虑到云下阴影在陆地与水体之间的差异,在水域中的阴影提取设置更低的阈值。最后得到的是粗糙的阴影掩膜,该阴影掩膜包含较暗的云下阴影及可能误检的较暗地物及山区阴影等。

从粗糙的阴影掩膜中区分云下阴影与其他阴影，主要是利用云与云下阴影的几何关系。利用从 GF-4 卫星数据 XML 辅助文件中获取的太阳天顶角与太阳方位角可以估算出每个云像素形成的云下阴影像素所在图像中的方向。由于云高很难估计，所以只在云影可能的方向上设置一个搜索距离，最后将粗糙的阴影掩膜中搜索距离之外的阴影排除，得到主要由云下阴影构成的粗糙云下阴影掩膜。

由粗糙云下阴影掩膜得到精细云下阴影掩膜同样要利用导向滤波，这与通过粗糙厚云掩膜计算薄云的方法是相同的，差异主要是参数阈值的设定。通过实验数据统计获取的经验阈值对大部分数据都有很好的适应性。

需要说明的是，是否进行云下阴影的检测同样根据具体应用确定。例如，如果检测的结果是作为气溶胶光学厚度反演的输入，则通常不进行云下阴影检测；如果是为了更加精细地标记每个像素状态，则最好标记云下阴影。在本研究中，检测结果将作为后续气溶胶反演的输入，默认处理过程中不进行云下阴影检测，如果开启检测则仅需修改配置文件。

自动阈值法简单稳定，能满足大多数数据的云检测精度要求。考虑到云在遥感图像中表现的极端复杂性，想要进一步提高个别检测结果的精度，可以将自动阈值方法与其他方法相结合，这是获得更加精确的云检测结果的有效途径。例如，结合多阈值启发式和人工神经网络对 GMS 卫星红外云图中尺度云系进行自动分割（师春香和瞿建华，2001），采用基于纹理特征的云检测（郁文霞等，2006；单娜等，2009）等。通过对比试验，这里选取了两种修正阈值检测结果的方法：

（1）基于形态学的云区整饰

由于云的复杂性，实际的云分布会出现过度离散的情况。通过去除云边界外小于一定像素数的孤立云区，同时填充云边界内小于一定像素数的空洞，整饰云边界，减小离散化的碎云。图 2.6 展示了整饰前后效果对比。云区整饰在优化云掩膜质量的同时，大大减少了云区数量，减少了后续处理。需要说明的是，云区整饰不一定能提高云检测的精度，但将过度离散的云当作整块处理对于很多后续的处理是有利的。

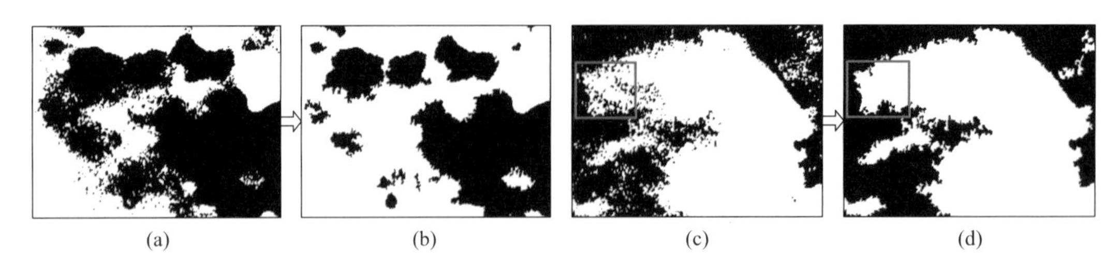

图 2.6 GF-4 数据云区整饰示例：(a)示例 1 整饰前；(b)示例 1 整饰后；(c)示例 2 整饰前；(d)示例 2 整饰后

(2)基于纹理的云区修正

利用分形维数(fractal dimension index)来区分高亮地表与云。该法假设分辨率 50 m 的 GF-4 数据地表纹理分形维数数值较大,云层纹理细节的分形维数数值较小。分形维数反映物体纹理的复杂程度(Takayasu,1990; McGarigal and Marks,1995),维数越大,分形越复杂。

把二维图像视作三维空间中的一个表面$(x,y,f(x,y))$,其中$f(x,y)$为图像(x,y)位置处的灰度值,将 $M\times N$ 大小的图像按照尺度 r 分割成许多 $r\times r$ 的网格。在每个网格上,是一列 $r\times r\times h$ 的盒子,单个盒子的高度 $h=r\times G/M$,其中 G 为总的灰度级数。设在第(i,j)网格中图像灰度的最小值和最大值分别落在第 k 和第 l 个盒子中,则覆盖第(i,j)网格中的图像灰度值所需的盒子数为 $n_r(i,j)=l-k+l$,则整个图像所需的盒子数为 $N_r=\sum_{i,j}n_r(i,j)$,分形维数值为 $D=\lim\dfrac{\log N_r}{\log(l/r)}$。选取一组 r 以 $\log(l/r)$ 为横坐标,$\log(N_r)$ 为纵坐标绘制点聚图。利用最小二乘法拟合样本点,所得斜率即为此图像样本分形维数 D。分形维数计算选取 64×64 大小的子图作为基本的处理单元,选择 4、8、16 三个尺度因子。分形维数的原理类似基于灰度共生矩阵的纹理计算,那些边缘像素数量多而内部像素少的斑块将具有较高的分形维数值,如蜿蜒细长的河流、新雪融化露出碎片地表的区域等。分形维数的计算采用分块的方式是为了避免有些具有高分形维数值的小斑块与大区域厚云斑块联通而导致误检。分形维数的计算可使用 FRAGSTATS(McGarigal and Marks,1995)早期 2.0 版本的开源代码实现。计算分形维数需要提前对每个斑块进行编号来构建分类图,而基于形态学的云区整饰极大减少了几个像素构成的碎片化的斑块或漏洞,大幅降低了分形维数的整体运算量。

2)序列图像云检测

GF-4 卫星成像的一个重要特征是可以获得相同地区同一天或者连续多天的序列图像。在 L1B 级数据产品云检测中可利用序列图像提高产品精度。序列图像云检测利用云在不同图像上的运动特性来区分云与地表。

可见光近红外序列图像的自动匹配是序列图像云检测的关键技术。由于 GF-4 卫星具有静止卫星的面阵成像方式、良好的姿态稳定性等硬件条件,保证了成像几何特性的一致性,使得 L1 级的序列图像之间通过简单的平移与旋转即可实现高精度的逐像素配准。以序列图像其中一幅图像作为基准,获取其余图像到该基准图像的平移与旋转关系来实现对应,无需对图像本身进行变换与重采样。GF-4 卫星序列图像的这种特点与 GF-4 卫星成像特性有关,具体分析如下:

首先,GF-4 卫星采用静止卫星轨道。静止卫星相对于地球的位置是固定的,其成像几何是不变的,对地球可观测范围内的任意一点到卫星传感器成像点的几何关系都是固定的。静止卫星位置的固定性,保证了在图像中心点与四个角点坐标相同的情况下,同一区域的多个观测图像的系统成像几何模型是相同的,系统畸变与空间分辨率都是一致的。

其次,GF-4 卫星采用面阵凝视方式成像。目前卫星搭载的高分辨率多光谱传感器多采用线阵 CCD 传感器推扫式或摆扫式的成像方式,单幅成像需要花费一定的时间,其间卫星姿态的抖动与轨道的偏移都会引入几何畸变,导致不同时间获取的同一区域数据内部几何畸变不一致。不同于线阵 CCD 传感器,面阵方式成像时间是瞬时的,图像的成像过程不会引入新的几何畸变,卫星的抖动与传感器的抖动都很难对成像造成影响。

最后,GF-4 卫星成像定位精度高。通过指向控制,GF-4 可实现对中国及周边地区的自由观测,也可采用凝视模式对幅宽 400 km 的固定区域进行持续观测,定位精度达 ±0.1°,并且 GF-4 卫星的观测控制实现了在成像中心点确定的情况下固定成像的四个角点,使得 GF-4 卫星具有获得同一固定区域序列图像的能力。

序列图像自动匹配有三个步骤:①SIFT(scale-invariant feature transform)特征提取(Lowe,2004,2005);②特征匹配;③图像变换关系计算。在变换关系计算过程中,利用两幅图像的特征匹配点集,采用最小二乘法拟合一阶多项式 $y=ax+b$ 的旋转参数 a 与平移参数 b。

序列图像自动匹配完成后,序列图像中的像素便通过旋转与平移参数实现对应。之后,对于凝视模式成像的序列图像可以直接进行云检测。而对于非凝视模式的序列图像,由于图像成像时间的差异、相机成像状态不同(主要是成像积分时间的差异)等因素,序列图像的各图像存在整体上的辐射差异。我们利用线性相对辐射归一技术消除这种差异,即利用一阶多项式 $y=ax+b$ 描述两幅图像之间的辐射差异,将辐射差异分解为增益 a 与偏移 b。以非凝视模式下序列图像的其中一幅作为基准图像,其余图像用线性相对辐射变换归一到该基准图像。拟合参数 a 与 b 所需的伪不变特征地物点通过迭代加权的多源变化检测(multivariate alteration detection,IR-MAD)算法自动提取,拟合变换则采用正交变换(Hu and Tang,2011)。

根据序列图像数量的多少,采用不同的云检测方法:当序列数量小于 10 幅时,采用分级自动阈值进行云检测;当序列数量大于 10 幅时,采用 S-G 滤波结合自动阈值的方法进行云检测。

分级自动阈值云检测的原理是利用云的运动特性,序列图像中云影响的像素值只在部分图像上较高,而在其余图像上不高,可将高像素值所在图像的位置处标记为云。序列图像像素位置中像素值均明显偏高的像素则判定为高亮地表。判定每个像素点是否为云涉及两个阈值:一是每幅图像中根据单幅云检测的自动阈值方法计算得到的云阈值,以及统计得到的可能的阴影区域阈值;二是该像素与对应位置所有图像的像素中排除每幅图像中大于该图云阈值与小于该图像阴影阈值的像素后,像素中值的差值记为 a。若单幅图像云检测结果中被检测为云的像素的 a 值小,且与该图云阈值接近,则认为是误检测的高亮地表;若单幅图像云检测结果中被检测为地表的像素的 a 值大,且排除阴影像元,则将该像素识别为云,并根据差值大小在云阈值区间的位置,标记为薄云与厚云。

S-G 滤波通过滑动窗口多项式拟合来达到对序列数据进行平滑的目的(Savitzky and Golay,1964)。通过 S-G 滤波可以判断序列中每一幅图像中的像素值在序列变化趋势中的异常,结合分级自动阈值后可以更加有效地区分运动的云区与不变的高亮地表,并标记出薄云与厚云。

分级自动阈值与 S-G 滤波都是逐像元处理,可能导致局部区域的云掩膜出现很多由多个像素组成的漏洞或者碎片,通过云区整饰可提高最终云掩膜结果的成图质量。

3)多图像云检测与修补

在 GF-4 卫星获取足够多的数据后,对同一区域获取的多幅不同时刻、季相的历史数据,基于多幅图像的、高精度的云与云下阴影的检测与修补算法进行处理有利于提高成图质量。

多图像云检测与修补算法对于 GF-4 卫星获取的同一地理区域多幅图像数据,根据云在不同时间的多幅图像中的运动变化,利用 IR-MAD 算法对图像之间的线性辐射差异不敏感的特性,采用 IR-MAD 算法计算图像之间的多源变化分析变量(MAD 变量)作为分析变化的参考数据,通过 MAD 变量中的变化部分进行云区检测,并利用 MAD 变量中的不变部分提取伪不变特征点(Pseudo-invariant feature,PIF),利用遥感图像相对辐射归一算法获取图像之间的辐射归一参数,在云修补过程中利用该辐射归一参数将修补区域像素辐射值变换到当前修补图像的辐射值水平,通过每幅图像与其余多幅图像云检测与云修补处理的所有两两之间处理结果的整合,得到每幅图像的云检测结果与云修补结果。

利用 IR-MAD 算法完成修补图像之间的线性相对辐射归一后,云修补区域与周围地表仍然会存在可见的辐射差异,尤其是在修补边缘。造成这种辐射差异的原因除了线性相对辐射校正外,图像获取时间差异、大气差异、薄雾残留等都是可能的因素。为了消除修补区域因辐射差异形成的补丁现象,使用泊松融合(Poisson blending)算法利用修补区域边缘像素来改正修补区域内部像素的颜色值(Lin et al.,2013a,b)。

多图像自动云检测与修补算法的特点是运算复杂度低且自动化程度高,整个云检测与云修补过程不需人机交互,用户仅需对最终的检测结果进行简单的检查。

2.3 算法实现

GF-4 云检测流程中三个算法的具体实现需要满足工程化数据批量处理的要求,即需要满足三个条件:①自动,处理过程中尽量少的人机交互;②稳定,包括程序运行稳定与结果精度稳定;③快速,算法经过优化与加速满足快速处理海量数据的需求。

由于单幅图像云检测只是对单幅图像的运算,不涉及图像之间的几何配准与辐射差异问题,算法的实现简单,容易满足自动、稳定与快速的需求,所以单幅图像云检测的算法实现仅需要对运算耗时的部分进行优化加速,如快速导向滤波算法。序列图像和多幅图像的云检测与修补算法的具体实现过程中涉及三个关键算法实现:①序列图像快速配准;②序列图像云检测;③多图像云检测与修补。

2.3.1 算法介绍

1）快速导向滤波算法

导向滤波算法流程中包含多步的均值滤波器运算，虽然传统的卷积函数实现的核函数运算速度也很快，但放在像素数量普遍过万的遥感图像中仍然运算耗时较大。导向滤波算法如下（He et al.，2013）：

step1: $\mathrm{mean}_L = f_{\mathrm{mean}}(L(x,y))$

　　　$\mathrm{mean}_V = f_{\mathrm{mean}}(V(x,y))$

　　　$\mathrm{corr}_L = f_{\mathrm{mean}}(L(x,y).*L(x,y))$

　　　$\mathrm{corr}_{LV} = f_{\mathrm{mean}}(L(x,y).*V(x,y))$

step2: $\mathrm{var}_L = \mathrm{corr}_1 - \mathrm{mean}_I.*\mathrm{mean}_I$

　　　$\mathrm{cov}_{LV} = \mathrm{corr}_{IV} - \mathrm{mean}_I.*\mathrm{mean}_V$

step3: $a = \mathrm{cov}_{LV}./(\mathrm{var}_L + \varepsilon)$

　　　$b = \mathrm{mean}_V - a.*\mathrm{mean}_L$

step4: $\mathrm{mean}_a = f_{\mathrm{mean}}(a)$

　　　$\mathrm{mean}_b = f_{\mathrm{mean}}(b)$

step5: $\hat{V}(x,y) = \mathrm{mean}_a.*L(x,y) + \mathrm{mean}_b$

其中，f_{mean} 为中值滤波器，ε 为归一化参数。滤波半径为 r。

可见该方法的主要过程集中于简单的均值模糊，而均值模糊有多种与半径无关的快速算法。均值滤波器 f_{mean} 运算，采用盒式滤波器（Boxfilter）优化方法，它可以使复杂度为 $O(MN)$ 的求和、均值、方差等运算降低到近似于 $O(1)$ 的复杂度。

Boxfilter 的原理来自积分图像（Integral Image），Integral Image 使得图像的局部矩形求和运算的复杂度从 $O(MN)$ 下降到了 $O(4)$。Integral Image 首先建立一个宽高与原图像相等的空白图像，然后对这个空白图像赋值，其中的像素值 $P(x,y)$ 赋为该点与图像左上角 $P(0,0)$ 所构成的矩形中所有像素的和。赋值后，想要计算某个矩形像素的和，如图 2.7 中，矩形 A 的像素和就可以用 4 个角的像素值计算 $A=p_4-p_2-p_3+p_1$，即 $O(4)$。Integral Image 能够快速计算任意大小的矩形求和运算。不同于 Integral Image，Boxfilter 建立的空白图像中的每个像素的值是该像素邻域内的像素和（或像素平方和），在需要求某个矩形内像素和的时候，直接访问数组中对应的位置就可以了。因此 Boxfilter 的复杂度是 $O(1)$。

Boxfilter 的初始化过程如下：给定一幅宽高为（M,N）像素的图像，开辟一个对应相同尺寸的 $M\times N$ 维数组 A，数组 A 中的每个元素值定义为到图像左上角（0,0）之间的矩形区域内所有像素的和，数组 A 的初始化仅需要对图像进行一次顺序访问，通过数组 A，便可以

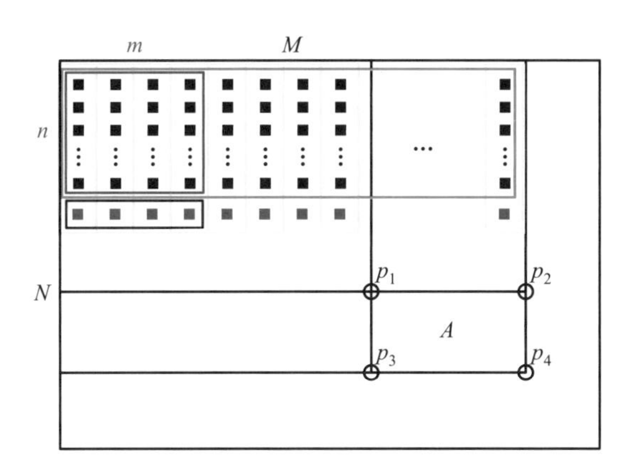

图 2.7 Boxfilter 示例(Paul,2001)

假定图像宽高为(M,N),确定待求矩形模板的宽高为(m,n),黑色与红色方块代表一个像素,内部矩形 A 的 4 个角的像素值为 p_1、p_2、p_3、p_4

快速计算图像中任意矩形区域包含的像素值的和,即该矩形区域右下角的值减去右上角的值,再减去左下角的值,最后加上左上角的值。

采用 Boxfilter 优化后的导向滤波(Guided Filter)算法复杂度大幅降低,运算速度非常快。但对于至少有 4 个波段且像素尺寸都过万的遥感图像,$\hat{V}(x,y)$的计算耗时仍然难于满足海量数据的快速处理需求,所以需要进一步优化计算 $\hat{V}(x,y)$算法。考虑到通过导向滤波技术估算的薄雾 $\hat{V}(x,y)$已经非常精细了,而现实中的薄雾分布边界即使在景深跃迁的地方,也比清晰地物尖锐的边界要模糊,所以如果适当降低一点点 $\hat{V}(x,y)$的精度,整体的效果不会有太大的区别。因此对 $V(x,y)$进行导向滤波精细化时,不是对 $V(x,y)$原图进行求取,而是先对 $V(x,y)$进行下采样,比如缩小为原图的 1/4,计算出 $\hat{V}_{1/4}(x,y)$的导向滤波精细化 $\hat{V}_{1/4}(x,y)$,之后再通过插值的方式获取原图大概的透射率 $\hat{V}(x,y)$。经过实践,这种方式极大地提高了执行速度,而且效果和原始的方案基本一致,时间消耗主要是重采样耗时,所以如果缩小比例不是特别大的话,比如缩小为原来的 0.5 大小,可能两次缩放所用的耗时抵消了计算小图的透射率图所换来的时间。因此,可以合理选择采样率,如果进一步取 1/9 的缩放,则还会有速度上的提高,最终效果基本无差异。

2)图像配准算法

图像配准的基本思路为:对同一地理区域获取的 GF-4 静止卫星序列图像数据,在没有系统几何模型的情况下,仅利用卫星记录的图像中心点及 4 个角点的近似经纬度坐标确定图像的大致相对位置关系,然后根据图像定位误差范围确定图像分块自动匹配检索范围,从分块的图像区域中获得至少 3 组不同区域的控制点,利用这些控制点拟合出一个线性函数。对于同一地理区域,不同时间获取的 $n(n>2)$幅图像相邻两幅图像之间,都能得到一个线性函数,利用这 $n-1$ 个线性函数,实现 n 幅图像之间逐像素的配准。需要注意的是,这里的序列图像配准并不对图像本身进行变换与重采样,配准的结果只有 $n-1$ 组线性函数系数,在后续的 GF-4 图像云与云下阴影检测等预处理中利用该组系数实现 n 幅图像的逐像素配准。

图像配准过程通过尺度不变特征变换(scale-invariant feature transform,SIFT)特征提取与特征匹配两个步骤完成。SIFT 特征提取是在空间尺度中寻找极值点,并提取出其位置、尺度、旋转不变量。SIFT 特征是指在图像尺度空间中明显不同于周围和相邻尺度上同区域点的局部极值,是差分高斯函数在图像局部的最大/最小值。SIFT 特征点在灰度值上表现为比其周围点和相邻尺度上同区域点的灰度值都大或者都小。特征匹配是从两个图像提取的 SIFT 特征点中寻找相同特征点的过程。对于每一个特征点,根据图像间的位置关系生成每一个候选匹配点的粗匹配点,形成粗匹配点对。然后以每一对粗匹配点为中心,在匹配的两幅图像上分别提取模板窗口和搜索窗口,让模板窗口在搜索窗口内移动,计算每一个位置与搜索窗口的相似度,将相应匹配位置作为该对控制点的精确匹配结果。

特征匹配完成后,经常会存在一些误匹配点,剔除误匹配点采用 RANSAC(random sample consensus)算法。该方法是从一组包含异常数据的样本数据集中,采用迭代的方法进行模型拟合,多次迭代后获得最佳模型拟合参数,再根据容许误差将所有的匹配点对分为内点和外点,外点就是需要剔除的误匹配点。

通常实现遥感图像逐像素的配准是通过系统几何校正与几何精校正两步处理,在将原始卫星图像处理为包含投影坐标的地图的同时,实现逐像素的配准。该过程包含多次图像插值与重采样处理,并且为了校正图像局部区域的几何畸变,有时需要采用人机交互的方式添加部分控制点用于几何精校正,整个处理过程复杂且耗时。这里的序列图像快速配准处理流程简化,仅通过图像局部小区域的少量配准控制点来拟合线性变换参数,实现序列图像之间相对的逐像素配准,处理过程不包含图像插值与重采样处理,处理过程简单、速度快,且算法自动,不需人机交互。同时该处理流程充分考虑网格化并行处理,结合图形处理器(GPU)加速后对于序列图像配准过程的时间消耗大幅减少,可保障后续序列图像云检测的自动化、快速处理。

3)序列图像云检测算法

序列图像云检测是在序列图像自动快速配准的基础上,首先利用自动相对辐射校正减小序列图像之间不同成像时间导致的辐射差异,然后利用 S-G 滤波结合自动阈值在序列图像中逐像素修正地表,通过比较像素修正前后的值划分出云与云下阴影,输出结果是序列中每幅图像所对应的一个单波段的云与云下阴影标记数据。

序列图像需要根据各图像地表的平均辐射亮度排序。根据各图像地表的平均辐射亮度排序对于后续处理非常关键。不同于太阳同步轨道卫星,它获取地球同一地理位置图像的时刻是相近的,地球同步轨道卫星相对地球位置不变,可选择一天中的任意时刻成像,白天里不同时刻成像根据太阳高度的不同,图像整体辐射亮度也是不同的,比如早上 8 点与正午 12 点成像的图像辐射存在差异。具体排序方法是统计序列图像中蓝光波段的直方图,排除过亮与过暗像素值后,将剩余像素的均值作为排序的依据。这里排除过亮与过暗像素值的目的是过滤掉可能的云与云下阴影，保证得到的均值尽量代表地表的辐射亮度情况。

如果序列图像数据是非凝视模式获取的不同天数据，不同时刻由不同太阳高度角导致的图像整体之间的辐射差异较大，需要进行线性相对辐射归一处理。该处理是算法流程的关键步骤，用于减小序列图像两两之间因数据获取时间不同导致的辐射差异。序列中相邻两幅图像之间采用遥感领域中的相对辐射校正技术，比较序列中的一幅图像与前后图像的伪不变特征地物点之间的均值差异在整个序列中的大小，如果该图与序列中前后图像之间的伪不变地物点均值差异都很大，则需要对该图像进行相对辐射校正。这里采用 IR-MAD 变化实现自动提取两图像的伪不变特征地物点。

IR-MAD 变换为了遮蔽两时相图像中的变化像素，首先形成两幅图像 N 个通道内像素值的线性组合。用随机向量 $\boldsymbol{X}$ 和 $\boldsymbol{Y}$ 分别表示目标图与参考图重叠区内筛选出的像素值。根据以下变换公式：

$$
\begin{aligned}
U &= \boldsymbol{a}^{\mathrm{T}}\boldsymbol{X} = a_1X_1 + a_2X_2 + \cdots + a_NX_N \\
V &= \boldsymbol{b}^{\mathrm{T}}\boldsymbol{Y} = b_1Y_1 + b_2Y_2 + \cdots + b_NY_N
\end{aligned}
\tag{2.5}
$$

式中，a_i 与 b_i 为 MAD 系数，MAD 变换最小化 U 与 V 之间的正相关。在服从约束 $\mathrm{Var}(U) = \mathrm{Var}(V) = 1$ 的前提下，定义 MAD 变量：

$$
\mathrm{MAD} = \mathrm{Var}(U - V) = \mathrm{Var}(U) + \mathrm{Var}(V) - 2\mathrm{cov}(U,V) = 2(1 - \mathrm{corr}(U,V)) \rightarrow \mathrm{Maxin}
\tag{2.6}
$$

最小化正相关系数 $\mathrm{corr}(U,V)$ 是一个标准的统计过程，即所谓的广义特征值问题。求出的 MAD 变量各个分量相互正交，并且是线性变换的不变量。之所以选择 MAD 变换来提取不变特征点，正是由于 MAD 变换对变量 X 和 Y 之间线性关系不敏感的特性，可以很好地适应不同时间获取的存在较大辐射差异的 GF-4 图像。IR-MAD 变换进一步提高了 MAD 算法的精度与稳定性。

利用 IR-MAD 变换自动提取出两图像的伪不变特征地物点，采用最小二乘方法拟合出一个整体的线性函数 $y=ax+b$，利用传统的遥感图像线性相对辐射校正将序列中辐射差异大的图像校正到相邻一幅图像的辐射水平。

根据序列图像包含的图像数目是否大于 10 幅，确定后续处理是采用统计与自动阈值云检测，还是采用 S-G 滤波与阈值云检测。S-G 滤波与阈值云检测是先对序列图像进行 S-G 滤波，再通过比较滤波前后数值的变化差异判定是否为云与云下阴影。

S-G 滤波通过滑动窗口多项式拟合来达到对序列数据进行平滑的目的（Savitzky and Golay，1964）。序列数为 N，对其中长度为 $n=2m+1$ 的子序列进行 $k(k \leqslant n)$ 阶多项式拟合可表示为

$$
f(t) = a_0 + a_1t^1 + \cdots + a_kt^k = \sum_{i=0}^{i=k} a_it^i, \quad t \in [-m,m]
\tag{2.7}
$$

S-G 滤波过程是对序列中的某一点 t_0 及其左右 m 邻域共 $n=2m+1$ 个点(t_i, y_i),$i\in[-m,m]$,进行 $k(k\leqslant n)$ 阶多项式拟合,用拟合后的滑动窗口中心的数据(t_i,y_i)置换原始时间序列中的数据,然后向右移动窗口,使窗口中心移至序列中下一数据,重复上述过程,直到滑动窗口到达序列末尾。平滑窗口系数通过最小二乘法方式求得。

4)多图像云检测与修补方法

多图像自动云检测与修补针对 GF-4 卫星获取的同一区域不同季相、不同时刻获取的历史数据进行云区的检测与修补,与序列图像云检测不同,多图像云检测与修补更加侧重的是修补。为了获得多图像之间更好的修补效果,或融合结果,多图像之间并不进行整体辐射值大小的排序,而是图像两两之间进行典型相关分析,提取变化区域融合,再合并所有图像之间的处理结果,得到云区域直接替换修补结果,利用泊松融合消除修补区域与周围区域的色彩差异,得到最终的云检测与修补结果数据。

多图像自动云检测与修补的输入图像需要经过系统几何校正且数据之间平均配准误差不超过 1 个像素。GF-4 数据发布的 L1 级数据包含的头文件中记录了辐射定标参数及成像几何信息。L1 级数据未经系统几何校正,但包含系统几何校正的有理函数 rpc 参数文件。直接利用 rpc 参数文件进行系统几何校正后,图像之间存在不同的整体旋转与平移特性的系统误差。为了自动修正该系统误差,我们设计了 GF-4 卫星数据全自动几何校正系统,利用 30 m Landsat TM/ETM+全球覆盖控制数据集作为参考数据,利用 GPU 加速的自动匹配算法快速获取少量控制点,修正有理函数校正模型的仿射误差。几何校正后的 GF-4 卫星图像相对配准精度达到子像素级。

2.3.2 算法流程

1)序列图像配准流程

GF-4 卫星序列图像配准的算法流程如图 2.8 所示。下面结合序列图像快速配准流程图对每个步骤进行描述。

(1)数据预处理与掩膜处理

数据预处理对输入的序列图像进行数据完整性检查、地理覆盖范围检查、将序列图像按获取时间排序以及其他初始化处理。掩膜处理,在检查数据完整性的过程中统计各图像各波段的直方图,根据蓝光波段的直方图统计,利用自动阈值法标记过亮与过暗像素,作为不精确的云与阴影掩膜,该云掩膜也可以直接使用单幅图像云检测的结果。掩膜数据按照 8 位“Byte 型”保存为外部临时文件。

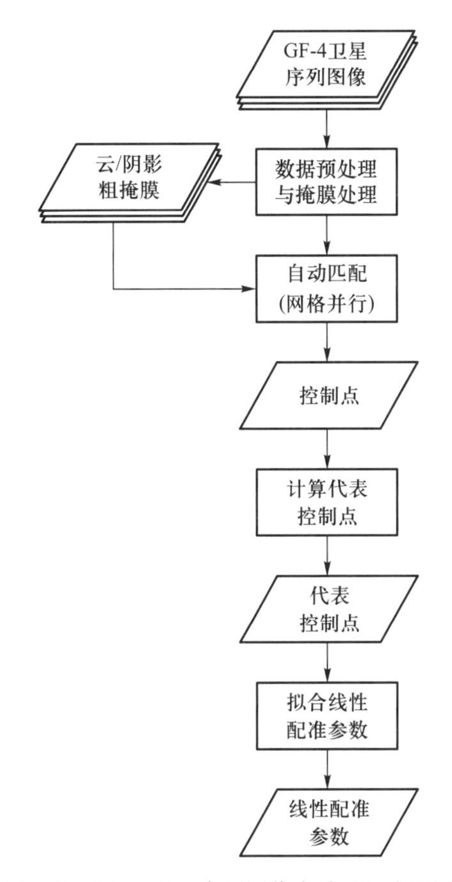

图 2.8 GF-4 卫星序列图像自动匹配流程图

(2) 自动匹配

采用 SIFT 特征匹配。对于 50 m 低空间分辨率且尺度固定的数据有很多简单且有效的特征配准方法,需要说明的是,理论上 SIFT 对于 GF-4 卫星数据来说并不是最适合的特征,这里选择 SIFT 的原因主要是考虑到目前它相关的匹配方法的开源算法库技术较为成熟,包含 CPU 与 GPU 多种加速方式的实现,稳定、快速、易于工程实现。

特征匹配先根据每一个特征点在图像间的位置关系生成粗匹配点对。然后以每一对粗匹配点为中心,在匹配的两幅图像上分别提取模板窗口($M\times M$)和搜索窗口($N\times N$, $N>M$),这里,M 取值 128,N 取值 512,让模板窗口在搜索窗口内移动,计算每一个位置与搜索窗口的相似度,如果相似度最大值大于某一阈值 T,这里 T 取值 0.65,则将相应匹配位置作为该对控制点的精确匹配结果。由于直接利用归一化相关系数(NCC)进行模板匹配计算量较大,采用 NCC 的加速算法(Fast NCC)(Lewis,1995)大幅度减少匹配时间。特征匹配完成后,采用 RANSAC 算法剔除误匹配点。

单幅 GF-4 卫星 L1 级数据图像达 10240 像素×10240 像素,若整幅图像进行 SIFT 特征提取与匹配将会消耗大量的运算时间与资源，所以采用二级网格（图2.9）处理的策略，大幅度减小运算量的同时，便于程序的并行处理。假定一组序列图像有 n 幅，每幅图像对应有云与阴影粗掩膜，第一级网格划分先将每幅图像划分为4行4列，共16个网格块，则自动匹配过程可划分为 $(n-1)\times 16$ 个独立的块来并行处理。一级网格划分后，单个网格的尺寸为2560像素×2560像素，由于对于单个一级网格自动匹配的目的是获得一个代表控制点，而不是尽量多的控制点。这里对单个网格再次进行二级网格划分，划分为20行20列，共400个网格。在两幅图像之间，遍历其中一个图像的二级网格，对于不含有掩膜标记区域的网格，根据图像四个角点近似坐标，对应到另一幅图像对应的16个二级网格区域，此时自动匹配仅在一个128像素×128像素区域与512像素×512像素区域展开，当有3个二级网格都成功匹配得到控制点后，停止二级网格遍历并输出所有控制点数据，从而大幅减少了运算量。二级网格单个块的自动匹配示意图见图2.9。其中地理坐标粗对应是通过卫星获取图像时的指向信息，将所记录的图像4个角点的坐标转换得到概略的经纬度坐标，然后根据GF-4卫星实际数据4个角点的坐标精度情况，确定在一个图像中的二级网格划分中的小块对应地在另一个图像的二级网格划分中的4行4列（共16个小块），之后在对应的范围内找到匹配控制点。

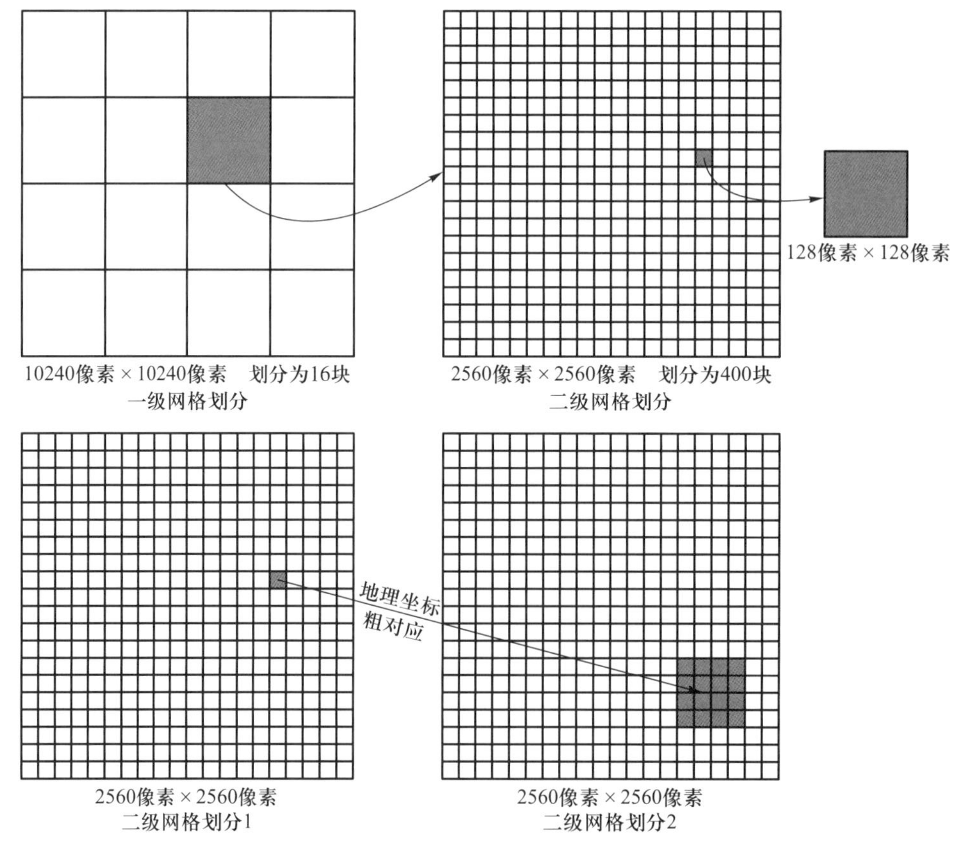

图2.9　二级网格划分与二级网格单个块的自动匹配示意图

(3)计算代表控制点

通过对两幅图像的每个网格区域匹配获取的控制点数据进行误差分析与数据拟合，利用线性最小二乘法，选取所有控制点中误差最小的一个控制点作为代表控制点。

(4)拟合线性配准参数

两幅图像之间的线性配准参数为旋转与平移，通过一阶多项式描述，即 $y=ax+b$。如果获得了 2 个控制点，则可严格求解出线性函数的两个参数 a 与 b；如果获得了多于 2 个的控制点，则可采用线性最小二乘拟合获得线性函数的两个参数。若 n 个序列图像处理成功，则算法输出 $n-1$ 组线性函数参数。

2）序列图像云检测

序列图像云检测的算法流程如图 2.10 所示。下面结合 GF-4 卫星序列图像云与云下阴影检测流程图对每个步骤进行描述。

(1)数据预处理

数据预处理对输入的序列图像进行数据完整性检查、地理覆盖范围检查、序列排序以及其他程序运行所需的初始化处理。

如果序列图像数据是非凝视模式获取的不同天数据，则不同时刻由不同太阳高度角导致的序列图像中图像与图像之间的辐射差异较大，需要进行线性相对辐射归一处理。

(2)线性相对辐射归一

采用 IR-MAD 变化自动提取两图像的伪不变特征地物点，然后利用最小二乘方法拟合伪不变特征地物点，得出一个整体的线性函数 $y=ax+b$，利用该线性函数进行相对辐射校正将序列中辐射差异大的图像校正到相邻一幅图像的辐射水平。

根据序列图像包含的图像数目是否大于 10 幅，确定后续处理方法是采用统计与自动阈值云检测，还是 S-G 滤波与阈值云检测。

(3)统计与自动阈值云检测

假若序列图像包含 $n(n<10)$ 幅图像，对序列图像中的每一个相对配准的像素位置，统计 n 个像素的均值 V_{min} 与中值 V_{mid}，若均值与中值数值上相差不大，如 $|V_{min}-V_{mid}|<10$，则 n 个像素全部标记为地表。若中值与均值数值差异大，则将 n 个像素逐次与 V_{mid} 进行比

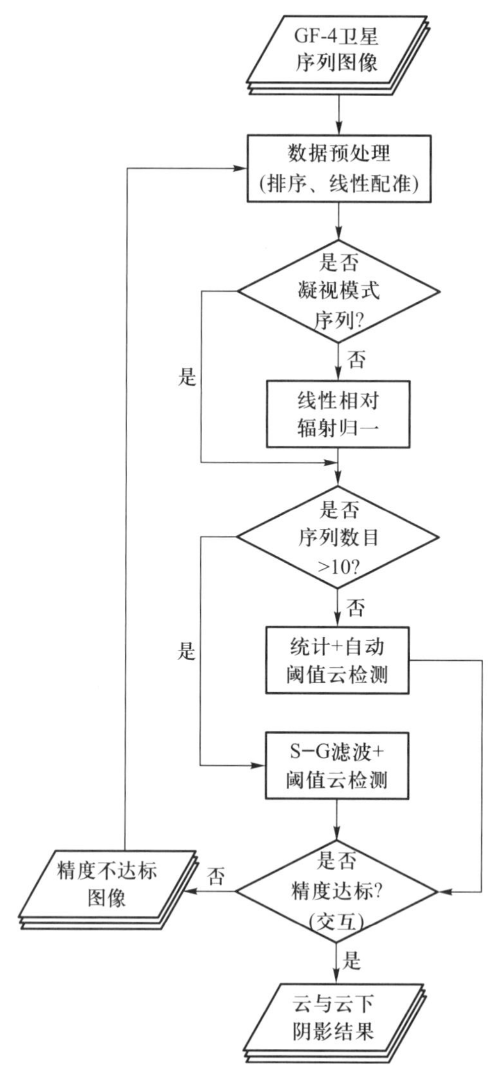

图 2.10　序列图像云检测的算法流程

较;如果 $V_i-V_{\mathrm{mid}}>V_{\mathrm{cloud}}$,则判定第 i 个像素为云,V_{cloud} 为云阈值;如果 $V_i-V_{\mathrm{mid}}<V_{\mathrm{shadow}}$,则判定第 i 个像素为云下阴影,V_{shadow} 为云下阴影阈值,为负值;V_{cloud} 与 V_{shadow} 的可取值为 $\pm 2|V_{\mathrm{min}}-V_{\mathrm{mid}}|$,或者 $\pm 3|V_{\mathrm{min}}-V_{\mathrm{mid}}|$。

(4)S-G 滤波与阈值云检测

该处理先对序列图像进行 S-G 滤波,再通过比较滤波前后数值的变化差异判定是否为云与云下阴影。若序列图像包含 n 幅图像,$n>10$,对序列图像中的每一个相对配准的像素位置,经过 S-G 滤波后,将 n 个像素 V_i 逐次与滤波后的值 $V_{i\text{-S-G}}$ 进行比较:如果 $V_i-V_{i\text{-S-G}}>V_{\mathrm{cloud}}$,则判定第 i 个像素为云;如果 $V_i-V_{i\text{-S-G}}<V_{\mathrm{shadow}}$,则判定第 i 个像素为云下阴影;V_{cloud}

与 V_{shadow} 可取经验值，根据具体数据情况可调整阈值。

对云下阴影的检测结果进行修正，根据检测的阴影像元与最近的云像元的距离进行修正，给出云下阴影距离云的最大距离，例如，GF-4 图像可取值 500 或者 1000 像素数，对于每个检测到的阴影像元，如果在该像素数半径范围内没有找到检测的云像元，则判定为误检，将该像元从阴影像元中剔除。

检测结果建议进行人工检查，对于精度较差的结果可通过调整阈值后进行再次处理。另外，由于云检测是基于单个像素的，有时检测结果局部区域会出现大量碎片与漏洞的情况。为了改善云检测的边界效果，采用计算机形态学的方法进行云区整饰处理，去除云边界外小于一定像素数的孤立云区，填充云边界内小于一定像素数的空洞，然后整饰云边界。由于实际的云本身也可能是很离散的，所以是否对云区进行整饰由用户决定。

云与云下阴影检测的结果保存为 8 位单波段图像，地表取值 0，云下阴影取值 1，云取值 2。n 幅序列图像对应 n 幅检测结果，作为 GF-4 初级数据产品提供给用户。

3）多图像云检测与修补

多图像自动云检测与修补流程如图 2.11 所示。

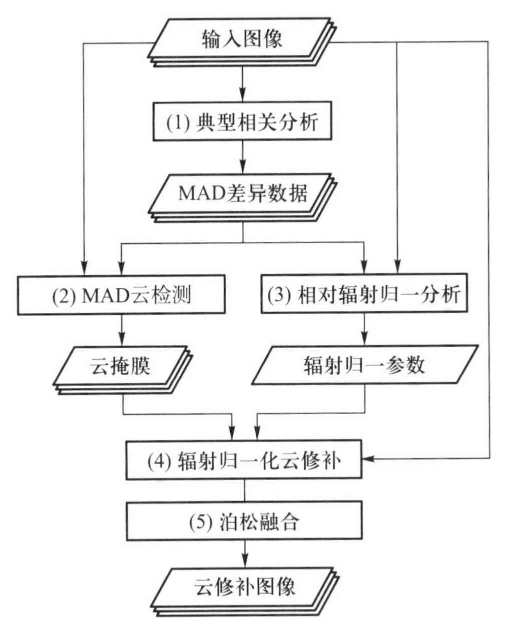

图 2.11 多图像自动云检测与修补流程图

下面结合多图像自动云检测与修补流程图对每个步骤进行描述。

输入图像，指读入 GF-4 卫星的相同地理区域的多幅遥感图像。图像参与初级运算的波段包括全色波段、蓝波段、绿波段、红波段。输入图像的数量最少为 2 幅，考虑到图像两两之间运算的复杂性，输入图像的数量也不宜过多，输入图像建议不超过 20 幅。原理上输入图像地理重叠区域内所有像素至少在 1 幅图像上是非云点即可。

(1)典型相关分析

对于输入图像两两之间采用IR-MAD变换自动提取两图像的MAD变量,输入的波段为全色、蓝、绿、红4个波段,排除近红外波段,将两幅图像非0值的背景像素排除后,将剩余像素位置的前4个波段数据由无符号双字节整数Uint16类型转换为有符号4字节Float类型,并保存到两个4维Float数组中作为IR-MAD变换的输入数据,运算得到1个Float类型的MAD变量,MAD变量中像素的数值大小体现了两幅图像的变化差异,并且这种变化差异已经排除了两幅图像之间整体的线性辐射差异,所以采用IR-MAD变换进行典型相关分析时不需要对因太阳天顶角导致较大辐射差异的两幅GF-4图像数据进行额外的辐射一致性预处理。这样提高了算法流程的简化程度与鲁棒性。

MAD差异数据作为处理的中间结果,是输入图像两两之间通过IR-MAD变换自动提取的,它是与输入图像尺寸相同的单波段Float数据类型的图像数据。

需要说明,算法中IR-MAD变换的输入图像是对所有图像地理重叠区域重采样处理后的图像。计算地理重叠区域是为了方便后续计算。对重叠区域图像进行重采样是为了减小运算量。重采样是将每幅地理重叠区域图像重采样到原始像素尺寸的$1/n$大小,图像分辨率变为$50\times n$ m,但考虑到云检测精度,采样比例建议$n\leqslant3$。

(2)MAD云检测

对于两幅图像之间的MAD变量,云区对应的MAD像素值一般明显具有较大数值。将MAD变量直方图统计中最后一个波峰的起始位置对应的MAD数值作为阈值便可以很好地标记出两幅图像的云区在MAD上的范围,大量数据实验表明,MAD云区的阈值通常大于10,甚至超过100,体现了两幅图像中的云所导致的相对差异,而两幅图像地表之间的变化,比如云下阴影、地表湿度变化、地物变化等,相对云一般都小得多,数值介于0到10。为了更精细地从MAD变量中排除因非云区的地表导致的变化区域,利用输入的两幅图像进行进一步的过滤,过滤的步骤有两步:首先从亮度上进行过滤,假定云在图像中具有较高亮度,通过输入图像直方图统计查找最后一个波峰的起始位置像素对应的像素值,小于该值的像素位置标记为非云或非高亮地表。然后是从色彩上进行过滤,假定云在图像中的色彩是白色,通过计算输入图像的NDVI,将NDVI值大于0.1的像素位置标记为非云或非高亮地表。过滤后的MAD变量将可能是两幅图像中的云区像素值标记为1,其他像素标记为0值。那么对于n幅输入图像,每一幅图像都与另外$n-1$幅图像计算得到$n-1$幅由MAD变量标记的0-1值掩膜图像,而每一幅图像对应的云掩膜图像由该$n-1$个掩膜图像合并得到,合并的策略是$n-1$个掩膜数据取综合交集,即当前图像中在另外$n-1$个图像的大多数掩膜中都是1的像素值保留1值,其他像素值标记为0值,具体计算的原则可以放宽到$n-1$个掩膜中保留2个掩膜中都是1值的像素,得到当前图像的云掩膜数据。通过实际的数据处理发现,这种多次过滤得到的掩膜数据部分区域存在一些离散的像素点与离散的漏洞区域。为了提高云掩膜的整体质量，对掩膜数据采用图像形态学的方法进行整饰，整饰的方法可以有多种形式，例如，采用多次固定像素半径的二值图像闭运算，一般处理次数取2，像素半径取值5。如果之前的输入图像是重采样后的数据，那么还要根据地理重叠区域矩形在原始图像的范围，对整饰后的掩膜数据进行再次重采样，得到与原始图像分辨率以及像素尺寸都相同的云掩膜图像。

处理结果云掩膜，是与每个原始图像像素尺寸相同的单波段单字节“Byte型”数据类型图像，像素值为0与1，其中1值标识原始图像中的云区。将云掩膜图像保存到硬盘。

(3) 相对辐射归一分析

对于两幅图像之间的MAD变量，某位置像素值越小，表示该位置图像之间的辐射差异越小。一般情况下，MAD的值介于0到1之间，数值越接近于0，表明地表之间的辐射差异越小，并且这种辐射差异可以通过像素值之间的一个固定线性函数关系近似表达，通过该固定的线性函数转换后，这些像素点对可以近似画等号。

线性函数的参数是输入图像两两之间线性相对辐射归一校正的增益参数与偏移参数，辐射归一参数以“Float”数组类型保存于内存中。

(4) 辐射归一化云修补

结合了n幅云掩膜图像的n幅同区域多时相图像，每幅图像的云修补区域可用其他$n-1$幅图像的非云区域进行逐像素修补，像素值通过与修补图像的线性辐射归一参数变换到当前图像的辐射水平，得到$n-1$个云修补的结果图像。

(5) 泊松融合

输入是n幅云修补结果图像及与之对应的修补区域掩膜标记图像，修补区域掩膜标记图像标记每个像素是否为云修补像素，若为云修补像素，则修补像素值来源于该幅图像对应地理位置的清晰像素值。根据n幅云修补结果图像及与之对应的修补区域掩膜标记图像，可计算修补区域中的导向向量场，进而对每幅图像整体利用泊松融合求解修补区域每个像素辐射校正后的值，最后得到消除修补区域补丁现象的n幅云修补结果图像。

n幅云修补结果图像与n幅图像对应，数据保存格式与原始输入图像相同，数据差异在于云掩膜对应区域的像素值是其余图像根据辐射归一方法修补后的值。整个云检测与修补计算过程日志保存为单独的日志文件。云修补图像和云掩膜图像作为云产品提供给用户。

2.3.3 伪代码

云检测算法的伪代码分别叙述如下。

1）单幅图像云检测伪代码

算法1 基于直方图的自动阈值云检测算法

输入:GF-4 卫星原始 L1 级数据($m*n$)

输出:云掩膜单波段 Byte 图像

```
Function GetCloudMask1(inputImg)
    nStep; //直方图搜索步长
    nCloudB3; //波段 3 云掩膜阈值
    nCloudB4; //波段 4 云掩膜阈值
    ndvi←GetNDVI(inputpath,nZoom) //获取 NDVI 波段数据,nZoom 为重采样比例,重采样为原始图像尺寸的一半,同时将 NDVI 量化到 Byte 型可减少存储空间,NDVI 数据内存存储
    [pBuf3,pBuf4]←GetImgBand(inputpath,nZoom) //得到波段 3 与波段 4 的重采样数据到内存中
    [histB3,histB4] ←GetHistogram(inputpath)//得到波段 3 与波段 4 的直方图统计
    [nCloudB3,nCloudB4] ← GetCloudValue1(histB3,histB4) //计算波段 3 与波段 4 的初始云掩膜值,中值的 2 倍
    [nCloudB3,nCloudB4] ← GetCloudValue2(histB3,histB4,nStep) //更新波段 3 与波段 4 的云掩膜值,根据步长查找直方图的波峰与波谷确定云地分界
    for each pixel in [pBuf3,pBuf4] do
      if (pixel[m,n]> nCloudB3 && (pixel[m,n]> nCloudB4 && ndvi[m,n]< nVeg) then
            //非地表且根据 NDVI 确定的白色调
            CloudMask[m,n] ←2 //云(大概率)
      else if (pixel[m,n]< nCloudB3 && (pixel[m,n]< nCloudB4 && ndvi[m,n]> nVeg) then
          CloudMask[m,n] ←0 //地表
      else// 波段 3 与波段 4 不同、NDVI 颜色异常
            CloudMask[m,n] ←1 //云(小概率,云边界过渡区)
        end if
      end for
      exportfile(CloudMask)//输出影像、XML 文件、RPB 地理信息文件
      Return
    End Function
```

2)序列图像云检测伪代码

算法 2 二级网格单个块的自动匹配算法

输入:图像 1 二级网格内存块 1($m*n$),图像 2 二级网格内存块 2($m*n$)

输出:匹配控制点对集合

```
Function GetMathGcps(pBuf1,pBuf2)
  nMathOK; // 匹配成功计数
  for each pixelY in pBuf1 do //对于网格块 1 中的每一行
    for each pixelX in pBuf1 do //对于网格块 1 中的每一列
      if(GeoRect() && CloudMask()) then
      //GeoRect()网格块 1 中的当前块地理坐标位于网格块 2 内部
      //CloudMask()网格块 1 中的当前块与地理对应的网格块 2 中的 16 块云与阴影掩膜比例小
于 0.05
      if (BufMatch(pBuf1,pBuf2,out Gcps) ) then // 进行自动匹配成功
        nMathOK++
          if (nMathOK >3) then //网格块 1 中匹配成功块数达到 3 个终止
                    Return Gcps;
          end if
        end if
      end if
    end for
  end for
End Function
```

算法 3 序列图像辐射预处理算法

输入:序列图像所在文件夹路径

输出:序列图像修正后的云掩膜

```
Function GetCloudMask2(inputDir)
  imgs←GetImages(inputDir) //获取文件夹中所有 GF-4 卫星 L1 级数据,解压缩包,初始化
img 图像结构信息
  cloudMasks←GetCloudMask1(imgs) //逐个图像运行单幅图像云检测,得到每个图像云掩膜的
初值,cloudMasks 保存为外部文件
  SortImages(imgs,cloudMasks) //输入图像排序,如果为凝视模式,则根据数据获取时间排序;
如果非凝视模式,则根据非云区地表平均辐射亮度大小排序
  for each img in imgs do //对于每一幅图像
    if(1==imgs.tpye) then  //非凝视模式
      /* 线性相对辐射归一,计算序列图像中相邻两图像各波段线性辐射差异函数 y=ax+b 中的参
数 a 与 b,注意只计算参数,不生成相对辐射校正图像。*/
      img.rad[i,j]←RadMAD(img[i],img[j]); //i<j
```

```
    end if
  end for
  if(imgs.num<10) then  //非凝视模式
    cloudMasks←ReCloudMask1(imgs); //基于序列统计的云掩膜更新
    else //图像数量超过10幅
    cloudMasks←ReCloudMask2(imgs); //基于序列统计与S-G滤波的云掩膜更新
  end if
  for each cloudMask in cloudMasks do //对于每一幅云掩膜
    if(imgs.fix) then
      cloudMask←FixCloudMask(cloudMask); //云区整饰
    end if
  end for
End Function
```

3)多图像云检测与修补伪代码

算法4 基于典型相关分析的云检测与修补算法

输入:多图像所在文件夹路径

输出:多图像修正后的云掩膜、多图像云修补结果图像

```
Function SetCloudMaskMAD(inputDir)
  imgs←GetImages(inputDir) //获取文件夹中所有GF-4卫星数据,初始化img图像结构信息
  cloudMasks←GetCloudMask1(imgs)//逐个图像运行单幅图像云检测,得到每个图像云掩膜的初值,cloudMasks保存为外部文件
  for each img in imgs do //对于每一幅图像
    if(img[i]! =img[j]) then
      /* 典型相关分析,计算多图像中任意两图像各波段典型变量mad保存到外部文件,计算对应相对辐射归一参数rad保存到内存数据结构,为提高运算速度图像进行降尺寸重采样。*/
      [img.mad[i,j],img.rad[i,j]]←RadMAD2(img[i],img[j]); //i! =j
    end if
  end for
  for each img in imgs do //对于每一幅图像
  /* 利用MAD典型变量数据的统计更新云与云下阴影掩膜 */
  cloudMasks←ReCloudMask3(imgs); //注意掩膜包含云下阴影区域
  end for
  for each img in imgs do //对于每一幅图像
  /* 多图像中任意两图像各波段之间,对云与云下阴影掩膜区域进行修补,修补过程利用辐射归一参数rad进行辐射校正,每幅图像最终的修补结果是该图像与其他图像修补结果的合并 */
  fiximg←FixCloudRegion(imgs,cloudMasks);
  end for
```

```
  for each img in imgs do //对于每一幅图像
  /*利用每幅图像与其对应的云下阴影掩膜修补标记图像,进行泊松融合,消除修补区域与周围区域之间的辐射差异,消除“补丁”现象*/
  fiximg←RadPoisson Blending(imgs,cloudMasks);
  end for
End Function
```

2.4 应用与验证

2.4.1 数据情况

实验数据采用36幅内蒙古东部区域GF-4数据及39幅长江中下游区域GF-4数据。受厄尔尼诺现象影响,2016年夏季,我国内蒙古区域和长江中下游区域出现了典型灾害性气候。民政部国家减灾中心针对7、8月内蒙古东部发生的干旱现象,以及长江中下游进入主汛期出现的洪涝灾害,制定了受灾区域GF-4数据的获取计划,体现了GF-4卫星在灾害监测方面的价值。长江中下游区域数据,获取时间为2016年6月17日—2016年8月24日,经纬度范围为111.3°E~115.9°E,28.3°N~31.0°N。内蒙古区域数据,获取时间为2016年5月10日—2016年8月15日,经纬度范围为114.6°E~121.7°E,44.0°N~45.5°N。实验数据云量统计见表2.1和表2.2,数据编号根据获取时间排序,其中黑体字表示可以构成序列的图像。构成序列图像的条件是至少存在两幅图像,图像之间四个角点的经纬度坐标差异≤0.1°。内蒙古东部区域有18幅图像构成多组序列,占总数的50%。长江中下游数据可以构成序列的有28幅,图像占总数的72%。这两组数据体现了GF-4获取数据明显的序列特性。

上述实验数据中,长江中下游区域有9幅、内蒙古东部区域有4幅是对同一区域获取的,适用于多图像云检测与修补实验。数据的具体信息如表2.3所示。

表2.1 内蒙古东部区域GF-4数据云量统计

编号	云量	编号	云量	编号	云量	编号	云量	编号	云量
1	13%	9	18%	17	8%	**25**	**24%**	**33**	**20%**
2	1%	10	17%	18	3%	**26**	**33%**	**34**	**18%**
3	2%	11	23%	19	0%	**27**	**34%**	**35**	**16%**
4	12%	12	6%	**20**	**12%**	**28**	**31%**	36	32%
5	**19%**	**13**	**4%**	21	2%	**29**	**31%**	—	—
6	**12%**	**14**	**17%**	**22**	**10%**	30	**33%**	—	—
7	6%	15	4%	**23**	**15%**	**31**	**23%**	—	—
8	29%	16	3%	**24**	**52%**	**32**	**19%**	—	—

表 2.2 长江中下游区域 GF-4 数据云量统计

编号	云量	编号	云量	编号	云量	编号	云量	编号	云量
1	1%	**9**	**15%**	**17**	**7%**	**25**	**0%**	33	4%
2	8%	**10**	**3%**	**18**	**0%**	26	14%	34	0%
3	0%	**11**	**4%**	**19**	**9%**	27	5%	**35**	**0%**
4	12%	**12**	**3%**	**20**	**3%**	28	7%	**36**	**0%**
5	10%	**13**	**0%**	**21**	**0%**	29	1%	**37**	**0%**
6	5%	**14**	**10%**	**22**	**7%**	**30**	**5%**	**38**	**0%**
7	**19%**	**15**	**11%**	**23**	**0%**	**31**	**13%**	**39**	**0%**
8	**8%**	**16**	**0%**	**24**	**3%**	32	3%	—	—

表 2.3 长江中下游数据 9 幅和内蒙古东部数据 4 幅统计表

	图像名称	获取时间	太阳天顶角/(°)
长江中下游(9 幅)	Image1	2016-7-31 09:50:59	47.6852
	Image2	2016-7-26 08:31:53	31.8104
	Image3	2016-8-01 09:21:17	47.1449
	Image4	2016-7-27 08:23:24	35.1262
	Image5	2016-7-27 13:23:23	72.1461
	Image6	2016-7-28 08:23:23	35.0132
	Image7	2016-7-28 14:38:59	57.1418
	Image8	2016-7-29 14:13:31	62.2683
	Image9	2016-7-30 09:59:58	46.9845
内蒙古东部(4 幅)	Image108	2016-8-02 11:14:21	49.0007
	Image405	2016-8-03 11:47:25	62.0701
	Image601	2016-8-04 09:57:55	58.7333
	Image827	2016-8-01 12:26:47	60.8024

2.4.2 云检测的应用验证

1）单幅图像云检测实例

首先对实验数据进行自动阈值法云检测，然后进行云区整饰与基于纹理的误检修正。检测结果主要通过目视进行评价。由于云在图像中的表现极端复杂，目前还难以找到一种定量化的 GF-4 云检测精度评价算法。在根据实验数据比较了多种基于统计的、构造云指数的检测方法后，研究形成的自动阈值云检测方法获得的结果稳定性最好，选取的阈值整体上最优，可满足业务化单幅云检测数据生产要求。

云区整饰与基于纹理的误检修正目的是提高单幅图像自动阈值云检测的精度，但实验结果表明对精度的提升非常有限。实验数据中出现局部检测结果过于离散的情况不多，其中极少情况是由于薄云边界过渡范围大导致的，这时云区整饰是有效的；大多数情况是存在极小的碎云，这时云区整饰反而将面积只有几个像素的碎云去除了。基于纹理误检修正目的是去除部分高亮地表的误检区域，在部分实验数据中取得了很好的效果，但同时也将很多纹理信息丰富的云误识别为地表。

对 75 幅数据的结果进行比较，整体上，自动阈值法结果与修正后结果差异很小。

图 2.12 是单幅云检测修正前后云覆盖率比较图,纵轴为自动阈值结果,横轴为修正后结果,两种结果云盖率差异小。图 2.13 是单幅云检测实例,图 2.13a 上方局部区域有小范围极小的碎云,在云区整饰的过程中被错误地删除了;同时图下方局部区域,一些误检测的细小高亮地表则会在云区整饰的过程中被修正。图 2.13c、d 为纹理信息强的高亮地表,纹理修正取得一定的效果,但在图 2.13e、f 中,亮度极高且纹理弱的地表仍然被误识别为云。

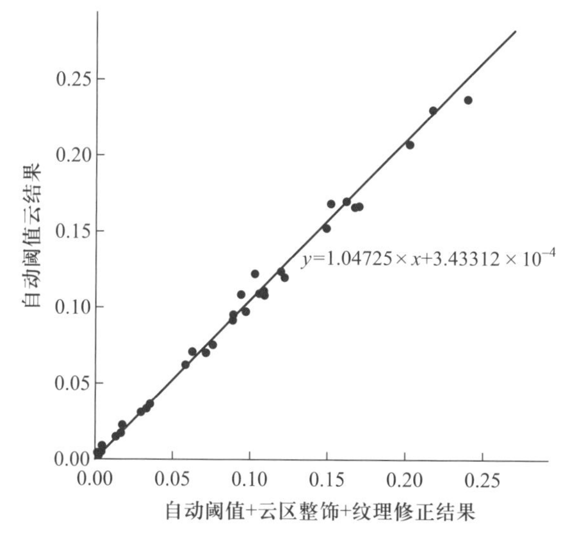

图 2.12　GF-4 单幅云检测修正前后云覆盖率比较图

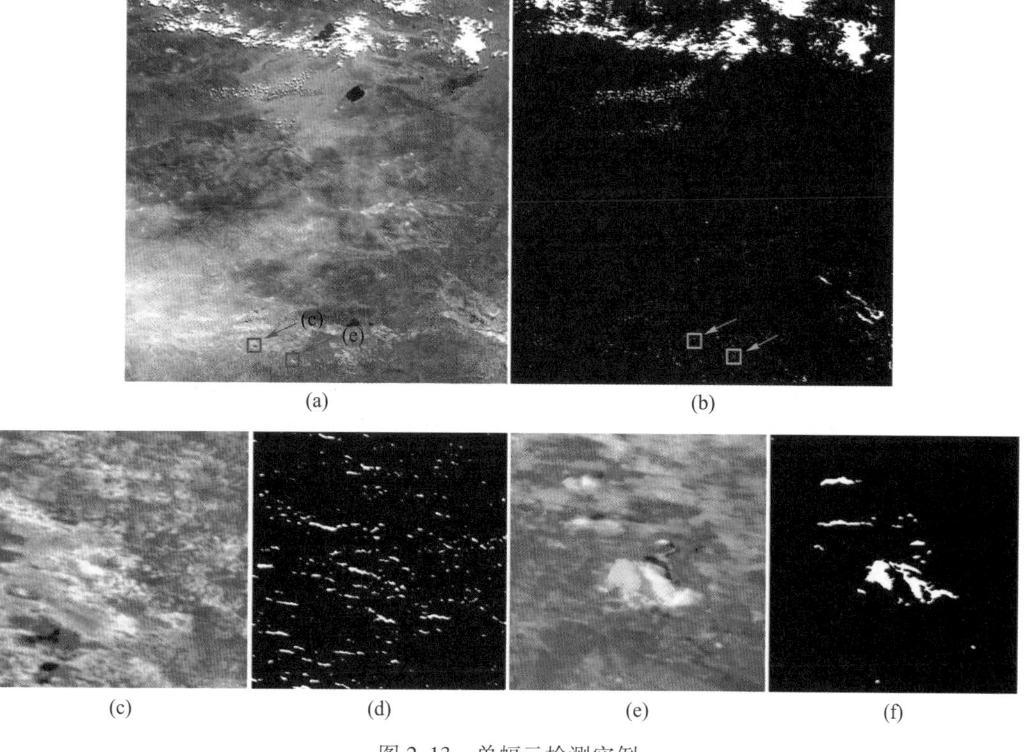

图 2.13　单幅云检测实例

单幅图像云检测实验表明,误检云的复杂特性在夏季干旱与汛期两组图像中得到充分体现。自动阈值法云检测结果的适应性与稳定性可用于业务化运行,而云区整饰与基于纹理的修正对复杂云的检测表现不稳定,对精度的提升不明显,可在对某些类别的误检测结果进行修正时选择应用。

2)序列图像云检测实例

先进行序列图像自动匹配与线性相对辐射归一等预处理,然后进行云检测验证。

自动配准是序列图像云检测预处理的关键。实验数据中最长序列数为凝视模式下获取的9幅图像,表2.4为该序列其中8幅到另外1幅的配准参数,配准参数显示所有图像的旋转量近似0值。非凝视模式下、不同天获取的序列图像之间几何偏差一般大于凝视模式。需要说明的是,由于利用数据自带的有理函数模型进行系统几何校正后,高程的引入会使得序列数据的配准关系变复杂,因此该自动配准基于仿射变换只适用于L1级数据。

表2.4 GF-4序列配准参数示例

序号	X偏移	Y偏移	旋转	序号	X偏移	Y偏移	旋转
1	0.838	-7.648	0	5	-0.877	-28.908	0
2	4.774	-11.028	0	6	5.790	-34.876	0
3	9.293	-17.186	0	7	16.376	-38.241	0
4	4.454	-23.830	0	8	8.231	-52.280	0

对于非凝视模式获取的序列图像,线性相对辐射归一是必要的预处理步骤。由于GF-4卫星采用地球同步轨道,同一区域不同天获取的数据时刻差异大,辐射亮度差异大,传感器增益不同,数据值不同。实验表明,线性相对辐射归一可有效降低辐射差异,保障后续的云检测的稳定。局限性是由于不同的地表类型在不同时刻的反射特性差异,线性相对辐射归一减小了大部分的地表类型的辐射差异,对于个别辐射变化大的地物效果有限。图2.14为内蒙古东部局部区域,两幅获取时间分别为早上8点与中午12点的数据云检测结果,图中部分水体及周围区域由于在不同时刻的辐射差异大于整体辐射差异,而被误检测为云。

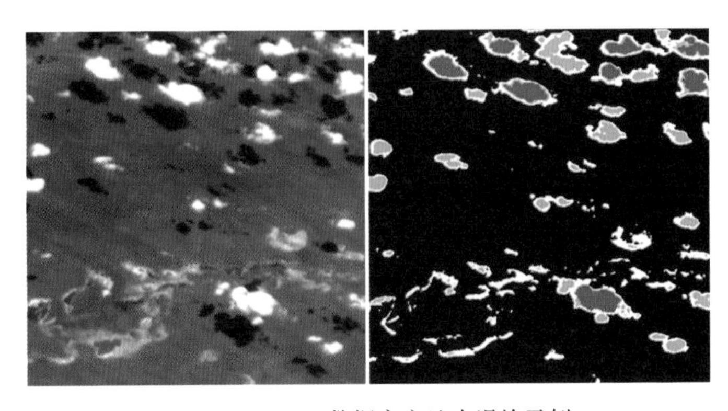

图2.14 GF-4数据高亮地表误检示例

序列图像云检测实验多采用分级自动阈值，随着 GF-4 数据量的增加，结合 S-G 滤波能得到更好的云检测结果。序列图像云检测结果保存为 8 位图像，0 值表示无云区域，数值 1 为单幅云检测结果云区掩膜，数值 2 与 3 为基于序列检测后的云区掩膜，云掩膜数据示例见图 2.15。序列图像云检测出的云的范围一般多于单幅云检测，多出的部分以过渡型云边界部分为主，见图 2.16。序列图像云检测在云区边缘检测精度高，云区边缘亮度相对较低，利用基于单幅图像阈值检测难以区分，尤其是在薄云区域，其亮度上还包含部分地表的贡献，见图 2.16c、d 白框区域内云掩膜中白色与灰色部分对应云区影像。薄云的检测主要依赖地表参照，图 2.16e、f 中的云主要是较低亮度的薄云，通过序列图像可检测出来。序列图像云检测可以减小高亮地表造成的误检，如图 2.17 所示，高亮的水体与薄云区域通过序列分析得以区分。

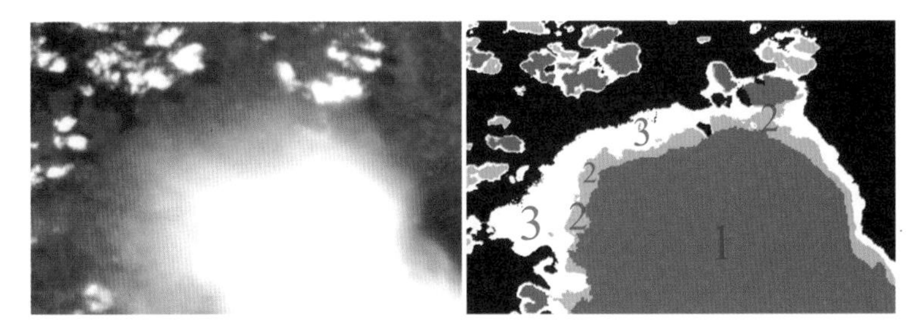

图 2.15　序列图像云掩膜标记示例

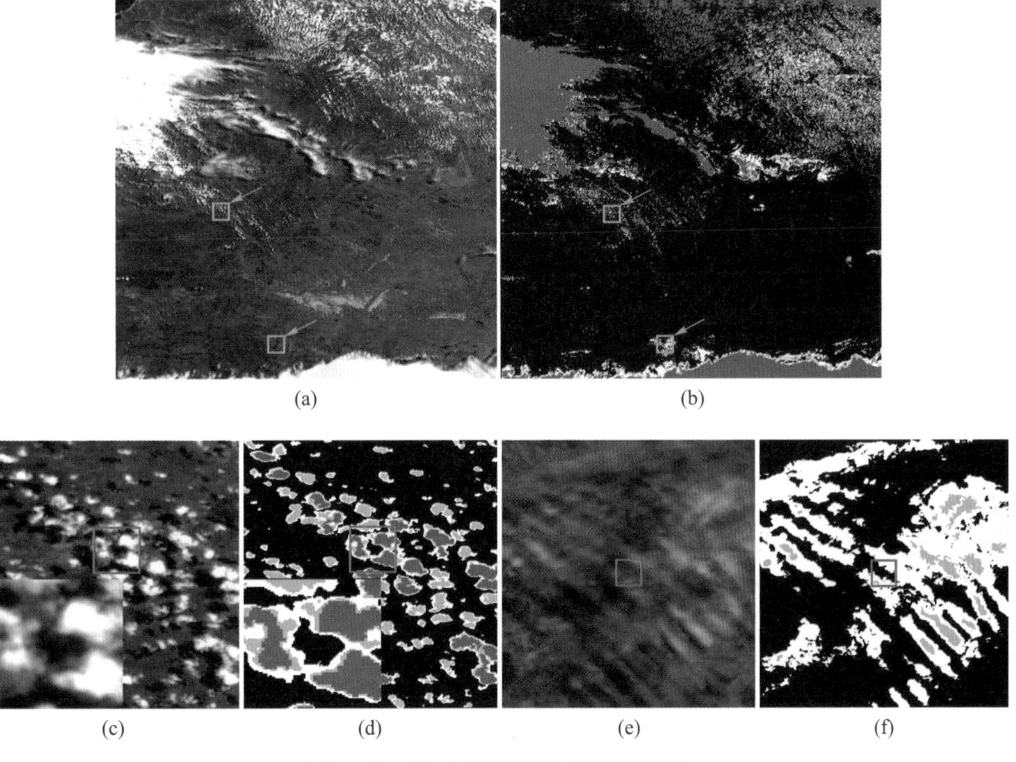

图 2.16　GF-4 序列图像云检测示例 1

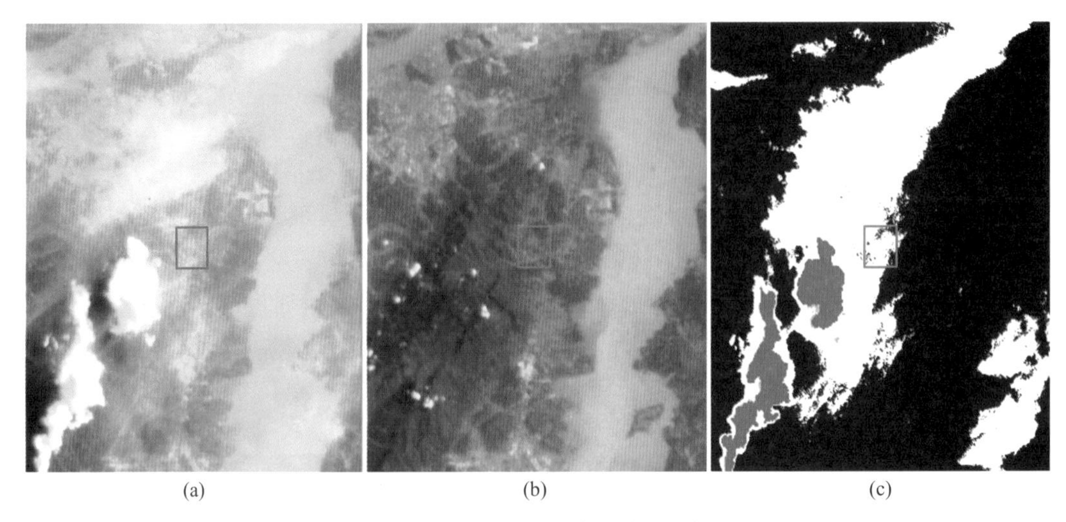

(a) (b) (c)

图 2.17 GF-4 序列图像云检测示例 2

精度验证方面,通过目视评价,序列图像云检测结果整体上优于单幅云检测的结果,主要体现在云边界、高亮地表及薄云区域。单幅云检测精度的验证过程如下:从所有序列云检测数据中挑选出 18 幅高质量的结果数据,人工逐幅修正了其中的误检区域后,将其作为检验数据。然后统计单幅云检测结果中检测正确的云区像素数占检验数据中所有云区像素数量的百分比。统计结果是,18 幅图像的最低值为 78%,最大值为 93%,平均值为 88%。

3)多图像云检测与修补实例

图 2.18 为内蒙古东部区域 4 幅图像的实验结果,从左至右依次为原始图像、与其他 3 幅图像的 MAD 变量以及云掩膜图。通过对比原始图像的云像素的分布以及 MAD 变量中较亮地物点的分布可知,云像素在 MAD 变量中像素值较大,且两幅图像的云都能很好地在 MAD 变量中体现,通过多组 MAD 变量的交集可得到当前图像高质量的云与云下阴影掩膜数据。

图 2.19 为内蒙古东部区域 4 幅图像的实验结果,从左至右依次为原始图像、云掩膜图与以及修补结果图。由于修补区域像素值由多幅图像计算得到,修补结果良好,且辐射一致性高。

4)云检测验证实例

云检测精度通过比较云标记掩膜与原始图像的匹配程度来衡量,目视解译是直观且有效的方式。由于云的形态的复杂多样性,一个云检测算法在某些图像上取得的精度可能较高,而在另一些图像上则可能存在大量误检,所以评价一个云检测算法的精度通常需要一定数量的检验样本来估计平均检测精度。本研究从实验数据中随机抽取 34 景数据做验证,这些图像覆盖不同区域、获取时间、云盖量,图像的地表覆盖类型包含高亮地表

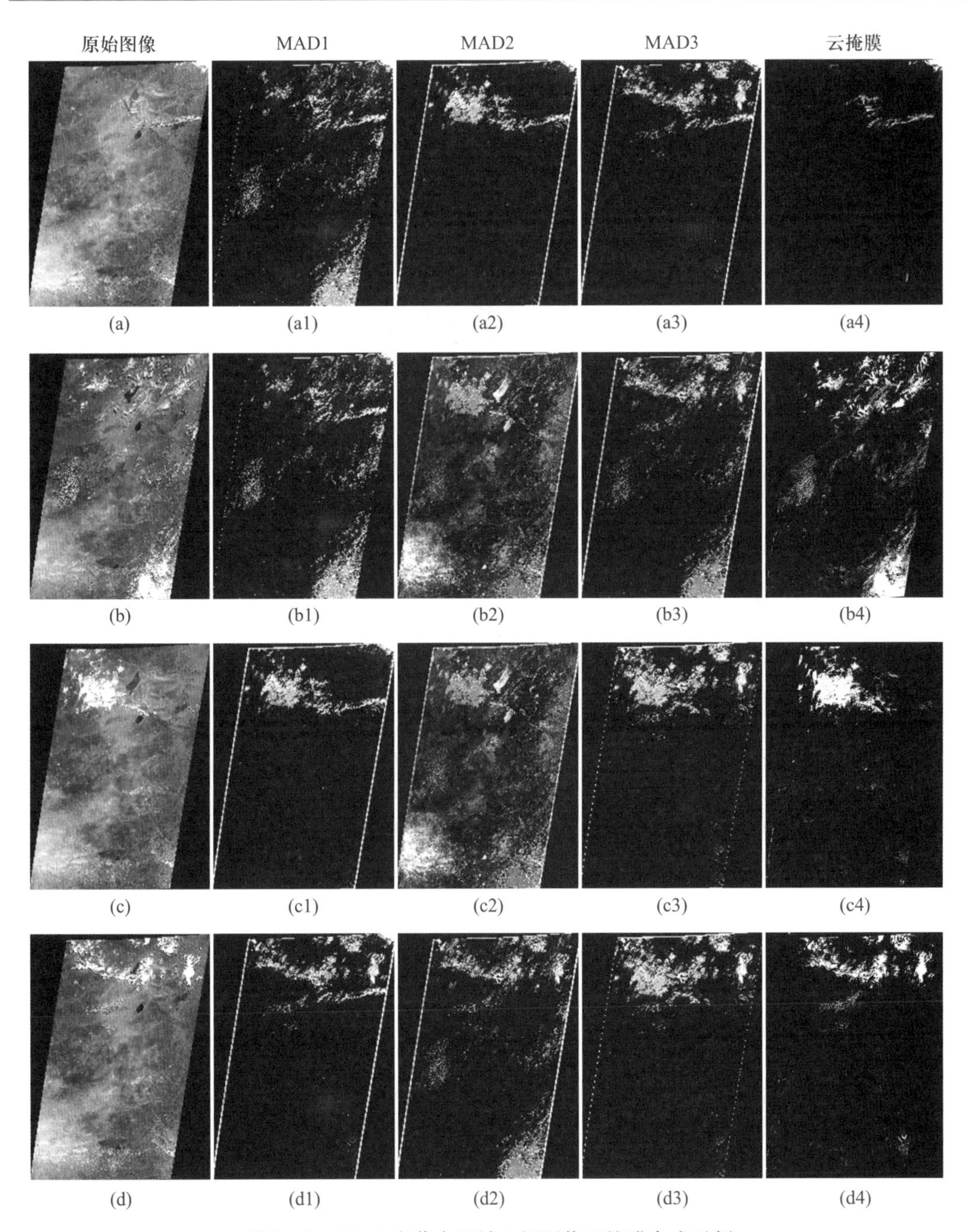

图 2.18　GF-4 内蒙古区域 4 幅图像云掩膜合成示例

(内蒙古干旱数据)与夏季植被(长江中下游洪涝数据)。云检测的精度评价公式有多种选择,如简单的统计检测结果与真值的误检率。可以规定在 2σ 的条件下,云检测值相对于参考值的精度:

$$100\% - \left|\frac{\mathrm{Cloud}_{\mathrm{cal}} - \mathrm{Cloud}_{\mathrm{real}}}{\mathrm{Cloud}_{\mathrm{real}}}\right| \times 100\% \tag{2.8}$$

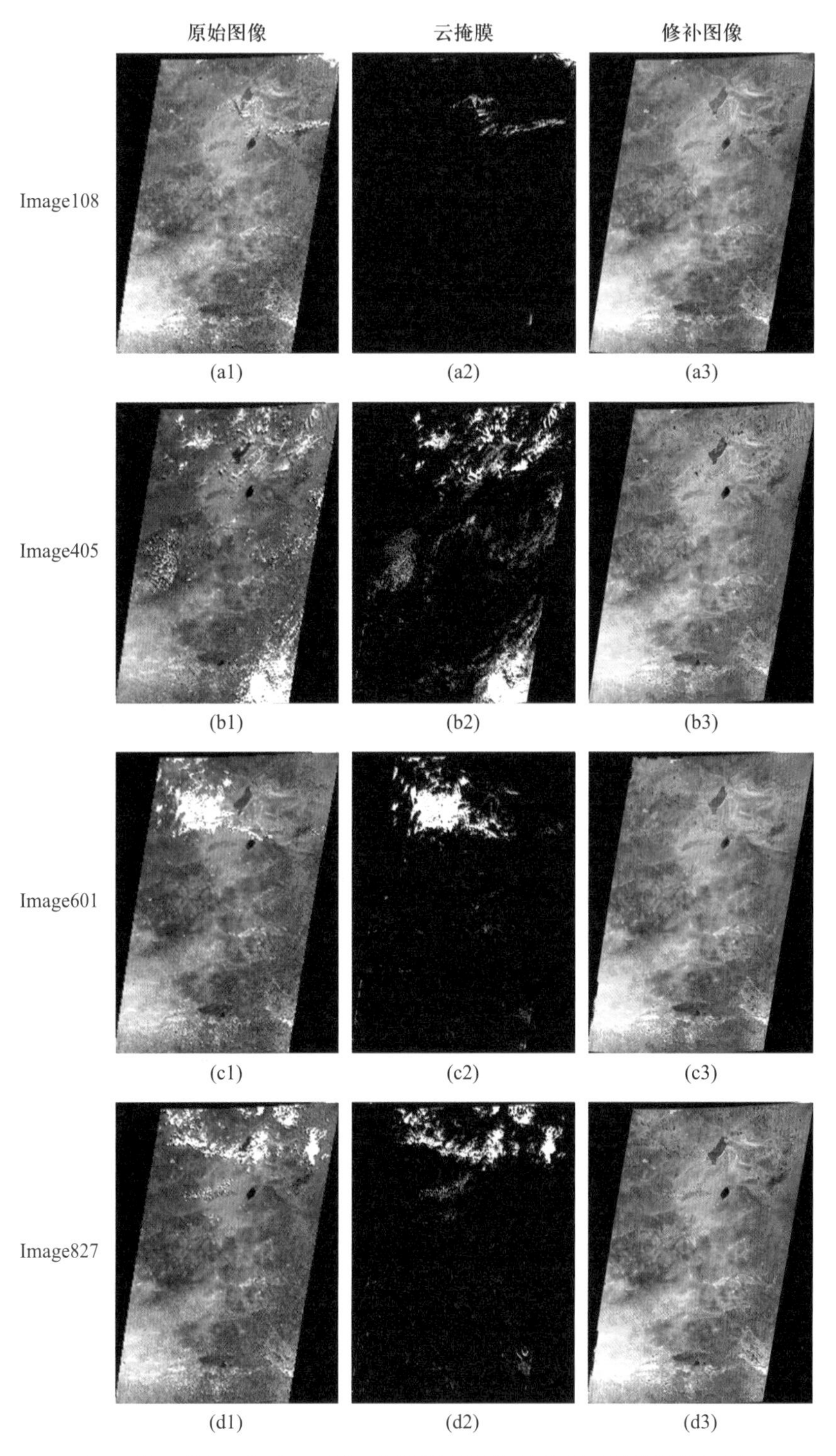

图 2.19　GF-4 内蒙古区域 4 幅图像云掩膜结果与云修补结果示例

式中,Cloud_{cal}、Cloud_{real}分别表示云检测结果与云覆盖真值,2σ 下:精度≥90%的得 100 分,精度≤85%的得 60 分,精度为 85%~95%的得分计算方式为

$$60+40\times\left(1-\frac{90\%-N}{5\%}\right) \tag{2.9}$$

式中,N 表示当前结果精度百分数。

用于评价云检测精度的云覆盖真值掩膜数据的获取的方法可以是多样的,比如可以使用 Photoshop 之类的工具,也可以基于分割、分类等算法,获取一个粗糙结果后,再配合人工修正局部误检得到,云量不多的情况下甚至可以使用直接人工勾画的办法。云覆盖真值数据在客观性的原则下最好由第三方专家解译获得,但考虑到云检测算法的验证样本数量通常较大,难以联系足够多的专家完成全部数据的真值采集,我们对一部分数据采用自检的办法,利用第三方制图软件生产云覆盖真值。

不同的专家提供的云覆盖真值图像存在很大差异。图 2.20 与图 2.21 分别是两位不同的专家提供的云覆盖真值样本的精度验证结果,可见,不同专家对碎云边界的解译差异会导致自动检测边界部分的碎云漏检或虚警,使得评价结果有不确定的偏差存在。尤其是在云区边界位置存在明显薄云过渡的情况下,有些专家倾向于将薄云勾画为云区,甚至包含部分地表区域一并勾画在内,而有些专家则侧重厚云区域的勾画。综合评价所有样本结果,云检测算法精度满足 $2\sigma>85\%$。

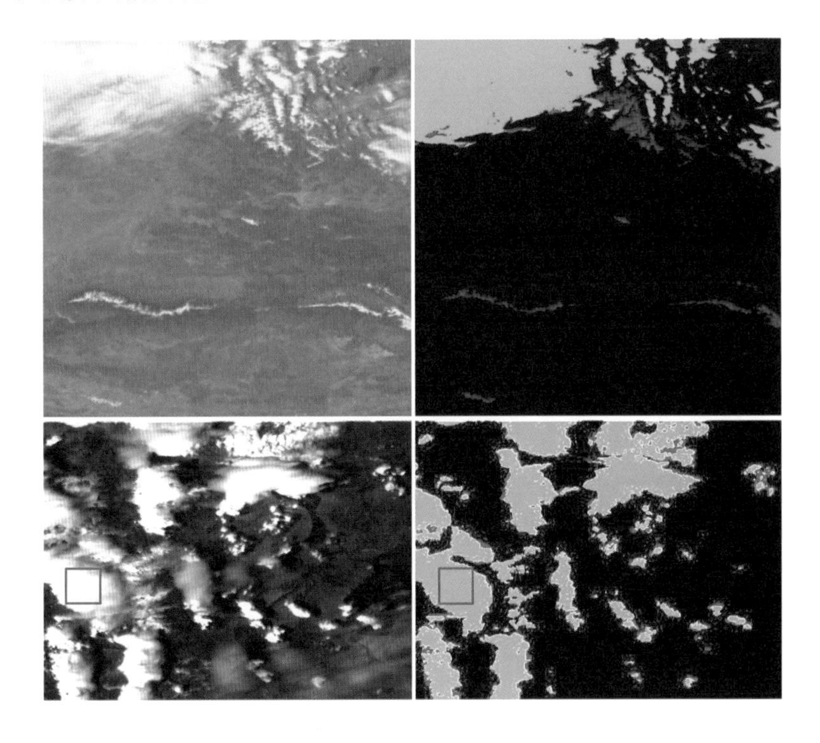

图 2.20 专家 1 解译结果示例

图像 GF4_PMS_E90.6_N44.1_20161013_L1A0000146596,绿色为正确区域,红色为漏检区域,蓝色为误检测区域

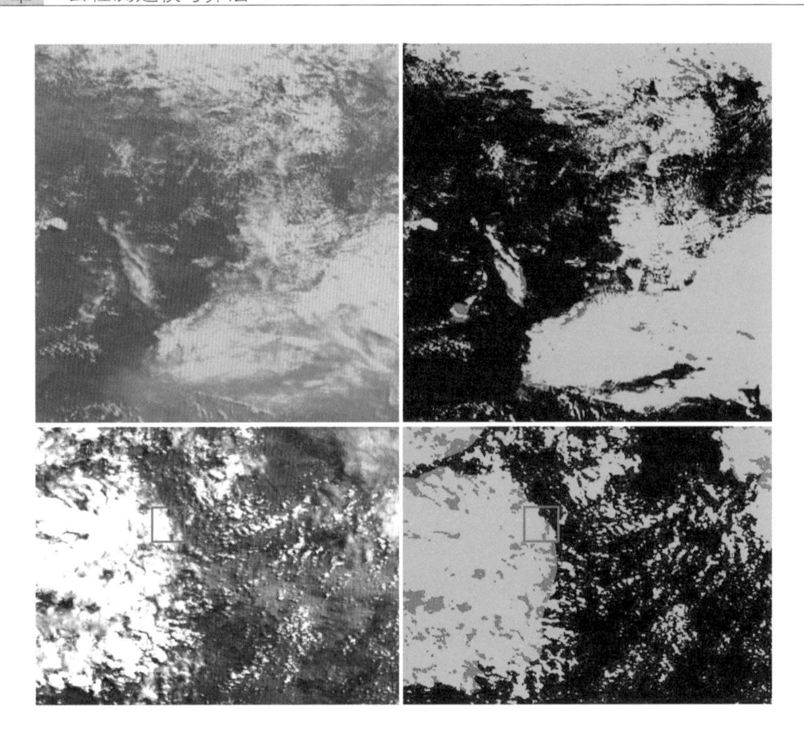

图 2.21 专家 2 解译结果示例

图像 GF4_PMI_E116.2_N40.0_20160629_L1A0000118019,绿色为正确区域,红色为漏检区域,蓝色为误检测区域

参 考 文 献

亳智慧.2003.中国农作物复种指数的遥感估算方法研究——基于 SPOT/VGT 多时相 NDVI 遥感数据.北京师范大学硕士研究生学位论文.

胡昌苗,白洋,唐娉.2018.GF-4 序列图像的云自动检测.遥感学报,22(1):136-146.

金炜,俞建定,符冉迪,岑雄鹰,尹曹谦.2010.利用密度聚类支持向量机的气象云图云检测.光电子·激光,21(7):1079-1082.

刘健.2010.FY-2 云检测中动态阈值提取技术改进方法研究.红外与毫米波学报,29(4):288-292.

卢晶,薛胜军,韩阳,张夏琨,孙晓娟,王志伟,田伟,杨润芝.2015.基于风云 3C 卫星双氧通道的云检测算法.科学技术与工程,15(2):179-182.

马芳,张强,郭妮,张杰.2007.多通道卫星云图云检测方法的研究.大气科学,31(1):119-128.

单娜,郑天垚,王贞松.2009.快速高准确度云检测算法及其应用.遥感学报,13(6):1138-1155.

师春香,瞿建华.2002.用神经网络方法对 NOAA-AVHRR 资料进行云客观分类.气象学报,60(2):250-255.

王根,华连生,刘惠兰,张苗苗.2015.基于最小剩余法的 FY-3B/IRAS 资料云检测研究.红外,36(9):15-20,29.

文雄飞,董新奕,刘良明.2009."云指数法"云检测研究.武汉大学学报(信息科学版),34(7):838-841.

闫宇松,龙腾.2010.遥感图像的实时云判技术.北京理工大学学报,30(7):817-821.

郁文霞,曹晓光,徐琳,Bencherkei M.2006.遥感图像云自动检测.仪器仪表学报,27(6S):2184-2186.

赵敏,张荣,尹东,王奎.2012.一种新的可见光遥感图像云判别算法.遥感技术与应用,27(1):106-110.

Chen J,Jönsson P,Tamura M,Gu Z H,Matsushita B and Eklundh L.2004.A simple method for reconstructing a high-quality NDVI time-series data set based on the Savitzky-Golay filter. *Remote Sensing of Environment*, 91(3/4):332-344.

Goodman A H and Henderson-Sellers A.1988.Cloud detection and analysis: A review of recent progress. *Atmospheric Research*,21(3/4):203-228.

Heidinger A K,Anne V R and Dean C.2002.Using MODIS to estimate cloud contamination of the AVHRR data record. *Journal of Atmospheric and Oceanic Technology*,19(5):586-601.

He K,Sun J and Tang X,2013.Guided image filtering. *IEEE Transactions on Pattern Analysis and Machine Intelligence*,35(6):1397-1409.

Hu C M and Tang P.2011.Automatic algorithm for relative radiometric normalization of data obtained from Landsat TM and HJ-1A/B charge-coupled device sensors. *Journal of Applied Remote Sensing*,6(1):063509.

Lewis J P.1995.Fast normalized cross-correlation. http://scribblethink.org/Work/nvisionInterface/nip.pdf. [1995-8-9]

Lowe D G.2004.Distinctive image features from scale-invariant keypoints. *International Journal of Computer Vision*,60(2):91-110.

Lowe D G.2005.Demo code for detecting and matching SIFT features,Version 4.http://www.nexoncn.com/read/3470e251dac51e3cf7289acb.html.[2005-7-6]

Lin C H,Tsai P H,Lai K H and Chen J Y.2013a.Cloud removal from multitemporal satellite images using information cloning. *IEEE Transactions on Geoscience and Remote Sensing*,51(1):232-241.

Lin C H,Lai K H,Chen Z B and Chen J Y.2013b.Patch-based information reconstruction of cloud-contaminated multitemporal images. *IEEE Transactions on Geoscience and Remote Sensing*,52(1):163-174.

Martinuzzi S,Gould W A and Gonzalez O M R.2007.Creating cloud-free landsat ETM+ data sets in tropical landscapes:Cloud and cloud-shadow removal. General Technical Report IITF-GTR-32, United States Department of Agriculture,1-18.

McGarigal K and Marks B J.1995.FRAGSTATS:Spatial pattern analysis program for quantifying landscape structure.General Technical Report PNW-GTR-351,United States Department of Agriculture,Forest Service, Pacific Northwest Research Station.

Savitzky A and Golay M J E.1964.Smoothing and differentiation of data by simplified least squares procedures. *Analytical Chemistry*,36(8):1627-1639.

Sedano F,Kempeneers P,Strobl P,Kucera J,Vogt P,Seebach L and San-Miguel-Ayanz J.2011.A cloud mask methodology for high resolution remote sensing data combining information from high and medium resolution optical sensor. *ISPRS Journal of Photogrammetry and Remote Sensing*,66(5):588-596.

Shan X J,Tang P and Hu C M.2014.An automatic geometric precision correction system based on hierarchical registration for HJ-1 A/B CCD images. *International Journal of Remote Sensing*,35(20):7154-7178.

Stowe L L,Davis P A and McClain E P.1999.Scientific basis and initial evaluation of the CLAVR-1 global clear/cloud classification algorithm for the advanced very high resolution radiometer. *Journal of Atmospheric and Oceanic Technology*,16(6):656-681.

Takayasu H.1990.*Fractals in the Physical Sciences*.Manchester:Manchester University Press.

Walder P and Maclaren I.2000.Neural network based methods for cloud classification on AVHRR images. *International Journal of Remote Sensing*,21(8):1693-1708.

第3章

气溶胶光学厚度反演

气溶胶是指悬浮在大气中粒径从 10^{-3} μm 到 100 μm 范围内的液体或者固体颗粒状物质。气溶胶光学厚度(aerosol optical depth,AOD)一般是指整层气溶胶消光系数在垂直方向上的积分,描述了气溶胶对光的衰减作用,是表征大气气溶胶特性的重要参数,在气候变化、环境监测和遥感应用中具有重要研究意义。针对我国 GF-4 自主卫星载荷特点,研发气溶胶光学厚度反演方法,对于提升 GF-4 卫星大气校正精度和气溶胶监测能力,充分发挥卫星应用潜力具有重要研究价值。本章深入分析国内外气溶胶光学厚度反演方法,基于 GF-4 高频率和多波段观测特征,构建 GF-4 气溶胶光学厚度反演模型和技术流程,并利用地基观测数据和国外卫星产品验证 GF-4 气溶胶光学厚度反演的精度。

3.1 研究现状

在气溶胶光学厚度反演中需要已知气溶胶特性(如单次散射反照率、复折射指数、气溶胶粒子谱分布等),而为了便于反演,通常依据气溶胶特性将其划分为不同的气溶胶类型。因此在气溶胶光学厚度反演之前需要确定气溶胶类型及其代表的气溶胶特性,不准确的类型会导致较大的反演误差。因此,本节从气溶胶类型和气溶胶光学厚度反演两个方面来介绍研究现状。

3.1.1 气溶胶类型现状

气溶胶的组分多样,变化复杂,对观测的气溶胶进行分类,获取气溶胶类型有助于更好地理解气溶胶的来源、影响以及反馈机制,改进卫星反演的精度。

最初对大气中气溶胶的分类是根据气溶胶的来源、形成机制或者化学成分来进行划分的。根据气溶胶粒子的来源划分成自然和人为源气溶胶;根据来源和形成机制基本可以分为四类:①城市-工业气溶胶(urban-industrial aerosol),是来源于密集的工业区化石燃料燃烧;②生物燃烧气溶胶(biomass burning aerosol),是来源于森林或者草原燃烧;③沙漠沙尘气溶胶(desert dust),是由风将沙尘吹入大气中形成的;④来自海洋的气溶胶(aerosol of marine)(Dubovik et al.,2002);根据气溶胶的化学成分可以分为如黑碳、硫酸盐气溶胶、硝酸盐气溶胶和有机气溶胶等。

这些分类方法简单、直观,在一定程度上可以区分气溶胶,并反映气溶胶的部分特性,但是所分类别的气溶胶光学和微物理特性并不明确,而且类别之间的区别也不明确。同时随着观测设备的发展和观测手段的增加,人类已经获取了从地面到天空、从光学到激光雷达、从多角度到偏振的大量观测数据,利用这些数据研究气溶胶特性和分类,进而改进气溶胶类型的研究开始受到研究学者的重视。同时,随着获取的气溶胶特性产品从最初很少几个波段的气溶胶光学厚度,增加到现在一系列的气溶胶特性产品,包括:气溶胶光学厚度、复折射指数的实部和虚部、单次散射反照率、后向散射、粒子尺度和形状参数等,气溶胶的分类方法从传统的简单、直观的分类,向大数据量的复杂的数据挖掘方向发展(Russell et al.,2014)。

下面分别从基于地基和卫星遥感两个方面分析近年来气溶胶类型的研究进展。

1)基于地基观测的气溶胶类型研究进展

基于大气辐射传输方程的气溶胶反演需要多个气溶胶特性的先验知识(如气溶胶粒子谱分布、散射相函数、单次散射反照率、不对称因子和复折射指数等),而地基观测具有时间连续、精度高的特点,并且随着地基观测网络的建立和完善,其观测的时间序列逐年增加,全球分布越来越广,因此基于地基观测数据进行全球尺度和局部区域的气溶胶特性研究成为获取气溶胶类型最主要的途径。

通常利用同一个地方观测的气溶胶参数的平均值表示某一种气溶胶类型的特性(Dubovik et al.,2002),由于大气变化以及突发事件如火灾、阵风、飓风和龙卷风的影响,气溶胶的类型随时间的变化而改变,并且时间变化尺度并不确定,从短至几天到长至十几天不等(Sheridan et al.,2001)。这些变化导致每个站点气溶胶特征的多样性,并且使得采用长期观测的参数平均值来表示某一个站点或区域的气溶胶特性可能并不合适。

为克服这一缺点,Omar 等(2005)采用聚类分析的方法对气溶胶全球数据集进行分类,获得了 6 种气溶胶类型:沙漠沙尘气溶胶;主要由煤烟和有机碳组成的生物质燃烧气溶胶;主要由 SO_4^{2-}、NO_3^-、有机碳和 NH_4^+ 组成的农村背景气溶胶(rural background);主要由 SO_4^{2-}、NO_3^-、有机碳和 NH_4^++煤烟组成的工业污染气溶胶(industrial pollution);主要由 NaCl、有机碳和煤烟组成的污染的海洋气溶胶(polluted marine);主要由 SO_4^{2-}、NO_3^-、有机碳和 NH_4^++煤烟组成的污染气溶胶(dirty pollution)。这种利用数据挖掘进行气溶胶分类的方法,避免了人为主观因素的影响,保证了所分类别的客观性和真实性,具有重要意义。

Levy 等(2007)同样对全球的 AERONET 的观测数据进行了聚类分析,获得了三种细模式气溶胶类型——非吸收型(non-absorbing),主要分布在发达的城市或工业区;中度吸收型(moderately absorbing)主要分布在森林燃烧和发展工业区;吸收型(absorbing),主要分布在稀树或草地燃烧区；以及一种粗模式气溶胶类型——沙尘(dust)，主要分布在沙漠地区，并将所得气溶胶类型用于 MODIS 气溶胶反演算法，从而提高其陆地气溶胶反演的精度。

Qin 等(2009)利用 LSDBC(Locally Scaled Density Based Clustering)和层次聚类算法结合的方法对澳大利亚的大陆气溶胶类型进行分类，获得了 4 种类型。根据这些类型的光学特性，并利用卫星影像分析其后向轨迹确定其来源，同时利用海洋大气辐射传输模式(Coupled Ocean-Atmosphere Radiative Transfer，COART)对 4 类气溶胶的辐射强迫进行测试，结果表明，有 3 种气溶胶类型在大气层顶的辐射中起负强迫作用(变暖)，而另外一种气溶胶起正强迫作用(变冷)。

陈好(2013)采用层次聚类分析的方法，并考虑气溶胶粒子的形状特征，构建了中国地区 4 种主要的气溶胶类型，分别是细粒子强散射型、细粒子中度吸收类型、细粒子强吸收型和粗粒子气溶胶，将 4 种类型应用到 MODIS 暗目标算法中，反演气溶胶光学厚度，并将反演结果与地基及 MODIS 官方产品进行了对比。

Wu 和 Zeng(2014)采用 Gustafson - Kessel 模糊聚类的方法对亚洲 5 个典型的 AERONET 沙尘站点观测的数据进行聚类分析，从混合沙尘气溶胶中区分出纯沙尘气溶胶特性。在模糊聚类算法中，在聚类边界的对象并不会被强制分为某一类中，而是会用隶属度值(0-1)来表示隶属关系或者置信度(Güler and Thyne，2004；Miller et al.，2009)，对于其他类型的气溶胶划分具有借鉴意义。

Russell 等(2014)利用 AERONET 观测的气溶胶特性数据进行聚类分析，然后将聚类结果作为先验知识，采用同样的聚类方法对 POLDER - PAROSOL(Polarization and Directionality of the Earth's Reflectances，Polarization and Anisotropy of Reflectances for Atmospheric Sciences coupled with Observations from a Lidar)观测的气溶胶特性数据进行分类，从而实现对卫星反演的气溶胶特性的分类。以"Pure Dust""Polluted Dust""Biomass Burning - Dark Smoke""Biomass Burning - White Smoke""Urban - Industrial - developed economy""Urban-Industrial-developing economy""Pure Marine"7 种类型作为先验知识，以马氏距离为判断标准进行聚类分析，得到了 6 个聚类中心，相对于 AERONET 的结果只缺少 Biomass Burning-Dark Smoke 聚类，并对结果的一致性进行了分析。

在聚类算法中均值聚类、层次聚类等算法属于"硬分类"，每一个样本只能属于唯一一个类别。模糊聚类属于"软分类"，它允许所分类别间存在一定的重叠，在边缘的样本不会被强制划归为某一类型，因此特别适合研究气溶胶化学成分复杂、多种气溶胶类型混合的地区的气溶胶特性。Zhang 等(2016)利用模糊 C 均值聚类方法对北京地区 2001—2014 年的地基观测数据进行分析，获得了 6 种典型的气溶胶类型，分析结果表明，该算法获取的气溶胶类型能够很好地表示北京地区的气溶胶特性。

此外，还有学者通过设定气溶胶特性的阈值划分出不同类型的气溶胶。例如，Lee 等(2010a)采用气溶胶的吸收特性和粒子尺度谱分布参数，设定不同的阈值，根据这些阈值划分气溶胶类型；Mielonen 等(2009)利用单次散射反照率和 Angstrom 指数，将气溶胶分为粗粒子吸收型的沙尘气溶胶、粗粒子非吸收型的海洋气溶胶、混合吸收型的污染沙尘气溶胶、细粒子吸收型的生物质燃烧气溶胶和细粒子非吸收型的污染大陆气溶胶；同时，利用CALIOP(Cloud-Aerosol LiDAR with Orthogonal Polarization)反演不同层的气溶胶类型，最后将地基分类结果与 CALIOP 分类结果进行对比；Logan 等(2013)选择了东亚 4 个 AERONET 站点，分别代表了不同的气溶胶类型：污染气溶胶主导的 Taihu 站点，混合类型的 XiangHe 站点，沙漠-城市类型的 SACOL 站点，生物质类型的 Mukdahan 站点。基于 Angstrom 指数和单次散射反照率的阈值划分气溶胶类型，并且分析了不同季节每个地区的气溶胶特性，获得了不同季节每个地区占主导的气溶胶类型。利用气溶胶特性的阈值进行气溶胶类型划分的方法简单方便，但是阈值设定具有一定的主观性，从而限制了其应用。

2）基于卫星观测的气溶胶类型的研究进展

卫星遥感在研究气溶胶特性方面具有大范围和空间连续的特点，对卫星观测的气溶胶数据进行分类和特性分析，可以改进气溶胶光学厚度的反演精度(Higurashi et al.,2002; Remer et al.,2005; Kim et al.,2007; Lee et al.,2007)，有助于了解气溶胶的传输机制。下面从可见光遥感和激光雷达两个方面分析。

(1)基于可见光遥感的气溶胶类型研究

Higurashi 等(2002)依据 SeaWiFS 卫星的四通道(1、2、6 和 8)算法反演的气溶胶 Angstrom 指数和蓝波段辐射吸收率，Angstrom 指数的阈值设为 0.8，大于阈值的视为小颗粒物；反之，视为大颗粒物。最终将气溶胶分为 4 类："Soil dust aerosol"表示 Angstrom 指数小的吸收型气溶胶；"Carbonaceous aerosol"表示 Angstrom 指数大的吸收型气溶胶；"Sulfate aerosol"表示 Angstrom 指数大的非吸收型气溶胶；"Seasalt aerosol"表示 Angstrom 指数小的非吸收型气溶胶。通过地面观测的检验，证明四通道算法反演的气溶胶与地面实际观测结果一致性较高。

Jeong 等(2005)对比分析了 1983—2000 年 AVHRR(Advanced Very High Resolution Radiometer)和 TOMS(Total Ozone Mapping Spectrometer)反演的全球气溶胶产品，包括 AVHRR 和 TOMS 的气溶胶光学厚度、AVHRR 的 Angstrom 指数，以及 TOMS 的气溶胶指数(aerosol index, AI)，结合区域气象数据、海色数据和地基观测气溶胶光学厚度数据。结果表明，尽管两种产品有部分相同的特征，但是存在显著的差异。同时，深入分析了不同气溶胶类型(生物质燃烧、灰尘、海盐、污染气体以及它们混合模式)对反演产品的影响。协同应用 AVHRR 得到的 Angstrom 指数确定气溶胶的尺度特性和 TOMS 得到的气溶胶指数描述气溶胶的吸收特性，确定气溶胶类型。

Niang 等(2006)提出了一种基于拓扑神经网络对 SeaWiFS 反演的气溶胶光学特性进行自动分类的算法。该算法的优势在于可以自动识别气溶胶类型；与传统的 SeaWiFS 算法相比，其反演的气溶胶光学特性精度更好。

Kim 等(2007,2008)、Lee 等(2007)和 Sreekanth(2014)均采用 MODIS-OMI 四通道算

法反演的气溶胶光学特性对气溶胶的类型进行划分。Sreekanth 利用 MODIS 和 OMI 观测的印度南部城市班加罗尔地区 8 年的数据反演的气溶胶光学厚度、Angstrom 指数以及气溶胶指数，分析了该地区的气溶胶特性季节变化，通过设定气溶胶光学厚度、Angstrom 指数和气溶胶指数的阈值，识别气溶胶类型。

基于可见光遥感反演结果划分气溶胶类型的局限性在于气溶胶特性参数较少，不能充分描述气溶胶特征，因此划分的类型主要用于辅助气溶胶遥感反演。

(2) 基于激光雷达的气溶胶类型研究

Shimizu 等(2004)利用激光雷达测量数据进行气溶胶类型的分类，区分球形和非球形气溶胶。为了将 AERONET 划分的气溶胶模型用于激光雷达的气溶胶反演，Cattrall 等(2005)在 Dubovik 等(2002)研究的基础上，对 4 种类型进行了扩展，增加了"Southeast Asian type"区别于城市-工业气溶胶。同时研究了 5 种气溶胶类型对应的激光雷达的参数，并利用拉曼激光雷达实际测量结果进行了验证。随后很多学者利用地基高光谱分辨率激光雷达(high spectral resolution LiDAR，HSRL)和拉曼激光雷达(Amiridis et al.，2009；Noh et al.，2009；Tesche et al.，2009a，b；Giannakaki et al.，2010；Alados-Arboledas et al.，2011)对特定气溶胶类型的垂直光学特性进行研究，或者采用航空 HSRL 进行研究(Esselborn et al.，2009)。Burton 等(2012)提出了一种利用航空 HSRL 气溶胶测量数据进行分类的方法。该方法依据气溶胶特性的 4 个参数为"extinction-to-backscatter ratio""backscatter color ratio""depolarization""spectral depolarization ratio"，首先确定已知气溶胶类型的样本，从而确定模型的分布，然后将所有的 HSRL 数据与这些模型进行比较，进而确定其所属模型，比较的测度是马氏距离。选择了 8 种类型作为已知的气溶胶模型，分别是冰、纯灰尘、混合灰尘、海洋、污染海洋、城区、新烟雾和烟雾。Burton 等(2013)利用类似的分类方法对 CALIPSO 卫星上搭载的 CALIOP 仪器观测的气溶胶数据进行分类，并将分类结果与 HSRL 结果进行对比。Groβ 等(2013)根据 HSRL 观测的 3 种气溶胶特性——气溶胶激光雷达比(aerosol LiDAR ratio)、粒子线性去极化率(particle linear depolarization ratio)和后向散射比色(backscatter color ratio)，设置一定的阈值对气溶胶类型进行划分，算法的优点在于能够确定不同气溶胶的混合，并利用后向轨迹分析方法和实际测量的方法验证了分类算法的有效性。

激光雷达作为主动遥感，不受太阳光的限制。目前已经有地面、机载和星载的观测仪器，由于其能够垂直观测，可以获取立体空间不同高度层的气溶胶特性，对于研究气溶胶垂直分布具有重要意义，已经应用于探测臭氧、云、火山灰和沙尘暴以及平流层气溶胶等方面，其缺点在于连续大范围观测能力较弱。

从上述分析可知，利用阈值进行气溶胶分类的方法简单且便于操作，但是该方法需要人为设定阈值，容易受到主观因素影响；而且由于气溶胶特性本身的复杂性，选择合适的阈值十分困难。基于聚类分析方法获取的气溶胶特性更具有代表性，且更加客观。由于 GF-4 卫星主要对东亚地区进行观测，而该地区气溶胶来源广、化学成分复杂、人类源气溶胶比例高,使得气溶胶特性非常复杂,采用全球气溶胶类型进行光学厚度的反演必然带来较大不确定性,因此,需要针对 GF-4 卫星气溶胶光学厚度的反演划分气溶胶类型。

3.1.2 气溶胶反演技术现状

1) 极轨卫星反演气溶胶

基于极轨卫星的气溶胶光学厚度反演发展较早,目前已经形成了较为丰富的研究体系。由于海洋表面反射率较小而且均一,因此早期的卫星气溶胶遥感反演多是针对海洋来进行的。Griggs (1975,1982) 根据卫星接收到的表观反射率随着气溶胶光学厚度的增大而线性增加的特性,建立了海洋上空气溶胶光学厚度反演方法。由于该算法采用单个波段因此也称为单通道反射率法,并且已经用于 NOAA 系列卫星搭载的 AVHRR 传感器气溶胶产品的业务应用,并由最初的单通道反演算法发展为采用可见光和近红外两个通道的双通道反演算法,同时也被拓展用于陆地上空气溶胶光学厚的反演(Rao et al.,1989; Stowe et al.,1997; Mishchenko et al.,1999; Ignatov and Stowe,2002a,b; Knapp et al.,2002; Hauser et al.,2004,2005; Ignatov et al.,2004; Lee et al.,2010b; Li et al.,2013)。

(1)暗目标法

暗目标法是陆地上空气溶胶光学厚度反演中最为成熟、应用最为广泛的算法。Kaufman 等(1997)通过大量的飞机实验数据发现,在地表反射率较低的植被密集地表区域,短波红外(2.12 μm)与可见光中的红(0.66 μm)、蓝(0.47 μm)通道存在很高的相关性,基于此相关性建立了 MODIS 的 2.12 μm 与 0.66 μm 和 0.47 μm 之间的线性关系,在 2.12 μm不受到大气影响的假设前提下,可以利用线性关系计算出浓密植被地区可见光波段的地表反射率,进而反演出气溶胶光学厚度(Hsu et al.,2004; Remer et al.,2005)。Levy 等(2007)对上述线性关系进行了改进,引入了散射角度和归一化植被指数(normalized difference vegetation index,NDVI),此外还考虑了大气对 2.12 μm 的影响。通过波段间的线性关系实现地气信号的分离,将气溶胶光学厚度反演的思想推广用于其他卫星传感器,如 Mei 等(2014)利用 MODIS 建立了 2.12 μm 和 3.75 μm 两个通道的地表反射率之间的关系,在此基础之上,利用上述 MODIS 的 2.12 μm 与 0.66 μm 之间的线性关系得到 3.75 μm 与 0.66 μm 之间的线性关系,利用此关系进行 AVHRR 的气溶胶光学厚度反演,取得了较好的效果。Zhang 等(2014)建立了 MODIS 的 2.12 μm 和 1.65 μm 间的线性关系,进而得到 1.65 μm 与可见光波段间的线性关系,依据此关系对环境一号卫星进行气溶胶反演,与地基观测结果对比表明,相关系数大于 0.9。另外,王中挺等(2009)直接将 MODIS 蓝波段和红波段间的线性关系用于环境一号卫星 CCD 数据,反演气溶胶光学厚度。

(2)深蓝算法

暗目标法在地表反射率较高的地区反演效果较差,针对这一问题,Hsu 等(2004,2006)提出了针对干旱、半干旱以及城市下垫面的深蓝(Deep Blue)方法,并应用于 MODIS、SeaWiFS 等传感器。算法基于蓝波段地表反射率较低,而且对气溶胶较为敏感的特点进行 AOD 的反演。为了剔除地表贡献,构建了深蓝波段的地表反射率数据库,该算法的局限性在于需要传感器具有相应的深蓝波段(0.40~0.42 μm),限制了算法在其他传感器上的应用(Jeong et al.,2011; Paul et al.,2012; Shi et al.,2012; Li et al.,2012; Sayer et al.,2014)。

(3)结构函数法

结构函数法又称对比度减小法,同样适用于地表反射率较高的情况。该方法通过假设一定时期内地表的空间结构特征不发生变化,进而获得一组图像中大气污染较弱的图像(其光学厚度利用其他方法获得),然后利用这幅图像计算地表反射率的分布情况(又称结构函数),假设其他图像的结构函数变化均是由气溶胶光学厚度的变化引起的,进而可以反演出其他图像的 AOD(Tanré et al.,1988)。该算法已经应用于 TM、AVHRR、SPOT、MODIS 和 HJ-1 CCD 数据的气溶胶光学厚度反演研究(Tanré et al.,1988,1992; Holben et al.,1992; Lin et al.,2002; Liu et al.,2002a,b;李晓静,2003; 孙林,2006; 周春艳,2009)。结构函数法的局限性在于,由于云、雾等天气条件的影响,获取一系列几何条件相似的清晰图像非常困难。

(4)多角度方法

多角度方法适用于能够多个角度成像的传感器如 ATSR-2(Along-Track Scanning Radiometer)、MISR(Multi-angle Imaging Spectroradiometer)等,该方法利用多个角度观测数据,并且假设不同角度观测的地表反射率变化主要受到几何因子的影响(地表二向反射特性),而与波长无关(Martonchik et al.,2004; Diner et al.,2001,2005a; Kalashnikova et al.,2005; Grey et al.,2006),进而进行大气和地表信号的分离,不仅可以反演气溶胶光学厚度,还可以同时反演粒子谱分布、气溶胶的吸收特性等。Martonchik 和 Diner(1992)利用 MISR 多达 9 个角度的观测,进行气溶胶光学特性的反演,并且形成了成熟的气溶胶产品。Veefkind 等(1997)利用 ATSR-2 进行双角度的气溶胶反演。North 等(1999)和 North(2010)基于双角度传感器 ATSR-2 进行了地表双向反射特性和气溶胶光学厚度的反演,通过建立地表二向反射率模型,不依赖于地表先验知识,利用两个角度的信息,分离地表和大气气溶胶的贡献。Grey 等(2006)利用多角度算法实现了 AATSR(Advanced Along-Track Scanning Radiometer)的气溶胶反演。Xue 和 Yu(2003)基于 ATSR 进行气溶胶反演。利用多角度的思想,Tang 等(2005,2012)提出了采用 TERRA 和 AQUA 双星

MODIS 数据协同反演算法 SYNTAM(Synergy of Terra and Aqua MODIS),利用多波段数据,可以同时反演气溶胶光学厚度和地表反射率。由于多角度方法可以反演地表反射率较高的“亮”地表,因此近年来该方法被用于反演冰雪覆盖地表上空的气溶胶。Mei 等(2011a)利用 MODIS 双星协同反演的方法进行北极地区气溶胶光学厚度的反演。Mei 等(2013)采用 AATSR 数据进行北极地区冰雪覆盖地表的气溶胶光学厚度的反演,利用地表线性混合模型估计纯雪与冰、植被及裸土等的混合情况,估计地表反射率,通过建立查找表进行气溶胶光学厚度的反演。

(5)偏振法

前面介绍的反演方法都没有考虑地表和气溶胶的偏振特性,但是事实上大气气溶胶和大气分子对偏振的贡献一般大于地表的贡献,因此大气层顶卫星接收到的偏振信号中,大气分子和气溶胶的贡献占主导,从而使得利用偏振信息更容易反演气溶胶特性(Deuzé et al.,1993,2001; Sano,2004; Diner et al.,2005b; 段民征,2001; 李正强,2004; 程天海,2009; 谢东海,2012; 王舒鹏,2012; 蒋哲,2012)。但是偏振算法的局限性在于偏振仅对于细粒子敏感(Deuzé et al.,2001; Rondeaux and Herman,1991; Breon et al.,1995)。

国内外已有许多基于偏振数据来进行气溶胶反演的研究。法国的 POLDER 研究小组最早开展陆地上空气溶胶多角度偏振遥感研究,Deuzé 等(2001)用 POLDER-1 偏振辐射资料反演了陆地上空 865 nm 波段的气溶胶光学厚度和 Angstrom 指数,给出了陆地上空气溶胶指数的全球分布。Sano(2004)用 POLDER-1 偏振辐射资料反演了陆地上空在550 nm 波段的气溶胶光学厚度和 Angstrom 指数,并用地基 AERONET 资料对结果进行了验证。段民征(2001)提出了综合利用卫星标量辐射和偏振信息来同时确定陆地上空大气气溶胶和地表反照率的反演方法。李正强(2004)提出了一个利用地面多光谱、多角度和偏振天空测量,反演整层大气气溶胶参数和物理性质的方案,可反演的参数包括单次散射反照率、散射相函数、偏振相函数、粒子谱分布以及折射指数的实部与虚部。程天海(2009)对非球形粒子的多角度偏振特性进行了深入研究,并给出了基于 POLDER 数据同时反演非球形大气粒子光学厚度和粒子形状的算法。

2)静止卫星反演气溶胶

相对于极轨卫星,基于地球静止卫星的气溶胶光学厚度反演发展较慢,主要是受到静止卫星通道设置的限制。传统静止卫星一般只具有单个可见光通道,而且波谱较宽,导致较为成熟的利用波段信息反演气溶胶光学厚度的方法并不适用(梅林露,2013)。

(1)地表反射率合成法

对于传统静止卫星,应用最为广泛的方法是地表反射率合成法。其基本原理是假设地表反射率在一段时间内不发生改变,利用这段时间内没有受到大气溶胶影响的地表反射率,合成地表反射率库(也称为背景场),然后将其作为真实地表反射率,反演其他图像的气溶胶光学厚度。Knapp(2002)、Knapp 和 Stowe、(2002)Knapp 等(2005)基于合成背景反射率场的方法从 GEOS(Geostationary Earth Orbiting Satellite)卫星中反演出气溶胶光学厚度。首先从一系列无云无阴影影像中,选择最暗的像元组成背景图,然后对其进行瑞利散射校正,将校正的结果作为地表反射率,然后利用 6S(Second Simulation of a Satellite Signal in the Solar Spectrum)模型获得气溶胶光学厚度,研究发现,利用 14 天数据合成的背景场反演效果最好。Hauser 等(2005)基于 45 天时间序列的 AVHRR 数据,采用凸包法确定不同观测角度下的最小值,以此来确定不受云和气溶胶影响的数据,并对其进行大气校正,得到了地表二向性反射率因子(bidirectional reflectance factor,BRF)。之后基于查找表,实现陆地上空气溶胶光学厚度反演。Riffler 等(2010)针对上述方法更新了地表反射率估计方法,改变了窗口大小,引入了新的气溶胶类型等,并用于 AVHRR 气溶胶光学厚度反演,结果精度有一定提高。白林燕(2009)将背景场合成法用于 FY-2C/D 静止卫星的气溶胶反演,并与地基观测数据和 MODIS 产品进行对比分析。任通等(2011)基于背景场合成法对 FY2C 静止卫星进行气溶胶光学厚度反演,由于受到传感器的灰阶较低及可见光通道的光谱宽度较宽等因素的影响,反演结果并不理想。与地基 AERONET 的对比表明,在我国西南部地区和低纬度一些地区高估了 AOD 值,而在东部地区低估了 AOD 值。Mei 等(2011b)尝试利用改进的背景场合成法反演 FY-2D 的各时刻气溶胶光学厚度,通过对合成算法和地表特性初值计算方法的改进提高了气溶胶光学厚度的反演精度。Mei 等(2011c)基于 MODIS 产品进行 FY-2D 各时刻气溶胶光学厚度的反演。高玲等(2012)基于背景场合成法对日本 MTSAT(Multi-functional Transport Satellite)卫星进行气溶胶光学厚度反演,反演结果与 MODIS 产品在空间分布上有一致性,但是同样受到地表反射率确定方法及可见光波谱宽度的限制,反演精度有待提高。虽然暗地表的表观反射率随着大气气溶胶光学厚度的增加而增加,但是高反射率地表的表观反射率随着大气气溶胶光学厚度的增加而减小,因此气溶胶使得暗地表变亮,而亮地表变暗。所以以最小值构建背景场的方法只适用于暗地表(白林燕,2009),而且传统静止卫星波段设置特点限制了相应气溶胶反演算法的应用(梅林露,2013)。

(2)时间序列法

基于时间序列的方法是最近发展的一种充分利用静止卫星高频率、高时相观测特点的气溶胶反演方法。基于背景场合成法与时间序列的方法都采用了一段时间内的观测数据,两者的区别在于:前者需要多天的数据,并且合成一张无云、无气溶胶的晴空图;而后者则采用一天内的几次连续观测进行气溶胶的反演。算法的基本思想是:在静止卫星连续观测过程中,卫星观测角度不变,只有太阳角度随时间变化,在地表反射率不变的前提下,可以将不同时刻的数据看作不同角度的观测,因此可以采用多角度气溶胶反演方法进行反演,能够同时反演 AOD 和地表反射率(Lyapustin,2011a,b)。算法一般采用 Ross-Li 核驱动模型(Wanner et al.,1995)来描述地表的二向性反射,假设气溶胶特性在一定的像元窗口内不发生变化。对于卫星 K 次观测和 $N\times N$ 的像元窗口,卫星观测的数据量为 KN^2,而未知数个数为 $K+3N^2$。当满足 $KN^2\geqslant K+3N^2$ 时,就可以进行 AOD 与地表二向性反射率参数的联合反演。基于该思想,Li 等(2012)提出了基于时间序列技术的陆地气溶胶与地表二向性反射率联合反演(land aerosol and bidirectional reflectance inversion by time series technique,LABITS)算法(Li et al.,2012;Li et al.,2013; Li et al.,2014; Guang et al.,2014)。李英杰(2012)利用 LABITS 算法实现了 AVHRR 的气溶胶反演,由于 AVHRR 只有一个可见光波段,因此 $K=4$,$N=4$,即需要连续 4 次卫星观测,地面窗口大小为 2×2。Mei 等(2012)利用类似的思路对欧洲第二代静止卫星(Meteosat Second Generation,MSG)自旋式增强型可见光-红外成像仪(Spinning Enhanced Visible and Infrared Imager,SERVI)进行气溶胶反演,由于选择了 0.6 μm 和 0.8 μm 两个通道用于反演,因此只需要连续 3 次观测数据,同时基于单次散射反照率和不对称因子构建了 6 种气溶胶类型,并尝试联合反演气溶胶类型和光学厚度。Wagner 等(2010)同样利用时间序列的思想进行 MSG/SERVI 气溶胶反演。以上的算法本身需要 3~4 次无云的卫星观测,并且假设地表反射率不发生变化,这些条件在较多时候难以满足,由此造成 AOD 反演结果中出现大量空值区(李英杰,2012)。

Hagolle 等(2008)假设相近的两次观测地表反射率变化很小,以此作为价值函数,通过建立查找表,对 Formosat-2 图像进行气溶胶光学厚度反演。Zhang 等利用该思想对日本新一代静止气象卫星 Himawari/AHI 进行气溶胶反演,并且实现了气溶胶光学厚度、细模式比例和气溶胶模型的高时相联合反演,与地基观测和 MODIS 气溶胶产品的对比表明,该算法具有较高的精度(Zhang et al.,2018; 张文豪,2016)。

从气溶胶反演的技术现状及 GF-4 卫星载荷特点可知,由于 GF-4 卫星缺少短波红外波段(2.1 μm)和深蓝波段(0.40~0.42 μm),因此传统暗目标法和深蓝算法难以适用;同时由于载荷及成像方式的限制,结构函数、多角度和偏振算法同样不适用于 GF-4 卫星;此外,由于 GF-4 卫星与传统静止气象卫星圆盘成像的方式不同(静止气象卫星成像区域和范围固定,而 GF-4 卫星通过机动侧摆成像),静止卫星常用的地表反射率合成和时间序列的方法同样难以直接应用于 GF-4 卫星。因此,需要根据 GF-4 卫星成像方式独特且缺少适合的波段的特点,构建适用于 GF-4 卫星的气溶胶光学厚度反演方法。

3.2 原理与建模

本节针对 GF-4 卫星观测区域、波谱和成像方式的特点,从气溶胶类型和气溶胶反演模型两个方面介绍 GF-4 卫星气溶胶光学厚度反演的原理和模型构建。

3.2.1 中国气溶胶类型聚类分析

GF-4 卫星主要针对中国及周边区域进行观测,因此基于地基观测数据和模糊聚类方法构建了中国地区典型的气溶胶类型(Zhang et al.,2017),首先选取了 22 个典型的气溶胶特性地基观测站点,获得了1998—2015年18420条有效记录。站点分布和详细信息如表3.1所示。

表3.1 地基站点的详细信息

编号	AERONET站点名称	观测时间	样本数	经度/(°)	纬度/(°)	高程/m
1	SACOL	2006—2012	1465	104.137	35.946	1965
2	Yulin	2001—2002	199	109.717	38.283	1080
3	Hong_Kong_PolyU	2005—2014	323	114.180	22.303	30
4	Hong_Kong_Hok_Tsui	2007—2010	201	114.258	22.210	80
5	Beijing	2001—2015	3540	116.381	39.977	92
6	Beijing-CAMS	2012—2013	240	116.317	39.933	106
7	XiangHe	2001—2015	3403	116.962	39.754	36
8	Xinglong	2006—2012	520	117.578	40.396	970
9	Shouxian	2008	209	116.782	32.558	22
10	Hefei	2005—2008	192	117.162	31.905	36
11	Taihu	2005—2012	1958	120.215	31.421	20
12	NCU_Taiwan	1998—2013	323	121.192	24.967	171
13	Taipei_CWB	2002—2015	593	121.500	25.030	26
14	Chen-Kung_Univ	2002—2015	1076	120.217	23.000	50
15	Hankuk_UFS	2012—2013	141	127.266	37.339	167
16	Yonsei_University	2011—2014	899	126.935	37.564	88
17	Anmyon	1999—2007	494	126.330	36.539	47
18	Gwangju_GIST	2004—2014	846	126.843	35.228	52
19	Ussuriysk	2004—2015	319	132.163	43.700	280
20	Shirahama	2000—2013	819	135.357	33.693	10
21	Osaka	2001—2014	465	135.591	34.651	50
22	Noto	2001—2013	195	137.137	37.334	200

另外,本研究选择了22个大气气溶胶光学和微物理参数用于聚类分析(表3.2):

- 单次散射反照率(single scattering albedo, SSA),包括4个波长,分别为440 nm、676 nm、869 nm和1020 nm;
- 复折射指数的实部(real part of refractive index, REFR),4个波长同SSA;
- 复折射指数的虚部(imaginary part of refractive index, REFI),4个波长同SSA;
- 不对称因子(asymmetry parameter, ASYM),4个波长同SSA;
- 描述粒子尺度谱分布(双峰正态分布)的参数:细粒子和粗粒子体积浓度(VolConF/VolCon);细粒子和粗粒子有效半径(EffRadF/ EffRadC);细粒子和粗粒子的标准差(StdDevF/StdDevC)。

表 3.2 用于模糊聚类的 22 个气溶胶参数*

光学参数				
波长/nm	SSA	REFR	REFI	ASYM
440	√	√	√	√
676	√	√	√	√
869	√	√	√	√
1020	√	√	√	√

物理参数	
细粒子	粗粒子
VolConF	VolConC
VolMedianRadF	VolMedianRadC
StdDevF	StdDevC

注:各参数的含义见正文。

采用均值聚类分析的方法获得了中国地区 6 种气溶胶类型,每个类型的气溶胶特性如图 3.1 和图 3.2 所示。

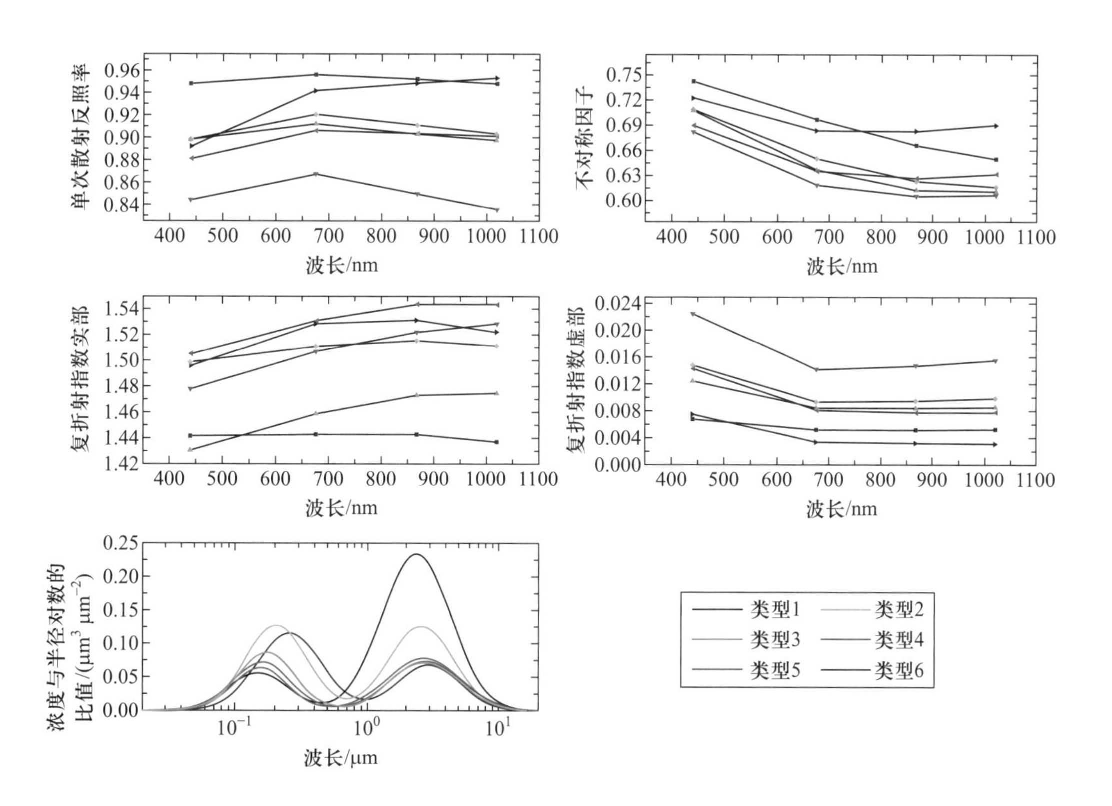

图 3.1 中国地区 6 种类型对应的气溶胶特性

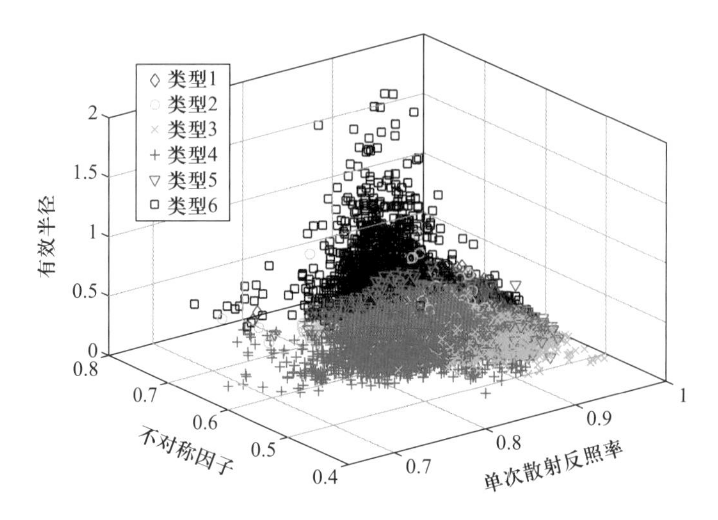

图 3.2 用于聚类的6种气溶胶类型样本的三维散点图

根据6种气溶胶类型的特性将聚类中心1~6分别命名为细粒子非吸收型气溶胶(类型1)、细粒子中度吸收型气溶胶(类型2和类型3)、细粒子强吸收型气溶胶(类型4)、污染沙尘气溶胶(类型5)和沙尘气溶胶(类型6)。

同时,通过统计1998—2015年22个站点不同气溶胶类型每个季节出现的次数(图3.3),研究了东亚地区气溶胶随时间的变化特征。从图3.3中可以看出,春季含有沙尘的气溶胶类型出现次数最多,包括污染沙尘气溶胶(类型5)和沙尘气溶胶(类型6),这是由于在春季中国通常会受到西北沙尘的影响;在夏季细粒子非吸收型气溶胶(类型1)出现次数最多,而其他5种类型出现的频率均较低;在秋季除了沙尘气溶胶(类型6),其他类型出现次数相近;而在冬季中国地区以细粒子强吸收型气溶胶(类型4)为主,这是由于冬季我国北方地区供暖以煤炭燃料为主,而有研究表明大量使用煤炭等化石燃料会导致大气中吸收性气溶胶增加(Zhang et al.,2017)。

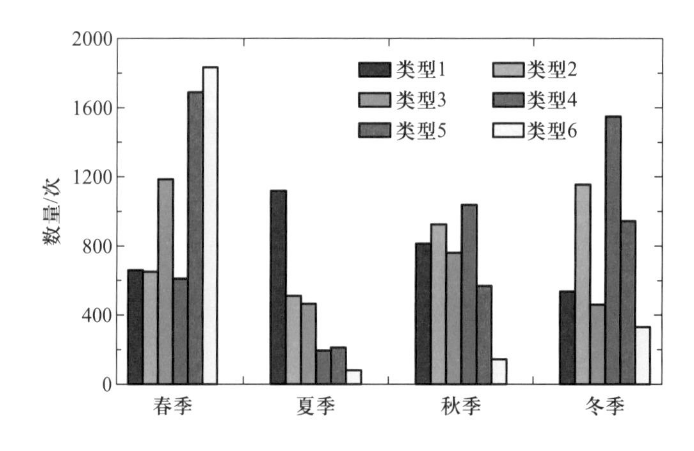

图 3.3 中国地区6种气溶胶类型不同季节出现次数统计(1998—2015)

3.2.2 气溶胶反演模型

根据大气辐射传输的原理,大气顶层的表观反照率可以表示为

$$\rho_{\mathrm{TOA}}(\mu_s,\mu_v,\phi)=\rho_0(\mu_s,\mu_v,\phi)+\frac{T(\mu_s,\mu_v)\rho_s(\mu_s,\mu_v,\phi)}{1-S\rho_s(\mu_s,\mu_v,\phi)} \tag{3.1}$$

对于确定的波长:

$$\rho_\lambda^{\mathrm{TOA}}=\rho_\lambda^0+\frac{T_\lambda\rho_\lambda^s}{1-S_\lambda\rho_\lambda^s} \tag{3.2}$$

如果ρ_λ^0、T_λ、和S_λ已知,则可以求出表观反射率$\rho_\lambda^{\mathrm{TOA}}$,对于确定的观测几何、气溶胶光学厚度和地表反射率,通过辐射传输计算可以求得ρ_λ^0、T_λ、S_λ和$\rho_\lambda^{\mathrm{TOA}}$。由于辐射传输的计算量太大,实际反演中需要预先建立查找表,通过辐射传输计算获得上述四个参数,并存入查找表。如果反射率ρ_λ^s已知,则有ρ_λ^0、T_λ和S_λ三个未知参数,需要建立三个方程。所以建立查找表时,将地表反射率设置为0、0.1和0.25,分别计算三次,对应的ρ_λ^0、T_λ、S_λ和$\rho_\lambda^{\mathrm{TOA}}$分别存入查找表中[公式(3.3)]。

$$\begin{cases}\rho_\lambda^{\mathrm{TOA},0}=\rho_\lambda^0\\ S_\lambda=(1/\rho_\lambda^{0.1})(1-(T_\lambda\rho_\lambda^{-0.1}/(\rho_\lambda^0-\rho_\lambda^{0.1})))\\ S_\lambda=(1/\rho_\lambda^{0.25})(1-(T_\lambda\rho_\lambda^{0.25}/(\rho_\lambda^0-\rho_\lambda^{0.25})))\end{cases} \tag{3.3}$$

利用6SV(Second Simulation of a Satellite Signal in the Solar Spectrum Vector)辐射传输类型,分别建立6种气溶胶类型的查找表,查找表的参数如下:

(1)10个太阳天顶角(单位为度):0.0、6.0、12.0、、24.0、36.0、48.0、54.0、60.0、66.0和72.0。

(2)13个卫星观测天顶角(单位为度):0.0、6.0、12.0、18.0、、24.0、30.0、36.0、42.0、48.0、54.0、60.0、66.0和72.0。

(3)16个相对方位角(单位为度):0、12.0、24.0、36.0、48.0、60.0、72.0、84.0、96.0、108.0、120.0、132.0、144.0、156.0、168.0和180.0。

(4)8个550 nm处气溶胶光学厚度值:0、0.25、0.5、0.75、1.0、2.0、3.0和5.0。

因此,共有6(气溶胶类型)×3(地表反射率)×3(蓝、红和短波红外3个波段)= 54个查找表,每个查找表中包含10×13×16×8 = 16640组ρ_λ^0、T、S_λ和$\rho_\lambda^{\mathrm{TOA}}$。在建立查找表后,结合GF-4卫星近红外、红和蓝波段数据及云掩摸数据,便可计算气溶胶光学厚度。

3.3 算法实现

本节基于构建的GF-4卫星气溶胶光学厚度反演模型,介绍气溶胶光学厚度反演算法的实现。

3.3.1 算法介绍

本节给出了气溶胶反演预处理和查找表搜索的伪代码,分别叙述如下。

GF-4 卫星气溶胶光学厚度的反演算法可以分解为三个基本步骤:①GF-4 数据预处理;②搜索查找表;③计算气溶胶光学厚度。

步骤(1):GF-4 数据预处理,目的是获取地表的大气顶层表观反射率,并为气溶胶反演准备输入数据。主要包括:①计算观测几何,由于 GF-4 数据只提供了影像中心点的太阳和卫星观测角度信息,然而 GF-4 幅宽较大,同一张影像上观测角度差值在 6°~8°,因此利用中心点的观测几何外推出每个像元的观测几何,包括太阳天顶角、太阳方位角、卫星天顶角和卫星方位角。②辐射校正,即利用 GF-4 的定标参数和计算的观测几何信息,将 GF-4 数据由量化值(DN 值)转换为大气顶层的表观反射率。③云掩膜,即利用第 2 章中云检测结果,对辐射校正获取的表观反射率数据进行掩膜,从而获取非云覆盖的陆地表观反射率。

步骤(2):搜索查找表,目的是获取观测条件下的地表反射率。①利用步骤(1)获取的观测几何(太阳天顶角、太阳方位角、卫星天顶角和卫星方位角)和表观反射率,搜索查找表,获取表中与输入参数最接近的表观反射率及对应的气溶胶光学厚度。②将查找表结果带入公式(3.3),插值计算不同波段的地表反射率。

步骤(3):计算气溶胶光学厚度。在确定地表反射率后,通过插值计算确定最小误差对应的气溶胶光学厚度。

本算法生产的 GF-4 气溶胶光学厚度产品规格如表 3.3 所示。

表 3.3 AOD 产品规格

属性	值	属性	值
长名称	Aerosol Optical Depth	有效范围	0 ~10000
短名称	AOD	无效值	-32768
数据类型	Float32	饱和值	1000
单位	光学厚度	比例因子	1

3.3.2 算法流程

GF-4 气溶胶光学厚度反演算法流程如图 3.4 所示。

(1)输入 GF-4 的有理函数多项式系数(Rational Polynomial Coefficients,RPC)文件和 XML 文件,计算卫星天顶角、太阳天顶角和相对方位角(即观测几何)。

(2)输入 GF-4 辐射定标系数、观测几何、云检测结果及蓝、红和近红外波段数据,将蓝、红和近红外波段的 DN 值转换为表观反射率。

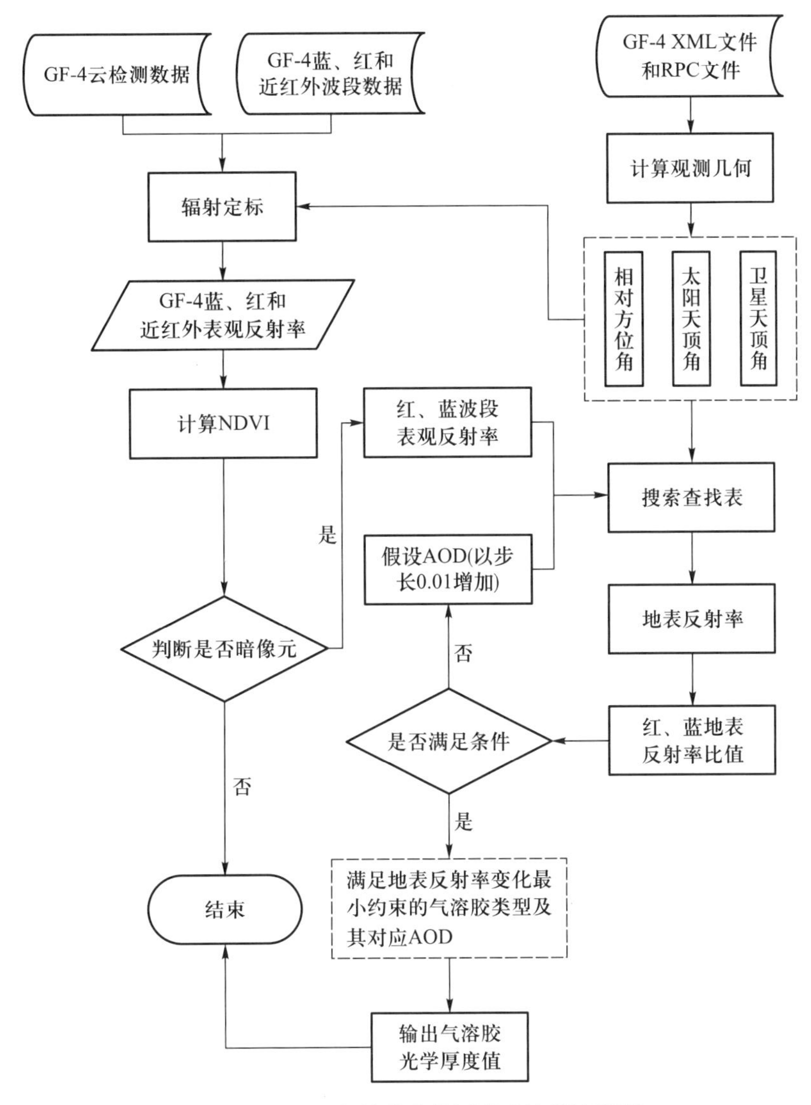

图 3.4 GF-4 气溶胶光学厚度反演算法流程

(3)利用红波段和近红外波段表观反射率计算归一化植被指数(NDVI),根据 NDVI 确定暗像元。

(4)统计 20 像素×20 像素范围内暗像元的个数,对于满足条件的暗像元,计算红蓝波段的平均表观反射率。

(5)假设气溶胶光学厚度为 0,根据观测几何数据(太阳天顶角、卫星天顶角和相对方位角)搜索查找表,获得红、蓝波段的地表反射率,并计算两者的比值。如果比值与预设比值(一般为 0.5)的差值大于阈值(一般为 0.001),则气溶胶光学厚度以步长 0.01 增加,重新搜索查找表。通过迭代直到红蓝波段地表反射率比值满足阈值要求。

(6)对于不同的气溶胶类型重复流程(3),获得不同类型的 AOD 及红蓝波段的地表反射率,GF-4 图像预设的气溶胶类型所对应的 AOD 即为反演结果。

3.3.3 伪代码

算法1 GF-4数据气溶胶反演预处理算法

输入:多光谱遥感影像文件,云检测结果,成像时间,RPC文件

输出:观测几何($m*n$),云掩膜后的表观反射率($m*n$),NDVI($m*n$)

```
Function Pretreatment_AOD(imgfile,cloudmaskfile,time,rpcfile)
cloud //云检测图像中云对应的数值
toaimg //输出表观反射率数据
ndvi //归一化植被指数
angle //观测几何
img←GetImg(imgfile) //获取多光谱数据
cloudmask←GetCloudMask(cloudmaskfile) //获取云检测结果
rpc←GetRPC(rpcfile) //获取RPC文件
  for each pixel in img do
    if (cloudmask[m,n]! =cloud) then
      //像元不是云
      angle[m,n]←GetAngle(time,rpc) //计算像元的观测几何
      toaimg[m,n]←toaref//计算表观反射率
      if (toaimg[m,n]<0) then //异常值处理
        toaimg[m,n]←0
      end if
      ndvi[m,n]←ndvi //计算归一化植被指数
    else
      toaimg[m,n]←-32768 //填充值
    end if
end for
End Function
```

算法2 搜索查找表反演气溶胶光学厚度

输入:查找表文件,观测几何($m*n$),表观反射率($m*n$),NDVI($m*n$)

输出:AOD计算结果($m*n$)

```
Function Get_AOD (lutfile,angle,ndvi,toaimg)
aod //反演的气溶胶光学厚度
nstep //统计暗像元的步长
```

```
meanndvi //nstep * nstep 个像元对应的 ndvi 均值
meantoa //nstep * nstep 个像元对应的表观反射率均值
lut←GetLut(lutfile) //读取查找表
  for (i=0; i<xMax; i+=nstep) do
    for (j=0; j<yMax; j+= nstep) do
      meanndvi=GetMean(ndvi(i,j)) //计算 NDVI 均值
        if (meanndvi>0) then
          //暗像元
          meantoa←GetMean(toaimg(i,j)) //表观反射率均值
          lutref←SearchLUT(meantoa,meanndvi,angle(i,j)) /* 搜索查找表,计算地表反
射率 */
          if (lutref<0) then //异常值的处理
            aod[m,n]←-32768 //填充值
            continue
          end if
            aod[m,n]=CostFunc(lutref) //通过代价函数插值确定 AOD
          else
            aod[m,n]←-32768 //填充值
          end if
    end for
end for
exportfile(outputpath,aod,outputparas)//输出影像
End Function
```

3.4 应用与验证

本节展示了模型在不同区域的反演结果,并利用地基观测数据和国外卫星产品对 GF-4 气溶胶光学厚度反演结果进行验证。

3.4.1 不同区域应用

选择 2016 年不同地区、不同下垫面和不同气溶胶浓度情况下的 GF-4 数据,利用提出的 GF-4 气溶胶光学厚度反演算法进行反演实验,展示算法在不同情况下的应用效果,结果如图 3.5 所示。图 3.5a 显示了华北植被覆盖浓密暗地表地区的反演结果,可以看出,反演结果整体上反映了气溶胶的空间分布,反演效果较好;图 3.5b 显示了在东北-内蒙古高亮地表覆盖的区域反演结果,可以看出在高亮地区反演算法受到一定限制,存在较大的反

演空白区域,反演失败;图3.5c、d分别显示了在气溶胶浓度较高和浓度较低情况下的反演结果,可以看出,在不同气溶胶浓度下均能取得较好的反演效果。

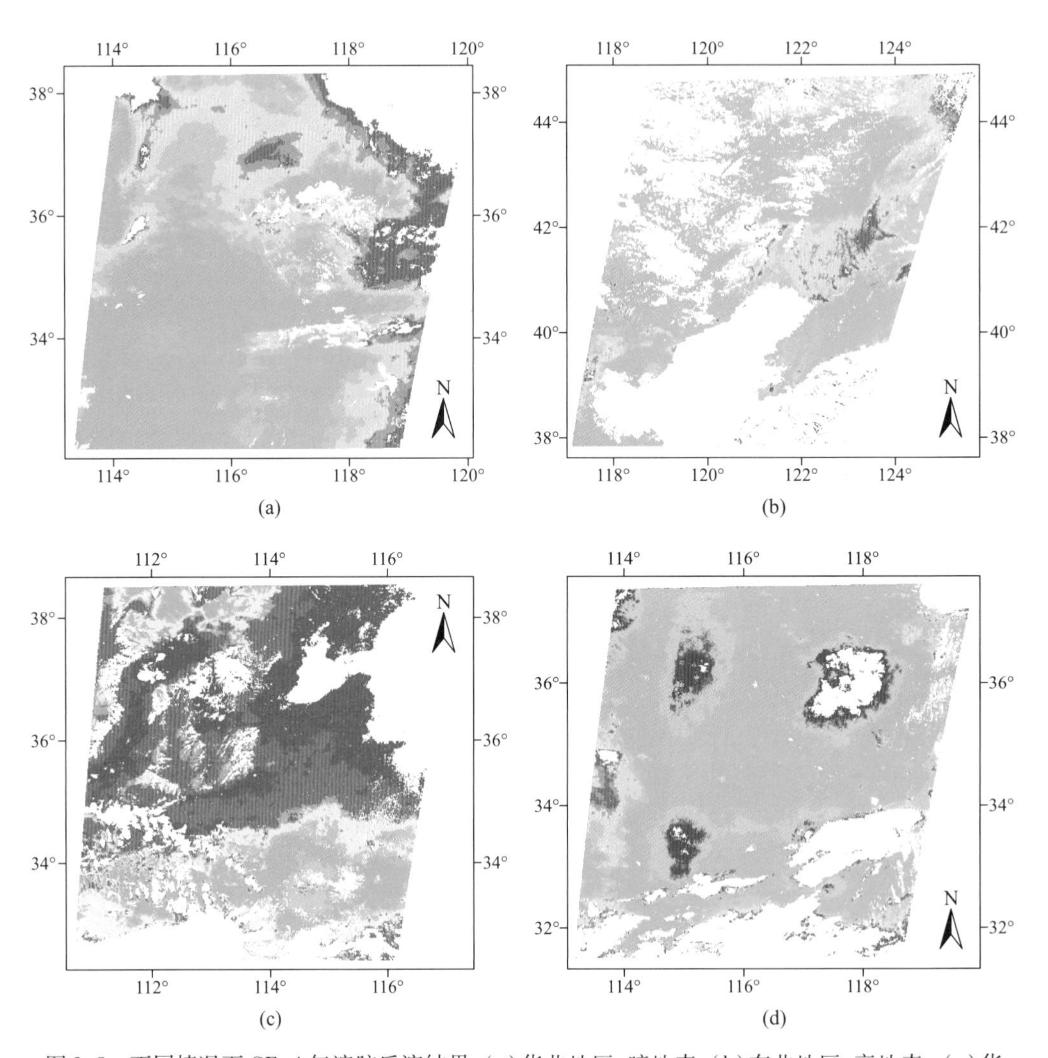

图3.5 不同情况下GF-4气溶胶反演结果:(a)华北地区,暗地表;(b)东北地区,亮地表;(c)华北地区,高浓度气溶胶;(d)华北地区,低浓度气溶胶

3.4.2 精度验证

通过与地基和国外卫星进行对比验证GF-4气溶胶光学厚度反演精度。

1)与地基数据对比

利用北京及周边5个AERONET站点直接观测的AOD数据对反演结果进行验证。表3.4显示了本研究采用的5个地基站点信息。

表 3.4 用于验证的 5 个地基 AERONET 站点信息

编号	AERONET 站点名称	样本数量	经度/(°)	纬度/(°)	高程/m
1	Beijing	8	116.381	39.977	92
2	Beijing-CAMS	12	116.317	39.933	106
3	Beijing_PKU	7	116.310	39.992	53
4	Beijing_RADI	7	116.379	40.005	59
5	XiangHe	15	116.962	39.754	36

收集了 640 景从 2016 年 6 月 1 日到 2016 年 10 月 31 日的北京及周边的覆盖地基站点的 GF-4 数据。由于地基观测与卫星过境时间和观测范围不同,因此需要将卫星数据和地基数据进行时间和空间匹配。一般认为,地基观测范围为 40 km,而且卫星反演 AOD 空间分辨率为 1 km,能够反映更细空间尺度的变化,因此选择地基站点为中心 20 像素×20 像素为空间匹配窗口;时间匹配窗口选择卫星过境前后 30 分钟。

通过时间和空间匹配共获得 24 对匹配结果(N),如图 3.6 和表 3.5 所示。相关系数(R)为 0.8,斜率为 0.91,y 轴截距为-0.01,均方根误差(RMSE)为 0.16,地基与 GF-4 的误差均值和标准差(σ)分别为 0.11 和 0.03。相关系数较大表明反演的 GF-4 气溶胶光学厚度与地基站点具有非常好的一致性。另外,GF-4 气溶胶光学厚度产品的预计精度为 $2\sigma>70\%$,如图 3.6 中上下两条虚线表示 0.7×AOD 和 1.3×AOD,落入该范围内的样本占总样本的比例(Q)为 95.83%,满足精度指标要求。

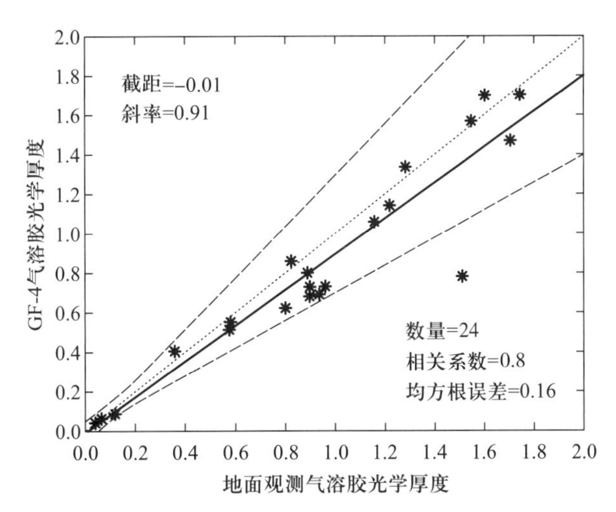

图 3.6 GF-4 反演与地基 AERONET 观测对比结果

实线表示线性拟合结果,两条虚线表示给定的精度指标(70%),点虚线表示 1∶1 线

表 3.5 GF-4 反演的 AOD 与地基 AERONET 对比结果统计

N	误差均值	σ	RMSE	y 轴截距	斜率	R	Q/%
24	0.11	0.03	0.16	−0.01	0.91	0.8	95.83

注:Q 表示落入精度指标($2\sigma>70\%$)范围内的样本比例。

2）与国外卫星产品的对比

将反演的GF-4气溶胶光学厚度与国际上公认的MODIS气溶胶标准产品(MOD04)进行对比分析。MOD04提供分辨率为10 km和3 km两种气溶胶产品,反演的GF-4气溶胶光学厚度产品空间分辨率为1 km,因此采用MODIS的3 km分辨率的气溶胶光学厚度产品进行验证,该产品在陆地上的精度为±(0.05+0.2×AOD)。考虑到MOD04产品的误差及本算法的预期精度($2\sigma>70\%$),则与MOD04相比GF-4 AOD应该满足:

$$\mathrm{AODGF\text{-}4}>\mathrm{AODMOD04}-(0.05+0.2\times\mathrm{AODMOD04})\times(1+0.3) \tag{3.4}$$

$$\mathrm{AODGF\text{-}4}<\mathrm{AODMOD04}+(0.05+0.2\times\mathrm{AODMOD04})\times(1+0.3) \tag{3.5}$$

本研究选择了2016年7月23日至7月31日6景图像进行分析,图3.7～图3.12显示了气溶胶反演及精度验证结果。

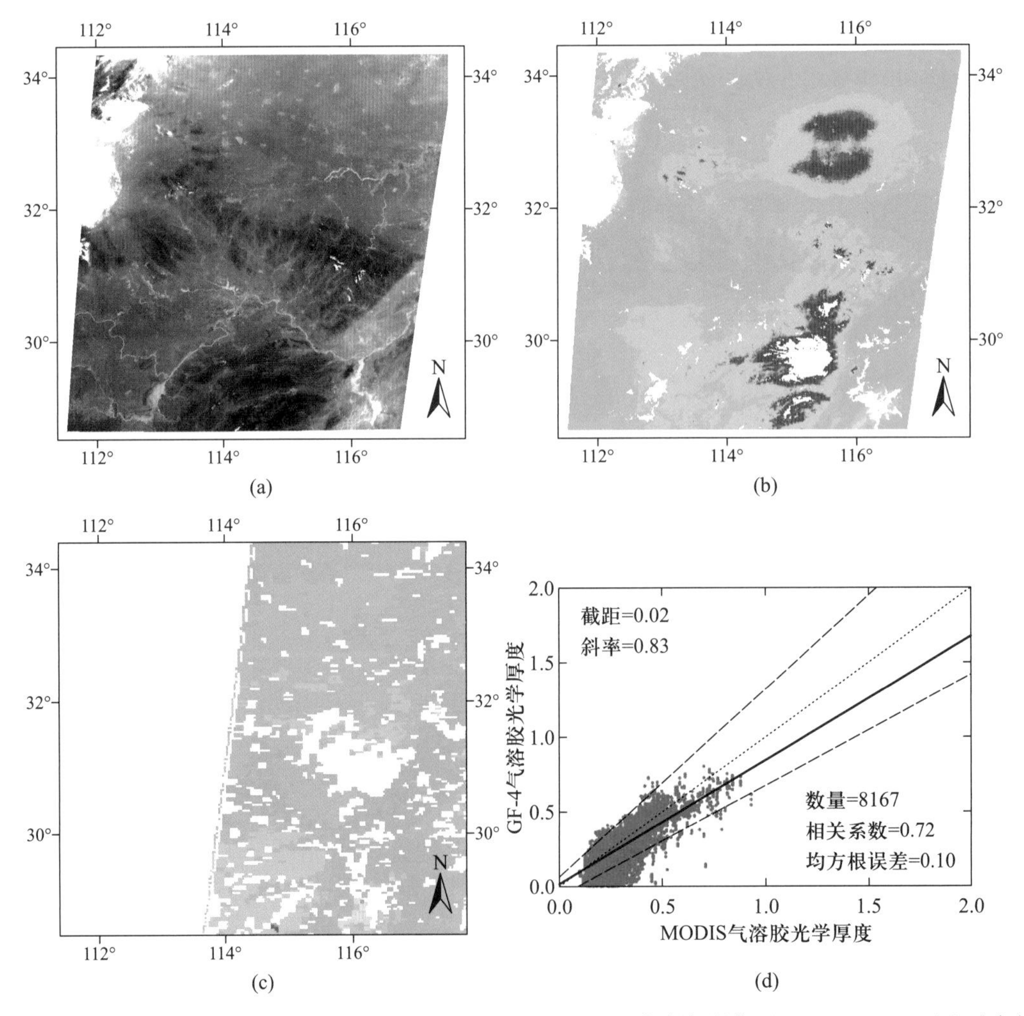

图3.7 GF-4气溶胶光学厚度反演结果及精度验证:(a)GF-4真彩色影像;(b)GF-4 AOD;(c)对应的MODIS AOD;(d)GF-4与MODIS的AOD统计结果,实线表示线性拟合结果,上下两条虚线表示指标精度范围(参考正文),点虚线表示1∶1直线。成像时间2016年7月23日8点00分21秒

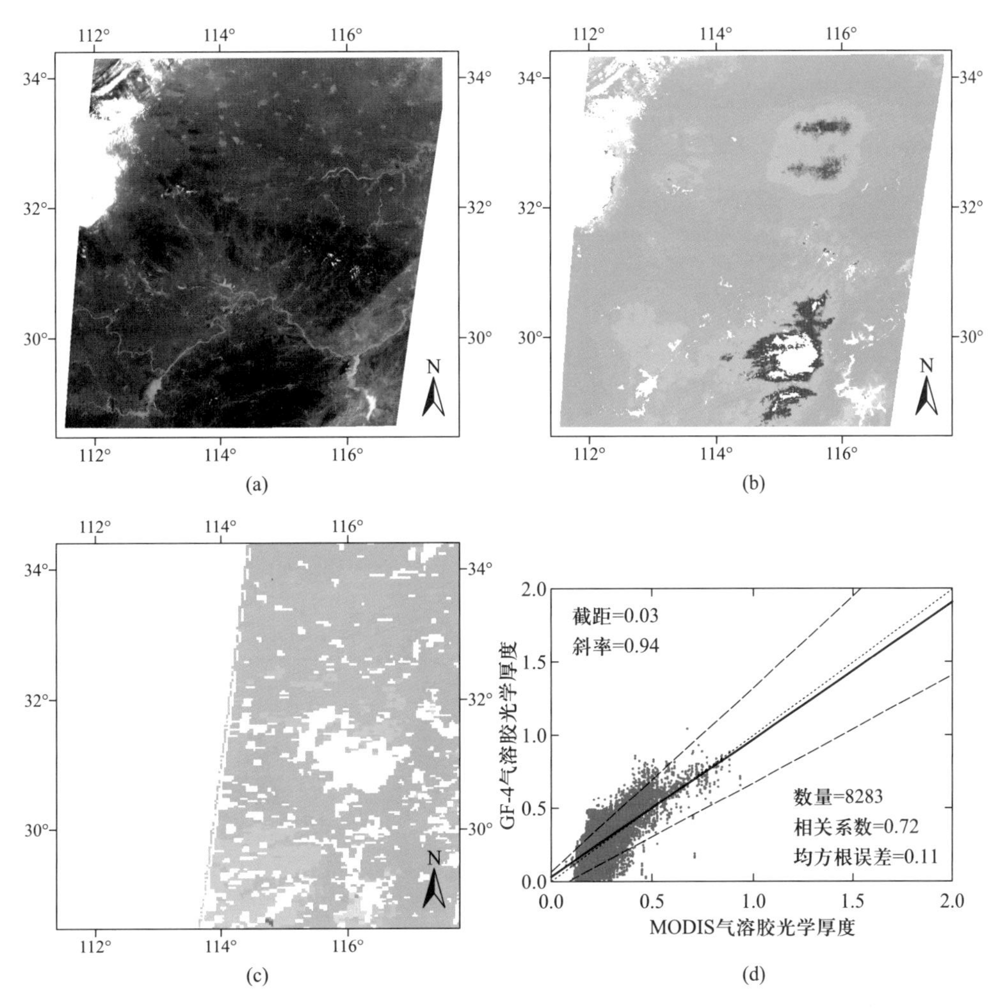

图 3.8 GF-4 气溶胶光学厚度反演结果及精度验证:(a)GF-4 真彩色影像;(b)GF-4 AOD;(c)对应的 MODIS AOD;(d)GF-4 与 MODIS 的 AOD 统计结果,实线表示线性拟合结果,上下两条虚线表示指标精度范围(参考正文),点虚线表示 1∶1 直线。成像时间 2016 年 7 月 23 日 8 点 40 分 21 秒

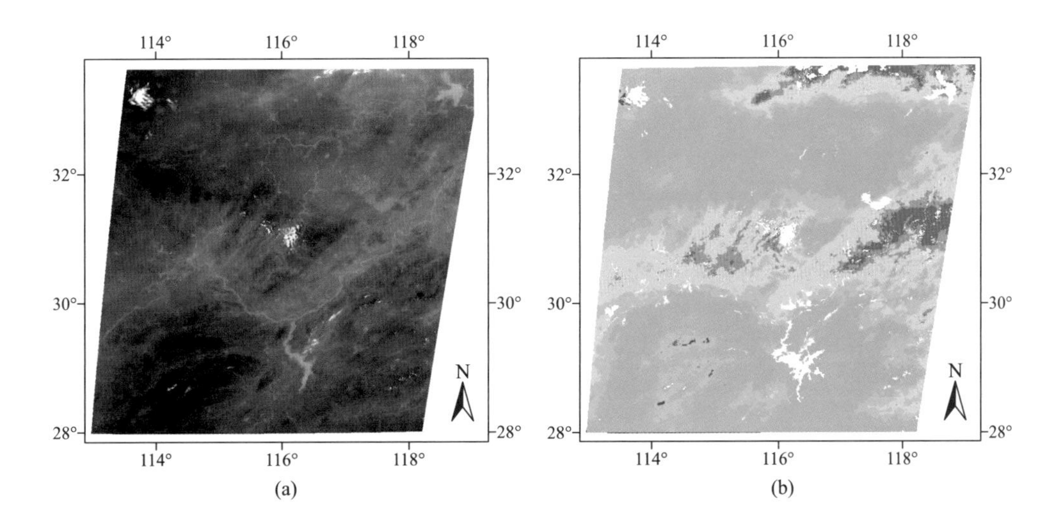

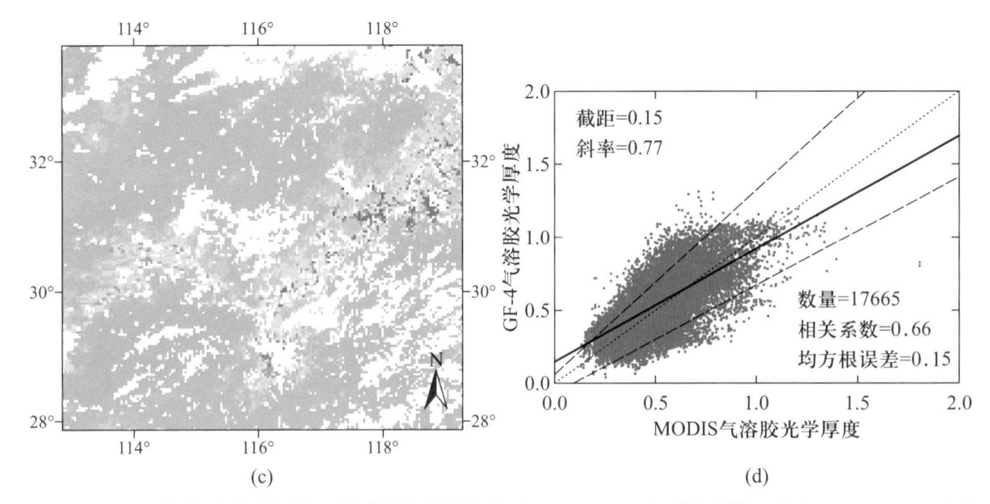

图 3.9 GF-4 气溶胶光学厚度反演结果及精度验证：(a) GF-4 真彩色影像；(b) GF-4 AOD；(c) 对应的 MODIS AOD；(d) GF-4 与 MODIS 的 AOD 统计结果，实线表示线性拟合结果，上下两条虚线表示指标精度范围(参考正文)，点虚线表示 1∶1 直线。成像时间 2016 年 7 月 28 日 8 点 23 分 23 秒

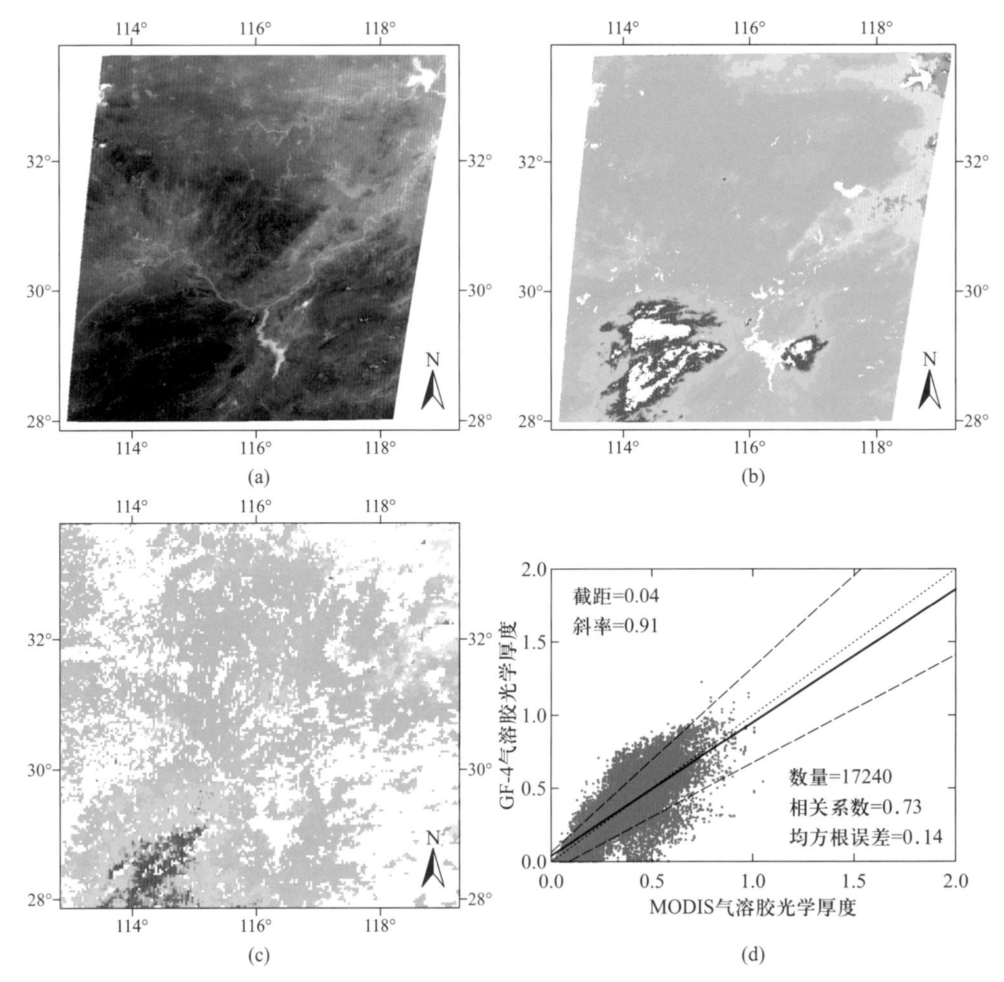

图 3.10 GF-4 气溶胶光学厚度反演结果及精度验证：(a) GF-4 真彩色影像；(b) GF-4 AOD；(c) 对应的 MODIS AOD；(d) GF-4 与 MODIS 的 AOD 统计结果，实线表示线性拟合结果，上下两条虚线表示指标精度范围(参考正文)，点虚线表示 1∶1 直线。成像时间 2016 年 7 月 29 日 8 点 23 分 23 秒

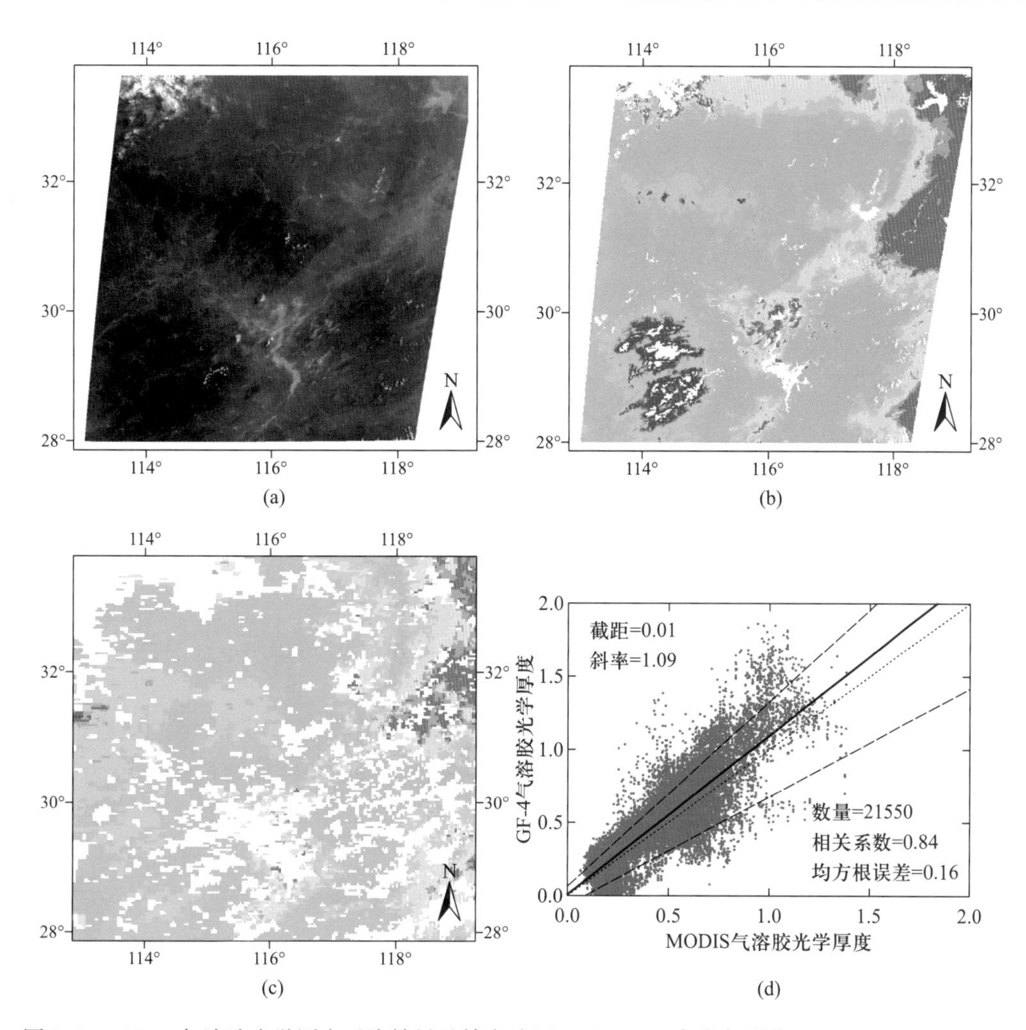

图 3.11 GF-4 气溶胶光学厚度反演结果及精度验证:(a)GF-4 真彩色影像;(b)GF-4 AOD;(c)对应的 MODIS AOD;(d)GF-4 与 MODIS 的 AOD 统计结果,实线表示线性拟合结果,上下两条虚线表示指标精度范围(参考正文),点虚线表示 1∶1 直线。成像时间 2016 年 7 月 30 日 9 点 19 分 42 秒

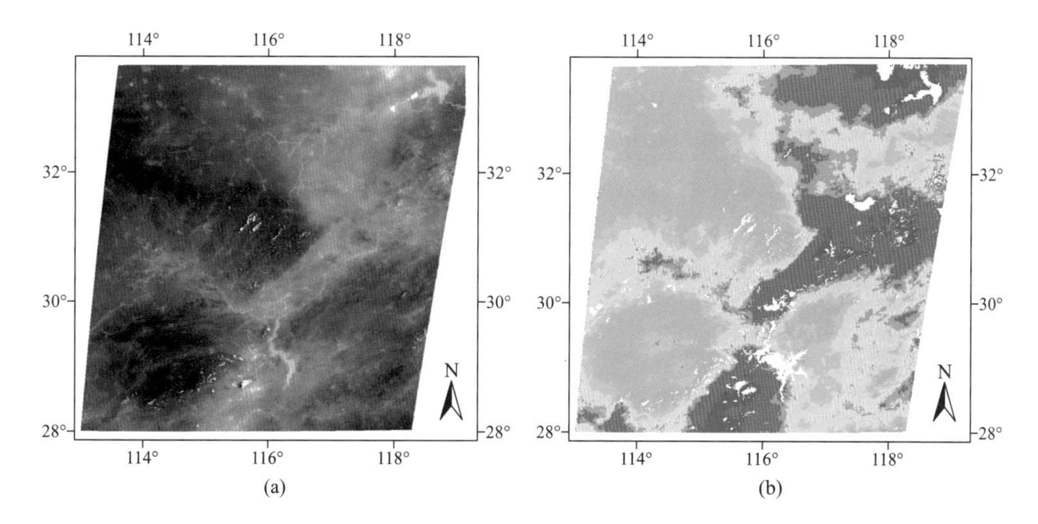

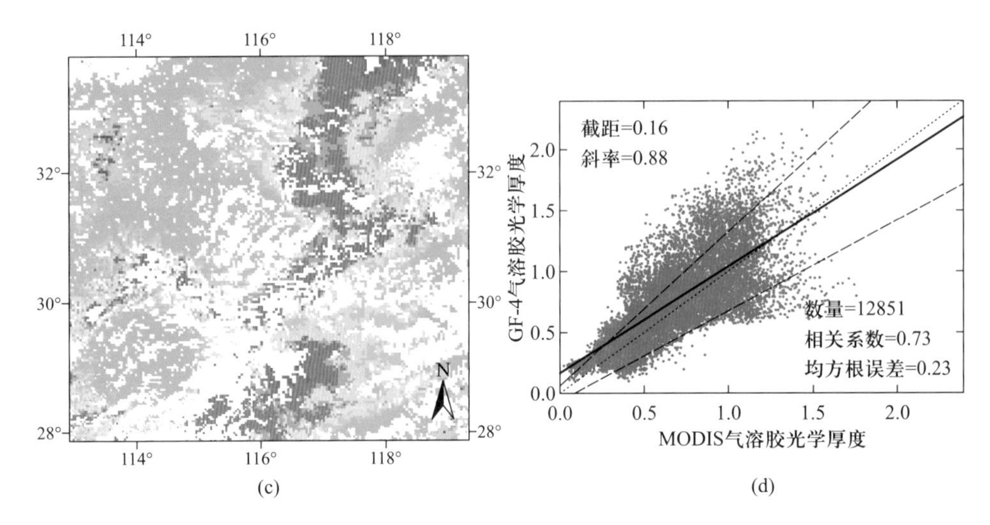

图 3.12 GF-4 气溶胶光学厚度反演结果及精度验证:(a)GF-4 真彩色影像;(b)GF-4 AOD;(c)对应的 MODIS AOD;(d)GF-4 与 MODIS 的 AOD 统计结果,实线表示线性拟合结果,上下两条虚线表示指标精度范围(参考正文),点虚线表示 1∶1 直线。成像时间 2016 年 7 月 31 日 9 点 23 分 23 秒

从表 3.6 可以看出,反演的 GF-4 气溶胶光学厚度产品与 MODIS 的相关系数最小值为 0.66,最大值为 0.84;y 轴截距的最小值为 0.01,最大值为 0.16;斜率的最小值为 0.77,最大值为 1.09,表明本研究反演的 GF-4 气溶胶光学厚度与 MODIS 气溶胶光学厚度产品相关性很好,具有很高的一致性。并且所有 6 组数据落入预期产品精度范围(图 3.7 中虚线)的样本比例均大于 70%,最小值为 72.3%,最大值为 81.5%。

表 3.6 GF-4 反演结果精度验证统计

成像时间	N	误差均值	σ	RMSE	y 轴截距	斜率	R	Q/%
2016 年 7 月 23 日 8:00:21	8167	0.08	0.0007	0.1	0.02	0.83	0.72	81.5
2016 年 7 月 23 日 8:40:21	8283	0.09	0.0007	0.11	0.03	0.94	0.72	74.6
2016 年 7 月 28 日 8:23:23	17665	0.13	0.0007	0.15	0.15	0.77	0.66	77.7
2016 年 7 月 29 日 8:23:23	17240	0.11	0.0007	0.14	0.04	0.91	0.73	76.7
2016 年 7 月 30 日 9:19:42	21550	0.13	0.0008	0.16	0.01	1.09	0.84	74.8
2016 年 7 月 31 日 9:23:23	12851	0.19	0.0014	0.23	0.16	0.88	0.73	72.3

注:Q 表示落入预期精度范围内(虚线范围内)的样本比例。

另外,为了进一步分析反演 GF-4 气溶胶光学厚度产品的精度,特别是反演精度随着气溶胶光学厚度的变化情况,统计了间隔为 0.1 的 GF-4 AOD 与 MOD04 AOD 的差值的均值和方差,结果如图 3.13~图 3.18 所示。从图中可以看出,几乎所有的均值(96%)都落在了预期的精度范围内(虚线范围),证明反演的 GF-4 AOD 的精度可以达到(2σ>70%)。

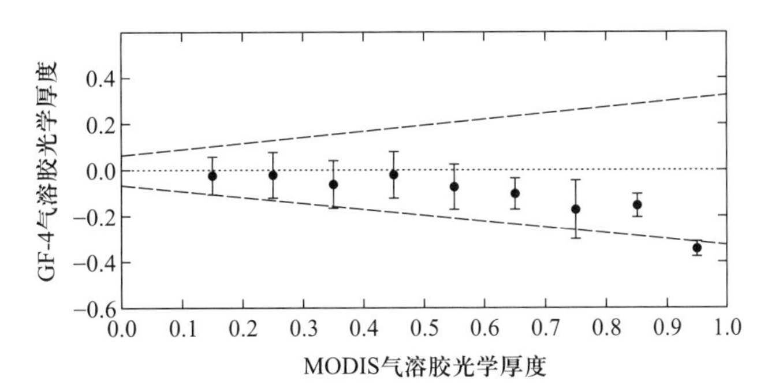

图 3.13 GF-4 AOD 与 MODIS AOD 的差值随 AOD 的变化。成像时间 2016 年 7 月 23 日 8 点 00 分 21 秒
上下两条虚线表示指标精度范围，中间点虚线表示差值等于 0 线，实心点表示对应范围内差值的均值，垂直线段表示标准差。

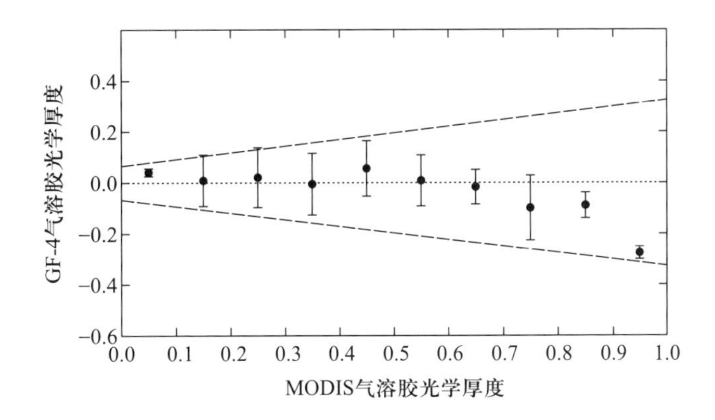

图 3.14 GF-4 AOD 与 MODIS AOD 的差值随 AOD 的变化。成像时间 2016 年 7 月 23 日 8 点 40 分 21 秒

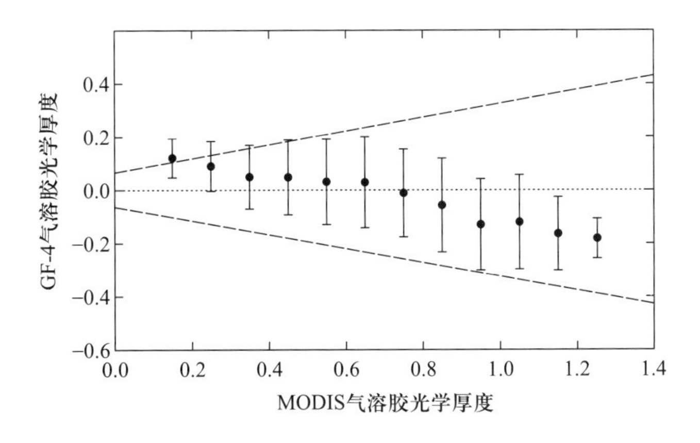

图 3.15 GF-4 AOD 与 MODIS AOD 的差值随 AOD 的变化。成像时间 2016 年 7 月 28 日 8 点 23 分 23 秒

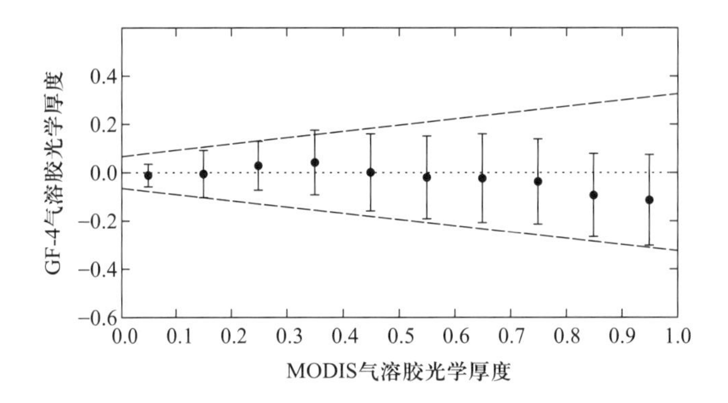

图 3.16 GF-4 AOD 与 MODIS AOD 的差值随 AOD 的变化。成像时间 2016 年 7 月 29 日 8 点 23 分 23 秒

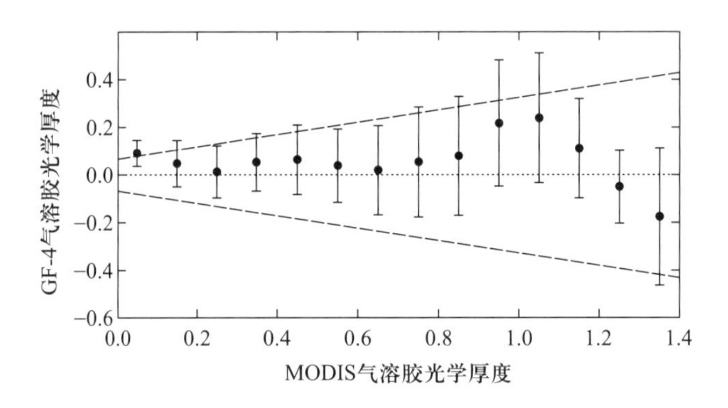

图 3.17 GF-4 AOD 与 MODIS AOD 的差值随 AOD 的变化。成像时间 2016 年 7 月 30 日 9 点 19 分 42 秒

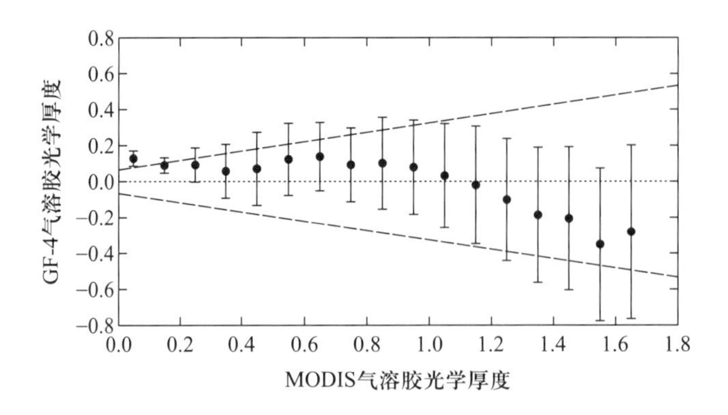

图 3.18 GF-4 AOD 与 MODIS AOD 的差值随 AOD 的变化。成像时间 2016 年 7 月 31 日 9 点 23 分 23 秒

本章分析了国内外气溶胶光学厚度反演方法,介绍了针对我国 GF-4 自主卫星载荷特点构建的气溶胶光学厚度反演模型和技术流程,并利用地基观测数据和国外卫星产品验证了 GF-4 气溶胶光学厚度反演的精度。

参 考 文 献

白林燕.2009.高时相陆表大气气溶胶卫星遥感定量反演.中国科学院研究生院遥感应用研究所博士研究生学位论文.

陈好.2013.中国气溶胶类型特性分析及其在遥感反演中的应用.中国科学院大学遥感与数字地球研究所博士研究生学位论文.

程天海.2009.非球形大气粒子多角度偏振遥感反演研究.中国科学院研究生院遥感应用研究所博士研究生学位论文.

段民征.2001.陆地上空大气气溶胶和地表反照率的同时反演——卫星标量辐射和偏振信息的联合利用.中国科学院大气物理研究所博士研究生学位论文.

高玲,任通,李成才,杨东伟,石光明,毛节泰.2012.利用静止卫星 MTSAT 反演大气气溶胶光学厚度.气象学报,70(3):598-608.

蒋哲.2012.标量探测辅助的陆地气溶胶偏振反演研究.中国科学院研究生院遥感应用研究所硕士研究生学位论文.

李晓静.2003.利用 MODIS 资料遥感北京及其周边地区气溶胶光学厚度研究.中国气象科学研究院硕士研究生学位论文.

李英杰.2012.基于时间序列技术的陆地上空大气气溶胶卫星遥感反演研究.中国科学院研究生院遥感应用研究所硕士研究生学位论文.

李正强.2004.地面光谱多角度和偏振探测研究大气气溶胶.中国科学院合肥分院安徽光学精密机械研究所博士研究生学位论文.

梅林露.2013.多源遥感卫星陆地气溶胶光学厚度反演建模.中国科学院大学博士研究生学位论文.

任通,高玲,李成才,毛节泰,李万彪,石光明,杨东伟,王磊.2011.利用风云 2C 静止卫星可见光资料反演气溶胶光学厚度.北京大学学报(自然科学版),47(4):636-646.

孙林.2006.城市地区大气气溶胶遥感反演研究.中国科学院研究生院遥感应用研究所博士研究生学位论文.

谢东海.2012.基于高空间分辨率多角度偏振相机的地表二向性反射特性分析及应用研究.中国科学院研究生院遥感应用研究所硕士研究生学位论文.

王舒鹏.2012.基于多角度偏振卫星信号的粗细混合型城市气溶胶反演.中国科学院研究生院遥感应用研究所硕士研究生学位论文.

王中挺,厉青,陶金花,李莘莘,王桥,陈良富.2009.环境一号卫星 CCD 相机应用于陆地气溶胶的监测.中国环境科学,29(9):902-907.

张文豪.2016.东亚地区高时相气溶胶特性遥感反演研究.中国科学院大学遥感与数字地球研究所博士研究生学位论文.

周春艳.2009.环境一号卫星北京地区高分辨率大气气溶胶光学厚度反演算法研究.中国科学院遥感应用研究所博士研究生学位论文.

Alados-Arboledas L, Müller D, Guerrero-Rascado J L, Navas-Guzmán F, Pérez-Ramírez D and Olmo F J.2011. Optical and microphysical properties of fresh biomass burning aerosol retrieved by Raman LiDAR, and star-and sun-photometry. *Geophysical Research Letters*, 38(1): 541-551.

Amiridis V, Balis D S, Giannakaki E, Stohl A, Kazadzis S, Koukouli M E and Zanis P. 2009. Optical characteristics of biomass burning aerosols over Southeastern Europe determined from UV-Raman LiDAR measurements. *Atmospheric Chemistry and Physics*, 9(7): 2431-2440.

Breon F M, Tanre, D, Lecomte P and Herman M. 1995. Polarized reflectance of bare soils and vegetation: Measurements and models. *IEEE Transactions on Geoscience and Remote Sensing*, 33(2): 487-499.

Burton S P, Ferrare R A, Hostetler C A, Hair J W, Rogers R R, Obland M D, Butler C F, Cook A L, Harper D B and Froyd K D. 2012. Aerosol classification using airborne High Spectral Resolution LiDAR measurements—Methodology and examples. *Atmospheric Measurement Techniques*, 5(1): 73-98.

Cattrall C, Reagan J, Thome K and Dubovik O. 2005. Variability of aerosol and spectral lidar and backscatter and extinction ratios of key aerosol types derived from selected Aerosol Robotic Network locations. *Journal of Geophysical Research Atmospheres*, 110(10): 1-13.

Deuzé J L, Bréon F M, Deschamps P Y, Devaux C, Herman M, Podaire A and Roujean J L. 1993. Analysis of the POLDER (Polarization and directionality of earth's reflectances) airborne instrument observations over land surfaces. *Remote Sensing of Environment*, 45(2): 137-154.

Deuzé J L, Bréon F M, Devaux C, Goloub P, Herman M, Lafrance B, Maignan F, Marchand A, Nadal F, Perry G and Tanré D. 2001. Remote sensing of aerosols over land surfaces from POLDER - ADEOS polarized measurements. *Journal of Geophysical Research*, 1069(5): 4913-4926.

Diner D J, Abdou W A, Bruegge C J, Conel J E, Crean K A, Gaitley B J, Helmlinger M C, Kahn R A, Martonchik J V, Pilorz S H and Holben B N. 2001. MISR aerosol optical depth retrievals over Southern Africa during the SAFARI-2000 dry season campaign. *Geophysical Research Letters*, 28(16): 3127-3130.

Diner D J, Martonchik J V, Kahn R A, Pinty B, Gobron N, Nelson D L and Holben B N. 2005a. Using angular and spectral shape similarity constraints to improve MISR aerosol and surface retrievals over land. *Remote Sensing of Environment*, 94(2): 155-171.

Diner D J, Chipman R A, Beaudry N A, Macenka S A, Seshadri S and Keller C U. 2005b. An integrated multiangle, multispectral, and polarimetric imaging concept for aerosol remote sensing from space. *Proceedings of the International Society for Optical Engineering*, 5659: 88-96.

Dubovik O, Holben B N, Eck T F, Smirnov A, Kaufman Y J, King M D, Tanré D and Slutsker I. 2002. Variability of absorption and optical properties of key aerosol types observed in worldwide locations. *Journal of the Atmospheric Sciences*, 59(3): 590-608.

Esselborn M, Wirth M, Fix A, Weinzierl B, Rasp K, Tesche M and Petzold A. 2009. Spatial distribution and optical properties of Saharan dust observed by airborne high spectral resolution lidar during SAMUM 2006. *Tellus Series B (Chemical and Physical Meteorology)*, 61(1): 131-143.

Giannakaki E, Balis D S, Amiridis V and Zerefos C. 2010. Optical properties of different aerosol types: Seven years of combined Raman-elastic backscatter lidar measurements in Thessaloniki Greece. *Atmospheric Measurement Techniques*, 3(3): 569-578.

Grey W M F, North P R J and Los S O. 2006. Computationally efficient method for retrieving aerosol optical depth from ATSR-2 and AATSR data. *Applied Optics*, 45(12): 2786-2795.

Griggs M. 1975. Measurement of atmospheric aerosol optical thickness over water using ERTS-1 data. *Journal of the Air Pollution Control Association*, 25(6): 622-626.

Griggs M. 1982. Satellite measurements of tropospheric aerosols. *Advances in Space Research*, 2(5): 109-118.

Groß S, Esselborn M, Weinzierl B, Wirth M, Fix A and Petzold A. 2012. Aerosol classification by airborne high spectral resolution lidar observations. *Atmospheric Chemistry and Physics*, 12(10): 25983-26028.

Guang J, Xue Y, Roujean J L and Carrer D. 2014. Comparison of two methods for aerosol optical depth retrieval over North Africa from MSG/SEVIRI data. Geoscience and Remote Sensing Symposium, 335-338.

Güler C and Thyne G D. 2004. Delineation of hydrochemical facies distribution in a regional groundwater system by means of fuzzy c-means clustering. *Water Resources Research*, 40(12): W12503.

Hagolle O, Dedieu G, Mougenot B, Debaecker V, Duchemin B and Meygret A. 2008. Correction of aerosol effects on multi-temporal images acquired with constant viewing angles: Application to Formosat-2 images. *Remote Sensing of Environment*, 112(4): 1689-1701.

Hauser A, Oesch D and Wunderle S. 2004. Aerosol optical depth (AOD) retrieval from NOAA AVHRR in an alpine environment: Validation using AERONET data. *Journal of Health Population and Nutrition*, 19(4): 336-337.

Hauser A, Oesch D, Foppa N and Wunderle S. 2005. NOAA AVHRR derived aerosol optical depth over land. *Journal of Geophysical Research Atmospheres*, 110(8): 1-11.

Higurashi A and Nakajima T. 2002. Detection of aerosol types over the East China Sea near Japan from four-channel satellite data. *Geophysical Research Letters*, 29(17): 1836.

Holben B, Vermote E, Kaufman Y J, Tanré D and Kalb V. 1992. Aerosol retrieval over land from AVHRR data-application for atmospheric correction. *IEEE Transactions on Geoscience and Remote Sensing*, 30(2): 212-222.

Hsu N C, Tsay S C, King M D and Herman J R. 2004. Aerosol properties over bright-reflecting source regions. *IEEE Transactions on Geoscinece and Remote Sensing*, 42(3): 557-569.

Hsu N C, Tsay S C, King M D and Herman J R. 2006. Deep blue retrievals of Asian aerosol properties during ACE-Asia. *IEEE Transactions on Geoscience and Remote Sensing*, 44(11): 3180-3195.

Ignatov A, Sapper J, Cox S, Laszlo I, Nalli N R and Kidwell K B. 2004. Operational aerosol observations (AEROBS) from AVHRR/3 on board NOAA-KLM satellites. *Journal of Atmospheric and Oceanic Technology*, 21(1): 3-26.

Ignatov A and Stowe L. 2002a. Aerosol retrievals from individual AVHRR channels. Part I: Retrieval algorithm and transition from Dave to 6S radiative transfer model. *Journal of the Atmospheric Sciences*, 59(3): 313-334.

Ignatov A and Stowe L. 2002b. Aerosol retrievals from individual AVHRR channels. Part II: Quality control, probability distribution functions, information content, and consistency checks of retrievals. *Journal of the Atmospheric Sciences*, 59(3): 335-362.

Jeong M J, Li Z, Chu D A and Tsay S C. 2005. Quality and compatibility analyses of global aerosol products derived from the advanced very high resolution radiometer and moderate resolution imaging spectroradiometer. *Journal of Geophysical Research Atmospheres*, 110(10): 1-16.

Jeong M J, Hsu N C, Kwiatkowska E J, Franz B A, Meister G and Salustro C E. 2011. Impacts of cross-platform vicarious calibration on the deep blue aerosol retrievals for moderate resolution imaging spectroradiometer aboard terra. *IEEE Transactions on Geoscience and Remote Sensing*, 49(12): 4877-4888.

Kalashnikova O V, Kahn R, Sokolik I N and Li W H. 2005. The ability of multi-angle remote sensing observations to identify and distinguish mineral dust types: Part 1. Optical models and retrievals of optically thick plumes. *Journal of Geophysical Research Atmospheres*, 110(18): 95-100.

Kaufman Y J, Tanré D, Remer L A, Vermote E F, Chu A and Holben B N. 1997. Operational remote sensing of tropospheric aerosol over land from EOS moderate resolution imaging spectroradiometer. *Journal of Geophysical Research Atmospheres*, 102(14): 17051-17067.

Kim J, Lee J, Lee H C, Higurashi A, Takemura T and Song C H.2007. Consistency of the aerosol type classification from satellite remote sensing during the atmospheric brown cloudeEast Asia regional experiment campaign. *Journal of Geophysical Research Atmospheres*, 112(22): 1-12.

Knapp K R.2002. Quantification of aerosol signal in GEOS 8 visible imagery over the United States. *Journal of Geophysical Research Atmospheres*, 107(20): 1-11.

Knapp K R and Stowe L L.2002. Evaluating the Potential for Retrieving Aerosol Optical Depth over Land from AVHRR Pathfinder Atmosphere Data. *Journal of the Atmospheric Sciences*, 59(3): 279-293.

Knapp K R, Haar T H V and Kaufman Y J. 2002. Aerosol optical depth retrieval from GOES-8: Uncertainty study and retrieval validation over South America. *Journal of Geophysical Research Atmospheres*, 107(7-8): 4055.

Knapp K R, Frouin R, Kondragunta S and Prados A.2005. Toward aerosol optical depth retrievals over land from GEOS visible radiances: Determining surface reflectance. *International Journal of Remote Sensing*, 26(18): 4097-4116.

Lee J H, Kim J H, Lee H C, Takemura T.2007. Classification of aerosol type from MODIS and OMI over East Asia. *Journal of the Korean Meteorological Society*, 43(4): 343-357.

Lee J, Kim J, Song C H, Kim S B, Chun Y, Sohn B J and Holben B N.2010a. Characteristics of aerosol types from AERONET sunphotometer measurements. *Atmospheric Environment*, 44(26): 3110-3117.

Lee J, Kim J, Song C H, Ryu J H, Ahn Y H and Song C K. 2010b. Algorithm for retrieval of aerosol optical properties over the ocean from the geostationary ocean color imager. *Remote Sensing of Environment*, 114(5): 1077-1088.

Levy R C, Remer L A and Dubovik O. 2007. Global aerosol optical properties and application to Moderate Resolution Imaging Spectroradiometer aerosol retrieval over land. *Journal of Geophysical Research Atmospheres*, 112(13): D13210.

Li X, Xia X, Wang S, Mao J and Liu Y.2012. Validation of MODIS and deep blue aerosol optical depth retrievals in an arid/semi-arid region of northwest china. *Particuology*, 10(1): 132-139.

Li Y, Xue Y, Leeuw, G, Li C, Yang L, Hou T and Marir F.2013. Retrieval of aerosol optical depth and surface reflectance over land from NOAA AVHRR data. *Remote Sensing of Environment*, 133: 1-20.

Li C, Xue Y, Liu Q and Jie G.2014. Post calibration of channel 1 of NOAA-14 AVHRR: Implications on aerosol optical depth retrieval. Geoscience and Remote Sensing Symposium, 1524-1527.

Lin T H, Chen A J, Liu G R and Kuo T H.2002. Monitoring the atmospheric aerosol optical depth with SPOT data in complex terrain. *International Journal of Remote Sensing*, 23(4): 647-659.

Liu G R, Chen A J, Lin T H and Kuo T H.2002a. Applying SPOT data to estimate the aerosol optical depth and air quality. *Environmental Modelling and Software*, 17(1): 3-9.

Liu G R, Lin T H and Kuo T H.2002b. Estimation of aerosol optical depth by applying the optimal distance number to NOAA AVHRR data. *Remote Sensing of Environment*, 81(2-3): 247-252.

Logan T, Xi B, Dong X, Li Z and Cribb M. 2013. Classification and investigation of Asian aerosol absorptive properties. *Atmospheric Chemistry and Physics*, 13(4): 2253-2265.

Lyapustin A, Martonchik J, Wang Y, Laszlo I and Korkin S. 2011a. Multiangle implementation of atmospheric correction (MAIAC): 1. Radiative transfer basis and look-up tables. *Journal of Geophysical Research Atmospheres*, 116(3): D03211.

Lyapustin A, Wang Y, Laszlo I, Kahn R, Korkin S, Remer L, Levy R and Reid J S. 2011b. Multiangle implementation of atmospheric correction (MAIAC): 2. Aerosol algorithm. *Journal of Geophysical Research Atmospheres*, 116(3): D03210.

Martonchik J V and Diner D J. 1992. Retrieval of aerosol optical properties from multi-angle satellite imagery. *IEEE Transactions on Geoscience and Remote Sensing*, 30(2): 223-230.

Martonchik J V, Diner D J, Crean K A and Bull M A. 2004. Regional aerosol retrieval results from MISR. *IEEE Transactions on Geoscience and Remote Sensing*, 5652(7): 1520-1531.

Mei L, Xue Y, Leeuw G D, Hou T. 2011a. Aerosol optical depth retrieval in the arctic region using MODIS based on prior knowledge. *Atmospheric Measurement Techniques Discussions*, 4(6): 7597-7622.

Mei L, Xue Y, Wang Y, Hou T, Guang J, Li Y, Xu H, Wu C, He X, Dong J, Chen Z. 2011b. Prior information supported aerosol optical depth retrieval using FY2D data. Geoscience and Remote Sensing Symposium, 2677-2680.

Mei L, Dong J, Wu C, Xue Y, Guang J, Li Y, Wang Y, Xu H, Chen L, Yang L, Hou T and He X. 2011c. A simple parameterization of the board band aerosol optical depth retrieval model using FY-2D Data. The 5th sides across the straits Symposium of Remote Sensing.

Mei L, Xue Y, Leeuw G D and Holzerpopp T. 2012. Retrieval of aerosol optical depth over land based on a time series technique using MSG/SEVIRI data. *Atmospheric Chemistry and Physics*, 12(19): 9167-9185.

Mei L, Xue Y, Kokhanovsky A, Von Hoyningen-Huene W, Istomina L, De Leeuw G, Burrows, J P and Guang J. 2013. Aerosol optical depth retrieval over snow using AATSR data. *International Journal of Remote Sensing*, 34(14): 5030-5041.

Mei L, Xue Y, Kokhanovsky A, Von Hoyningen-Huene W, De Leeuw G and Burrows J P. 2014. Retrieval of aerosol optical depth over land surfaces from AVHRR data. *Atmospheric Measurement Techniques*, 7(1): 2411-2420.

Mielonen T, Arola A, Komppula M, Kukkonen J, Koskinen J, de Leeuw G and Lehtinen K E J. 2009. Comparison of CALIOP level 2 aerosol subtypes to aerosol types derived from AERONET inversion data. *Geophysical Research Letters*, 36(18): L18804.

Miller D J, Nelson C A, Cannon M B and K P Cannon. 2009. Comparison of fuzzy clustering methods and their applications to geophysics data. *Applied Computational Intelligence and Soft Computing*, 2009: 1-6.

Mishchenko M I, Geogdzhayev I V, Cairns B, Rossow W B and Lacis A A. 1999. Aerosol retrievals over the ocean by use of channels 1 and 2 AVHRR data: Sensitivity analysis and preliminary results. *Applied Optics*, 38(36): 7325-7341.

Niang A, Badran F, Moulin C, Crépon M and Thiria S. 2006. Retrieval of aerosol type and optical thickness over the Mediterranean from SeaWiFS images using an automatic neural classification method. *Remote Sensing of Environment*, 100(1): 82-94.

Noh, Y M, Müller D, Shin D H, Lee H, Jung J S, Lee K H, Cribb, M, Li Z and Kim Y J. 2009. Optical and microphysical properties of severe haze and smoke aerosol measured by integrated remote sensing techniques in Gwangju, Korea. *Atmospheric Environment*, 43(4): 879-888.

North P R J, Briggs S A, Plummer S E and Settle J J. 1999. Retrieval of land surface bidirectional reflectance and aerosol opacity from ATSR-2 multiangle imagery. *IEEE Transactions on Geoscience and Remote Sensing*, 37(1): 526-537.

North P R J. 2010. Estimation of aerosol opacity and land surface bidirectional reflectance from ATSR-2 dual-angle imagery: Operational method and validation. *Journal of Geophysical Research Atmospheres*, 7(10): 3363-3375.

Omar A H, Won J G, Winker D M, Yoon S C, Dubovik O and McCormick M P.2005.Development of global aerosol models using cluster analysis of Aerosol Robotic Network (AERONET) measurements.*Journal of Geophysical Research Atmospheres*, 110: D10S14.

Paul G, Prospero J M, Gill T E, Christina H N and Ming Z.2012.Global-scale attribution of anthropogenic and natural dust sources and their emission rates based on MODIS deep blue aerosol products. *Reviews of Geophysics*, 50(3): 70-83.

Qin Y and Mitchell R M.2009.Characterisation of episodic aerosol types over the Australian continent.*Atmospheric Chemistry and Physics*, 9(6): 1943-1956.

Rao C R N, Stowe L L and McClain E P.1989.Remote sensing of aerosols over the oceans using AVHRR data: Theory, practice and applications. *International Journal of Remote Sensing*, 10(4): 743-749.

Remer L A, Kaufman Y J, Tanré D, Mattoo S, Chu D A, Martins J V, Li R R, Ichoku C, Levy R C, Kleidman R G, Eck T F, Vermote E and Holben B N.2005.The MODIS aerosol algorithm, products, and validation.*Journal of the Atmospheric Sciences*, 62(4): 947-973.

Riffler M, Popp C, Hauser A, Fontana F and Wunderle S.2010.Validation of a modified AVHRR aerosol optical depth retrieval algorithm over Central Europe.*Atmospheric Measurement Techniques*, 3(5): 1255-1270.

Rondeaux G and Herman M.1991.Polarization of light reflected by crop canopies.*Remote Sensing of Environment*, 38(1): 63-75.

Russell P B, Kacenelenbogen M, Livingston J M, Hasekamp O P, Burton S P, Schuster G L, Johnson M S, Knobelspiesse K D, Redemann J, Ramachandran S, Holben B and Al R E T.2014.A multiparameter aerosol classification method and its application to retrievals from spaceborne polarimetry. *Journal of Geophysical Research Atmospheres*, 119(16): 9838-9863.

Sano I.2004. Optical thickness and Angstrom exponent of aerosols over the land and ocean from space-borne polarimetric data.*Advances in Space Research*, 34 (4): 833-837.

Sayer A M, Munchak L A, Hsu N C, Levy R C, Bettenhausen C and Jeong M J.2014.MODIS Collection 6 aerosol products: Comparison between Aqua's e-Deep Blue, Dark Target, and "merged" data sets, and usage recommendations.*Journal of Geophysical Research Atmospheres*, 119(24): 13965-13989.

Sheridan P J, Delene D J and Ogren J A.2001.Four years of continuous surface aerosol measurements from the Department of Energy's Atmospheric Radiation Measurement Program Southern Great Plains Cloud and Radiation Testbed site.*Journal of Geophysical Research Atmospheres*, 106(18): 20735-20748.

Shi Y, Zhang J, Reid J S, Hyer E J and Hsu N C.2012.Critical evaluation of the MODIS deep blue aerosol optical depth product for data assimilation over North Africa.*Atmospheric Measurement Techniques*, 5(5): 7815-7865.

Shimizu A, Sugimoto N, Matsui I, Arao K, Uno I, Murayama T, Kagawa N, Aoki K, Uchiyama A and Yamazaki A. 2004.Continuous observations of Asian dust and other aerosols by polarization LiDARs in China and Japan during ACE-Asia.*Journal of Geophysical Research Atmospheres*, 109(19): D19S17.

Sreekanth V.2014.On the classification and sub-classification of aerosol key types over south central peninsular India: MODIS-OMI algorithm.*Science of the Total Environment*, 468-469: 1086-1092.

Stowe L L, Ignatov A M and Singh R R. 1997. Development, validation, and potential enhancements to the second-generation operational aerosol product at the national environmental satellite, data, and information service of the national oceanic and atmospheric administration.*Journal of Geophysical Research Atmospheres*, 102 (14): 16923-16934.

Tang J, Xue Y, Yu T and Guan Y.2005.Aerosol optical thickness determination by exploiting the synergy of terra and aqua MODIS. *Remote Sensing of Environment*,94(3):327-334.

Tang J,Xue Y,Yu T and Guan Y.2012.Aerosol optical thickness determination by exploiting the synergy of Terra and Aqua MODIS (SYNTAM). *Chinese Journal of Breast Disease*,7(3):4371-4374.

Tanré D,Deschamps P Y,Devaux C and Herman M.1988.Estimation of Saharan aerosol optical thickness from blurring effects in Thematic Mapper data. *Journal of Geophysical Research Atmospheres*,93(12):15955-15964.

Tanré D,Holben B N and Kaufman Y J.1992.Atmospheric correction algorithm for NOAA-AVHRR products-theory and application. *IEEE Transactions on Geoscience and Remote Sensing*,30(2):231-248.

Tesche M, Ansmann A, Müller D, Althausen D, Engelmann R, Freudenthaler V and Groß S.2009a.Vertically resolved separation of dust and smoke over Cape Verde using multiwavelength Raman and polarization lidars during Saharan Mineral Dust Experiment 2008.*Journal of Geophysical Research Atmospheres*,114(13):D13202.

Tesche M,Ansmann A, Müller D, Althausen D, Mattis I, Heese B, Freudenthaler V, Wiegner M, Esselborn M, Pisani G and Knippertz P.2009b.Vertical profiling of Saharan dust with Raman lidars and airborne HSRL in southern Morocco during SAMUM. *Tellus Series B(Chemical and Physical Meteorology)*,61(1):144-164.

Veefkind J P and De Leeuw G.1997.A new aerosol retrieval algorithm applied to ATSR-2 data.*Journal of Aerosol Science*,28(1):693-694.

Wagner S C,Govaerts Y M and Lattanzio A.2010.Joint retrieval of surface reflectance and aerosol optical depth from MSG/SEVIRI observations with an optimal estimation approach:2.Implementation and evaluation. *Journal of Geophysical Research Atmospheres*,115(2):D02204.

Wanner W,Li X and Strahler A H.1995.On the derivation of kernels for kernel-driven models of bidirectional reflectance.*Journal of Geophysical Research Atmospheres*,100(10):21077-21089.

Wu L and Zeng Q C.2014.Classifying Asian dust aerosols and their columnar optical properties using fuzzy clustering,*Journal of Geophysical Research Atmospheres*,119(5):2529-2542.

Xue Y and Yu T.2003.Aerosol optical depth determination from along track scanning radiometer (ATSR) data. Proceedings of the IEEE 6th International Conference on Intelligent Transportation Systems,793-796.

Zhang WH, Xu H and Zheng FJ.2017.Classifying aerosols based on fuzzy clustering and their optical and microphysical properties study in Beijing,China. *Advances in Meteorology*,2017:1-18.

Zhang WH,Xu H and Zheng FJ.2018.Aerosol Optical Depth Retrieval over East Asia Using Himawari-8/AHI Data.*Remote Sensing*,10(1):137.

Zhang Y,Liu Z,Wang Y,Ye Z and Leng L.2014.Inversion of aerosol optical depth based on the CCD and IRS sensors on the HJ-1 satellites. *Remote Sensing*,6(9):8760-8778.

第4章

植被指数

植被指数(vegetation index,VI)是反映植被在可见光、近红外波段反射与环境背景之间差异的简单指标,通常是利用两个或多个波段的组合,如红光波段和近红外波段,来增强对传感器获取植被信号的响应。

本章讨论的 GF-4 植被指数产品包括三种植被指数:第一种是归一化植被指数(normalized difference vegetation index,NDVI),其是地表植被分布状况最常用、最稳定的表征指标,可以作为现有 NDVI 产品(如 AVHRR-NDVI、MODIS-NDVI)的时空扩展。第二种是增强型植被指数(enhanced vegetation index,EVI),其提高了对高生物量地区植被监测的敏感性,并通过耦合背景信号和削弱大气效应影响改善植被监测的精度。第三种是土壤调节植被指数(soil adjusted vegetation index,SAVI),其能够削弱土壤背景的影响,从而适应植被稀疏地区的稳定植被监测。三种植被指数在植被研究中可以互为补充,提高不同区域植被范围提取和冠层生物物理参数反演的可靠性。

GF-4 卫星植被指数产品将提供全国范围的基于单幅遥感图像的瞬时植被指数产品和基于时序图像的时空连续性的植被指数合成产品,以支持物候提取、植被覆盖变化检测和生物调查等植被监测研究和应用。本章首先介绍植被指数研究现状,阐明了归一化植被指数、增强型植被指数、土壤调节植被指数等植被指数的构建原理和公式,并给出基于 GF-4 卫星的上述三种植被指数的算法流程与伪代码,最后结合应用需要,分别给出了基于单幅图像和基于时序图像的植被指数应用与分析。

4.1 研究现状

4.1.1 研究背景

GF-4 卫星遥感数据自 2016 年 6 月正式交付使用,至今已经积累了大量的存档数据。本章旨在综述已有研究进展基础上,结合 GF-4 卫星遥感数据的特点,开展植被指数模型与产品生产算法研究,提供高质量的 GF-4 植被参数数据产品,服务于不同应用需求。

GF-4 卫星植被指数产品设计的总体目标是优选适用于中国陆表植被监测的遥感指标,研究如何有效地组合 GF-4 卫星各个波段信息,定量化提取"绿色"的植被信号,同时最大限度地减少不同土壤与植被冠层混合下的复杂背景的影响。植被指数合成的目标是综合考虑在不同大气状况、残留云以及太阳和观测几何条件下,将多个图像组合成一个单一的、标准化的、无云的植被指数结果,从而能够稳定描述植被在一定时期内的空间分布特征。植被指数合成产品以 8 天或 16 天为合成周期进行生产,以满足旬、月和季节尺度的植被监测等应用需求。

4.1.2 植被指数研究进展

1)植被指数

植被的反射波谱特征具有十分鲜明的特点和规律性。在可见光波段(0.40~0.76 μm),植被在 0.55 μm(绿)处存在一个较小的反射峰,而到了红边波段(0.68~0.75 μm)则出现一个反射率快速增长的"陡坡",到近红外 1.1 μm 处达到峰值。在 0.45 μm(蓝)和 0.67 μm(红)两处,植被反射光谱存在两个明显吸收的"低谷",这里叶绿素对蓝光和红光有很强的吸收作用,而对绿光的反射作用较强。受到植被含水量变化的影响,在中红外波段(1.3~2.5 μm)光谱吸收率开始逐渐增加,反射率逐渐下降,从而形成了多个吸收"低谷"(梅安新等,2001)。

植被指数是通过对遥感图像波段反射率的组合或者变换,利用不同地物光谱特征的差异将植被信息加以突出的一个无量纲的指标。在植被遥感应用中,无论是提取植被覆盖区域,还是反演其他植被参数(如叶面积指数),还是进行植被光合作用有关物理量(如 NPP、FPAR)的估算,植被指数都具有广泛的应用。植被指数既是从遥感图像中定性获取植被分布的直接工具,也是定量获得植被生理生化信息的基础。

最早的植被指数是由 Jordan(1969)提出的比值植被指数(ratio vegetation index,RVI),也称简单比值(simple ratio,SR)。RVI 是近红外波段与红光波段反射率的比值,利用植被在两波段处的反射率差异进行植被信息提取和增强。随着植被覆盖的提高,RVI 会因为红光波段的饱和而急剧增长。

$$\mathrm{RVI} = \frac{\mathrm{NIR}}{\mathrm{Red}} \tag{4.1}$$

针对 RVI 等指数的局限性,许多消除了大气、土壤等影响因子的植被指数相继被提出。Rouse 等(1974)在对 RVI 进行归一化非线性处理之后,提出了消除综合影响因子的归一化植被指数(NDVI)模型。

$$NDVI = \frac{NIR - Red}{NIR + Red} \tag{4.2}$$

NDVI 的应用最为广泛,但由于受到很多因素影响,其在应用过程中有时也会受到限制。同时,NDVI 的非线性特征使得当植被覆盖持续增加时,红光波段反射率很快趋于饱和,但近红外波段的反射率持续增加,因此 NDVI 的增加与 RVI 的增加不是线性相关的。随后,同样利用红光和近红外波段反射率的差值植被指数(difference vegetation index,DVI)也很快被提出(Richardson and Wiegand,1977),然而其对土壤背景的变化依旧十分敏感。

$$DVI = NIR - Red \tag{4.3}$$

随后,Jackson 等(1983)基于“土壤线”理论发展了受土壤背景亮度影响较小的垂直植被指数(perpendicular vegetation index,PVI)。

$$PVI = \frac{(NIR - aRed - b)}{\sqrt{a^2 + 1}} \tag{4.4}$$

PVI 定义为在光谱空间上像元值到土壤线之间的垂直距离,其公式中的 a 为土壤线斜率,b 为截距。通常植被生长越密,植被像元在光谱空间上离土壤线距离越远,PVI 值也越大。为简化由土壤线带来的一系列复杂计算,Huete(1988)通过引入土壤亮度因子 L 构建出土壤调节植被指数(soil adjusted vegetation index ,SAVI)。

$$SAVI = \frac{NIR - Red}{NIR + Red + L}(1 + L) \tag{4.5}$$

然而,Qi 等(1994)发现 SAVI 中的土壤亮度因子 L 并非一成不变,而是与植被覆盖程度有着负相关关系。因此为了削弱 SAVI 中裸土的影响,其又提出了修正土壤调节植被指数(modified soil adjusted vegetation index,MSAVI)。

$$MSAVI = \frac{2NIR + 1 - \sqrt{2(NIR + 1)^2 - 8(NIR - Red)}}{2} \tag{4.6}$$

随后,与 SAVI 有关的三种新形式(SAVI2、SAVI3、SAVI4)被相继提出(Major et al.,1990),主要是增加了对背景土壤结构和观测太阳角度等影响的考虑。

在消除大气影响方面,Kaufman 和 Tanre(1992)根据大气气溶胶对红光波段和蓝光波段散射程度的不同,以两者的辐射差别来补偿气溶胶对红光波段造成的影响,发展了大气阻抗植被指数(atmospherically resistant vegetation index,ARVI)。

$$ARVI = \frac{NIR^* - RB^*}{NIR^* + RB^*} \tag{4.7}$$

$$RB^* = Red^* - V(Blue^* - Red^*) \tag{4.8}$$

式中,NIR* 、Red* 和 Blue* 分别代表预先经过分子散射和臭氧校正的对应波段的反射率或辐射亮度,光路辐射校正系数 V 对大气调节程度有重要影响,气溶胶类型对其取值有重要影响。通常,系数 V 取值 Kaufman 推荐的常数 1,但其仅能消除一部分气溶胶的影响,因此具有一定局限性。为此,张仁华等(1996)发展并提出了新的大气阻抗植被指数(atmospherically resistant vegetation index,IAVI),其计算的复杂度大大提高,但显著减小了大气影响误差。

土壤背景和大气的影响具有一定的相关性,而之前的植被指数模型通常仅是从一个方面入手考虑如何消除其影响。为此,Liu 和 Huete(1995)引入了一个反馈项来同时对两者进行修订,构建出增强型植被指数(enhanced vegetation index,EVI)。

$$\mathrm{EVI} = G * \frac{\mathrm{NIR} - \mathrm{Red}}{\mathrm{NIR} + C_1\mathrm{Red} - C_2\mathrm{Blue} + L} \tag{4.9}$$

公式中参数包括背景调节参数 G、L 以及大气修正参数 C_1、C_2。EVI 与 RVI 存在较好的线性关系,但其对原始数据质量要求严格。

以上植被指数大多还是基于少数几个特征波段(如红光和近红外波段),对于多光谱传感器其他波段信息的利用较少。为此,以主成分变换为主要构建方法的一类植被指数应运而生。这类植被指数主要包括针对 Landsat MSS 数据而设计的土壤亮度指数(soil brightness index,SBI)、植被绿度指数(green vegetation index,GVI)和植被黄度指数(yellow vegetation index,YVI)等(Kauth,1976)。

综上所述,现有的常见宽波段植被指数主要分为四类,即基于简单波段间组合的植被指数、基于土壤线求解的植被指数、对大气影响进行修正的植被指数,以及对多波段进行特征变换的植被指数。此外,还有一些针对部分卫星传感器的特定波段、针对特定植被理化信息提取的植被指数,如红边位置(red edge position,REP)(Clevers et al.,2002)、叶绿素吸收比率指数(chlorophyll absorption ration index,CARI)(Kim et al.,1994)等也可以归为植被指数的范畴。有关植被指数的其他详细内容可参考 Bannari 等(1995)、田庆久和闵祥军(1998)的综述文献。

然而,由于植被指数仅是从特定地区地表光谱特性这一个方面反映植被状况,受到植被类型、土壤背景和其他多种因素的影响,其使用通常具有一定的局限性。因此,针对特定传感器数据与应用领域,在植被指数中引入修正因子和先验知识,使其能够更加准确、客观地反映区域地表植被信息,将是植被指数应用的主要发展方向。

2)植被指数合成

由于受大气、云等因素的影响,单次的观测数据很难得到质量令人满意的植被指数值,因此大多植被指数产品通常采用多次观测合成方法来获得更高质量的植被指数值。植被指数合成是指在适当的周期内通过选取植被指数的最佳代表,合成一幅大气状况、云状况、观测几何等影响最小的植被指数结果(龙鑫等,2013)。

Holben(1976)提出的最大值合成算法(maximum value composite,MVC),对植被指数

合成具有里程碑式的意义。MVC 运算效率高,对于全球植被指数产品生产非常有利,仍是目前应用最广泛的合成算法。该算法选择合成周期内最大植被指数值作为合成值,它的设计初衷是移除包括残云在内的大气影响,处理过程包括云筛选和数据质量检查。未经过大气校正的反射率数据更接近朗伯反射,其噪声主要来源于辐射路径长度和大气污染,此时 MVC 算法合成效果较好,能够移除大部分残云和大气影响,且合成值更接近星下点观测(卫炜,2015)。MVC 最大缺点是没有考虑地表非朗伯特性,因此对于各向异性明显的植被冠层,MVC 偏向选择有云或者远离星下点的低质量观测值像元,容易出现空间不一致问题(Vancutsem et al.,2007)。由于大气校正后的植被指数非朗伯特性将更加突出,MVC 不适合对大气校正后的数据进行合成。即便如此,MVC 仍然能够给用户提供 NDVI 重要参考值,推动植被指数合成算法的不断发展(卫炜,2015)。

由于 MVC 在非朗伯特性明显的数据中经常偏向选择前向散射项的非星下点像元,为了得到更好的合成值又发展出许多限定条件下最值合成算法(CMMVC)。CMMVC 从影响因子物理机制出发,结合应用目的,在 2~3 个最大 NDVI 值子集中采用某些参量的最值作为判断标准确定合成值。这在一定程度上弱化了某些影响因素的干扰,减小了 MVC 合成中的误差,但往往会突出其他噪声诸如大气、几何条件等因素的影响,容易导致空间不一致性,而且经常受限于某些具体应用目标,缺乏广泛的应用性。更重要的是,它只是选择了有效观测值中单个代表,造成了观测植被信息浪费(龙鑫等,2013)。常用的 CMMVC 算法包括热红外最大值法(MaxTI)、红波段最小值法(MinRed)、反照率最小值法(MinAlb)等(Cihlar et al.,1994; Barbosa et al.,1998)。

Meyer 等(1995)在对 NOAA/AVHRR 模拟数据进行分析时提出用平均值代替 MVC 合成,但没有采用实测数据进行验证。平均合成法主要包括 AVG 和 MC 等,它们取平均的对象不同,AVG 是对有效的 NDVI 值取平均,而 MC 是对有效反射率值取平均,再计算得到合成值。它们都采用合成周期内多个代表,更好地利用了合成周期内有效植被信息。随后,Qi 和 Kerr(1997)正式提出 AVG 合成算法,并采用 AVHRR 实测数据进行验证。它对合成周期内 10%最大植被指数子集取平均得到合成值。AVG 相对 MVC 更加稳健,对云、大气的噪声移除得到进一步改善。它假设不同视场角条件下观测值所占权重一样,对二向反射分布函数(bidirectional reflectance distribution function, BRDF)效应的考虑有所加强。AVG 合成的一个重要问题是对于合成周期内 10%的有效比例,其经常只有 1~2 个用于平均的观测值数目,合成效果非常接近 MVC 算法(龙鑫等,2013)。

最佳指数边缘提取算法(BISE)(Viovy et al.,1992)认为 NDVI 序列中不协调突变可能是有云与无云状况转变或是观测几何导致视场角改变所导致。它通过滑动合成时段窗口来防止虚假最大值,可较好地识别和移除 BISE 时间序列噪声。BISE 方法对滑动窗口大小敏感,过小会包含大量的噪声,过大又会掩盖一些重要变化信息。Viovy 等(1992)对数据进行合成时,对不同滑动窗口进行比较后认为,选择 30 天作为滑动窗口比较理想。

随着对地表二向性反射建模的不断深入和发展,植被指数合成中的噪声移除技术也不断更新,基于 BRDF 模型角度归一化的植被指数合成算法越来越受到研究者的重视和关注(Huete et al.,2002; Duchemin and Maisongrande,2002)。该算法采用 BRDF 模型将合成周期内所有无云观测值逐波段逐像元拟合至某一照射条件下星下点等效反射率值，再计算得到合成值。角度归一化合成方法基于辐射传输模型，移除变化的太阳-目标-传感器几何条件影响。由于变化的观测几何是方向效应的主要来源，而且其他生物物理参数的反演模型都是基于星下点植被指数值，因此BRDF合成算法逐渐成为目前的主要发展和应用方向。例如，MODIS的16天合成植被指数产品MOD13，即采用该算法作为合成的主算法（Leeuwen et al.，1999）。然而BRDF算法受无云观测数目和云掩膜精度的影响较大，因此合成结果的精度和时间分辨率都受到很大的挑战。

4.2 模型与算法

4.2.1 植被指数构建

植被指数的理论基础来源于叶片典型光谱反射特征。由于光合作用主要成分的高吸收特点，蓝光（0.47 μm）和红光（0.67 μm）波段具有最大灵敏度，因此其在可见光中的反射能量非常低。受植被冠层结构（叶面积指数、叶倾角分布）的影响，近红外波段的能量大多被散射（反射和透射）而几乎很少被吸收，因此红光和近红外波段反射率的强烈对比是植被光谱最显著的特征。当植被冠层全覆盖条件下时，这种差异达到最大；而对于很少或无植被覆盖情况下，差异最小（图4.1）。在中低植被条件下，红光波段和近红外波段反射率的差异是它们共同变化的结果，而在较高的植被覆盖条件下，只有近红外波段反射率产生变化从而助于增加对比度。由于叶绿素的强吸收，红光波段已变得饱和。

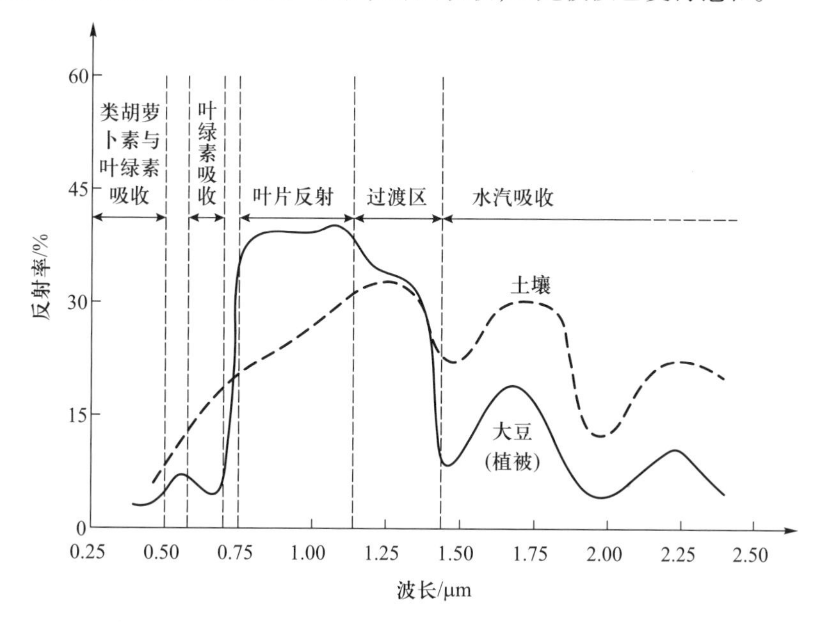

图4.1 植被与土壤反射光谱对比（据Tucker and Sellers，1986）

基于上述植被反射光谱特征，通常采用比值形式（近红外/红光）、差值形式（近红外-红光）、加权差值形式（近红外-k * 红光）、波段线性组合形式（k_1 * 红光+k_2 * 近红外）或以上的混合形式来量化植被红光与近红外波段反射率的差异，以提高植被监测的敏感度，植被指数正是作为衡量这种差异的度量指标而被构建。

1）归一化植被指数（NDVI）

GF-4 卫星的 NDVI 具体公式为

$$\mathrm{NDVI} = \frac{\mathrm{Band5} - \mathrm{Band4}}{\mathrm{Band5} + \mathrm{Band4}} \tag{4.10}$$

NDVI 最终结果为单波段产品，其相关元数据字段的完整列表如表 4.1 所示。

表 4.1 NDVI 产品规格

属性	值	属性	值
长名称	Normalized Difference Vegetation Index	有效范围	-10000~10000
短名称	NDVI	无效值	-32768
数据类型	Signed Int32	饱和值	20000
单位	光谱指数（波段比值）	比例因子	0.0001

2）增强型植被指数（EVI）

除了红光波段和近红外波段反射率值以外，EVI 公式中还包含调节植被冠层背景亮度的 L 值、G 值，大气阻力系数的 C_1、C_2 值和蓝光波段的反射率值。这些增强性的设置使得 EVI 在大多数情况下能够减少背景噪声、大气噪声和饱和性的影响。公式中背景调节参数 G、L 以及大气修正参数 C_1、C_2 通常设置为 2.5、1 和 6、7.5。

GF-4 卫星的 EVI 具体公式为

$$\mathrm{EVI} = 2.5 * \frac{\mathrm{Band5} - \mathrm{Band4}}{\mathrm{Band5} + 6 * \mathrm{Band4} - 7.5 * \mathrm{Band2} + 1} \tag{4.11}$$

EVI 最终结果为单波段产品，其相关元数据字段的完整列表如表 4.2 所示。

表 4.2 EVI 产品规格

属性	值	属性	值
长名称	Enhanced Vegetation Index	有效范围	-10000~10000
短名称	EVI	无效值	-32768
数据类型	Signed Int32	饱和值	20000
单位	光谱指数（波段比值）	比例因子	0.0001

3）土壤调节植被指数（SAVI）

SAVI 中的土壤背景调节参数 L 值通常定义为 0.5 以适应大多数的背景土壤类型。GF-4 卫星 SAVI 具体公式为

$$\mathrm{SAVI}=\frac{\mathrm{Band5}-\mathrm{Band4}}{\mathrm{Band5}+\mathrm{Band4}+0.5}*1.5 \tag{4.12}$$

SAVI 最终结果为单波段产品，其相关元数据字段的完整列表如表 4.3 所示。

表 4.3　SAVI 产品规格

属性	值	属性	值
长名称	Soil Adjusted Vegetation Index	有效范围	-10000~10000
短名称	SAVI	无效值	-32768
数据类型	Signed Int32	饱和值	20000
单位	光谱指数（波段比值）	比例因子	0.0001

4.2.2　植被指数产品合成

由于受大气、云等干扰因素的影响，从单一的观测图像中很难获得质量令人满意的植被指数结果；同时由于 GF-4 卫星在不同时刻成像时太阳角度相差较大、不同地区观测角度也有较大差别，地表非朗伯特性会影响传感器所观测到的反射率值，从而也会对不同时相、不同地区的植被指数计算结果的直接对比产生较大的偏差。因此，研究将采用 8 天或 16 天内的多时相观测数据来生成质量更高的植被指数合成产品。

1）最大值合成算法

最大值合成算法（MVC）选择合成周期内最大植被指数值作为合成结果，主要是为了消除包括残云在内的大气影响，其通用公式为

$$\mathrm{VI}=\max\left(\mathrm{VI}_i\right) \tag{4.13}$$

式中，VI_i 为合成周期内基于不同时相 GF-4 卫星图像所计算得到的植被指数结果，i 为时相序号。

2）BRDF 合成算法

由于 MVC 算法并没有考虑地表的非朗伯特性，因此对于各向异性明显的植被冠层 MVC 更易选择太阳角度更大的观测，从而使得结果出现空间不一致的问题。因此，基于 BRDF 模型的植被指数产品合成算法成为更好的选择。

BRDF 合成算法输入的数据包括 8 天或 16 天内(由于 GF-4 卫星采取以任务导向为主的巡航模式和凝视模式不定期切换观测方式,因此具体合成周期视原始数据获取频次而定)同一地区所有经过辐射定标和大气校正的地表反射率数据、图像的太阳和观测角度信息,以及对应的云掩膜、雪盖指数结果。不同图像之间需要进行地理配准,配准精度在 1 个像素以内。对于每个像元,若有效观测数量不足 5,BRDF 模型通常无法运行,因此在有效观测不为 0 的情况下,采用 MVC 合成结果作为最终的植被指数合成结果;若所有观测都为云或冰雪覆盖情况,则在最终的产品质量保证标签中标记合成失败,并在植被指数合成结果文件中给出反演失败的默认值。

当像元在合成时相内的有效观测大于等于 5,采用 Roujean 半经验核驱动 BRDF 模型将不同观测几何条件下的地表反射率归一化到星下点,以校正观测几何与地表非朗伯特性的影响。Roujean 模型中像元二向反射率可表示为

$$R(\theta,\vartheta,\phi)=f_{\mathrm{iso}}+f_{\mathrm{vol}}k_{\mathrm{vol}}(\theta,\vartheta,\phi)+f_{\mathrm{geo}}k_{\mathrm{geo}}(\theta,\vartheta,\phi) \tag{4.14}$$

式中,f_{iso},f_{vol},f_{geo}分别为各向同性散射核、体散射核和几何光学散射核的核系数。θ 为太阳天顶角;ϑ 为观测天顶角;ϕ 为相对方位角;$k_{\mathrm{vol}}(\theta,\vartheta,\phi)$为体散射核;$k_{\mathrm{geo}}(\theta,\vartheta,\phi)$为几何光学核。本研究中,体散射核采用 RossThick 核函数,几何光学核采用 LiSparse-R 核函数(孙越君等,2018)。

构建半经验核驱动 BRDF 模型的关键是利用足够数量不同角度的遥感反射率和相应的角度值拟合得到每个像元的核系数。本研究采用最小二乘的方法,通过最小化误差的平方和来寻找数据的最佳函数匹配,从而得到三个核系数。利用拟合得到各像元观测数据最优的核系数,通过核外推,即可求出在天顶观测角度下,太阳天顶角和相对方位角分别为 30°和 0°的标准化的反射率值。

基于归一化后的反射率能够计算得到各个植被指数结果。当出现以下情况时,则以 MVC 值作为最终的植被指数合成结果:①归一化反射率出现负值;②$VI_{\mathrm{BRDF}}> VI_{\mathrm{MVC}}+0.05$ 或 $VI_{\mathrm{BRDF}}< 0.3-VI_{\mathrm{MVC}}$。

3)质量保证

由于受输入图像的数量和质量、云雪像元比例和大气校正效果等的影响,植被指数合成往往无法实现所有像元都得到满意的结果。植被指数合成产品附带的质量保证文件即为使用者提供产品的质量描述,包括所采用的合成算法类型、结果是否异常等,从而令使用者可以更好地评估 GF-4 植被指数产品的质量。

质量保证文件为与植被指数合成结果同样大小的单波段栅格图像,其不同栅格值代表着不同含义。其中,由 BRDF 算法合成的结果可信度和质量最高,MVC 方法次之,而其他异常标签则为无效的结果。使用者通过对质量保证文件进行简单的统计,即可了解该产品的质量情况,判断是否满足其研究的任务要求,从而提高使用者在筛选数据产品时的效率。

植被指数合成产品最终结果为单波段植被指数结果和质量保证文件,植被指数结果的元数据字段完整列表和质量保证文件说明如表 4.4 和表 4.5 所示。

表 4.4 植被指数合成产品规格

属性	值	属性	值
短名称	NDVI_Com, EVI_Com, SAVI_Com	无效值	-32768
数据类型	Signed Int32	饱和值	20000
单位	光谱指数(波段比值)	比例因子	0.0001
有效范围	-10000 ~ 10000		

表 4.5 植被指数合成产品质量保证文件说明

像元值	含义
0	VI 结果由 MVC 算法合成
1	VI 结果由 BRDF 算法合成
99	合成失败或结果异常

4.3 算法实现

4.3.1 算法流程

1) 基于单幅图像的植被指数瞬时产品算法流程

适用于 GF-4 PMS 数据的植被指数瞬时产品算法以 GF-4/PMS 图像为输入数据,输出为 NDVI、EVI 和 SAVI 植被指数单波段文件,以及它们所对应的 XML 说明文件与 RPB 地理信息文件。

算法以 GF-4 PMS 地表反射率数据文件路径为输入,通过读取图像文件,得到蓝光波段反射率矩阵、红光波段反射率矩阵与近红外波段反射率矩阵。首先判断各波段反射率矩阵的大小是否一致,若一致,则进行后续计算;若不一致,则进行异常处理。逐像元(即矩阵中的元素)判断反射率数值是否在合理范围内,若反射率数值在合理范围内,则进行后续计算,若超出合法范围,则将该像元的输出结果设为无效值。根据各植被指数公式分别计算 NDVI、EVI 和 SAVI,判断数值是否在合理范围内,若计算结果数值超过最大阈值,则标记为饱和值;若在合理范围内,则保存计算结果。最后,输出 NDVI、EVI 和 SAVI 植被指数单波段文件,以及它们所对应的 XML 说明文件与 RPB 地理信息文件。

基于单幅图像的植被指数瞬时产品算法流程如图 4.2 所示。

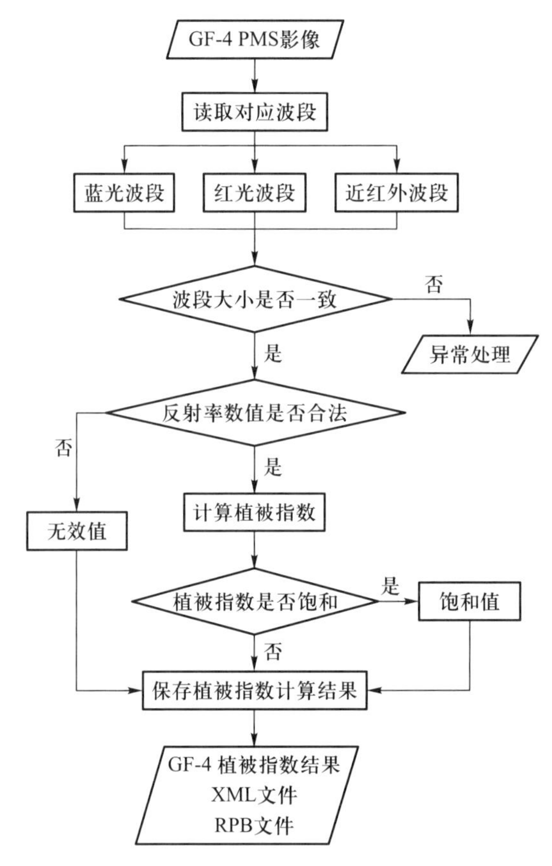

图 4.2 植被指数瞬时产品技术流程

2）基于多幅图像的植被指数合成产品算法流程

适用于 GF-4 PMS 数据的植被指数合成产品算法以同一地区多幅 GF-4/PMS 图像为输入数据,同时输入的还有图像对应的角度信息、云掩膜文件和雪盖掩膜文件。产品输出为 NDVI、EVI 和 SAVI 植被指数单波段文件、质量保证文件,以及它们所对应的 XML 说明文件与 RPB 地理信息文件。

算法以 GF-4 PMS 反射率数据文件组为输入,首先判断文件组中文件个数是否满足 BRDF 反射率校正要求,若满足,则通过 BRDF 模型将其校正到统一的观测几何条件下;若不满足,则直接调用 MVC 方法进行植被指数合成。在得到校正的反射率之后,逐像元(即矩阵中的元素)判断校正的反射率是否在合理范围内,若反射率数值在合理范围内,则进行后续计算;若超出合法范围,则以 MVC 计算结果作为该像元的初步合成值。之后,基于校正后反射率分别计算有效像元的 NDVI、EVI 和 SAVI,得到各像元 VI 初值。最后再对初值进行综合判断,同时记录每个像元所采用的合成方法。最后,输出 NDVI、EVI 和 SAVI 植被指数合成结果单波段文件、质量保证文件,以及它们所对应的 XML 说明文件与 RPB 地理信息文件。

根据 GF-4 卫星观测模式与数据特点,研究制定了基于多幅图像的植被指数合成产品的算法流程(图 4.3)。

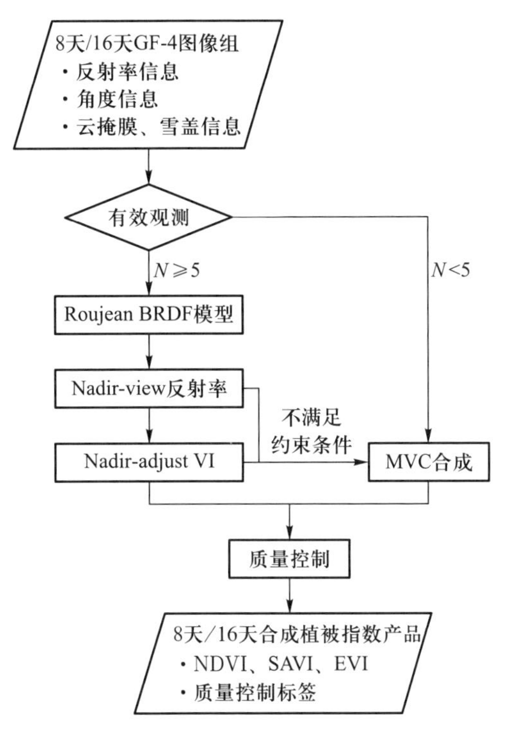

图 4.3 植被指数合成产品技术流程

4.3.2 算法伪代码

本节主要介绍植被指数的 6 种算法。算法的伪代码分别叙述如下。

1）植被指数瞬时产品

算法 1 计算 NDVI 植被指数
输入:GF-4 多光谱图像红光波段($m*n$),GF-4 多光谱图像近红外波段($m*n$)
输出:NDVI 计算结果($m*n$)

```
Function CalcNDVI(inputRed,inputNIR)
  // inputRed 为 GF-4/PMS 图像红光波段
  // inputNIR 为 GF-4/PMS 图像近红外波段
  red←GetBand(inputRed)
  nir←GetBand(inputNIR)
  status←0
  if sizeof(red) != sizeof(nir) then // 红光和近红外波段大小不一致
      status←-1 // 状态失败
      return 0
```

```
    end if
    for each pixel in red do
      if (red[m,n]>0) && (red[m,n]<10000) && (nir[m,n]>0) && (nir[m,n]<10000)
then //像元值在合理范围之内
          output[m,n]←ndvi←(nir[m,n]- red[m,n])/( nir[m,n]+ red[m,n]) * 10000
// 乘以系数转换为整型
          if (ndvi<0) then // 异常值的处理
            output[m,n]←0
          end if
          if (ndvi>10000) then
            output[m,n]←20000 // 饱和值
          end if
      else
        output[m,n]←-32768 //无效值
      end if
    end for
    exportfile(outputpath,output,outputparas) //输出图像
    exportXML(inputpath,outputpath,outputparas) //输出图像 xml 文件
    exportRPB(inputpath,outputpath,outputparas) //输出图像 rpb 地理信息文件
    status←1 // 状态成功
    return 0
End Function
```

算法2 计算EVI植被指数

输入:GF-4多光谱图像蓝光波段($m*n$),GF-4多光谱图像红光波段($m*n$),GF-4多光谱图像近红外波段($m*n$)

输出:EVI计算结果($m*n$)

```
  Function CalcEVI(inputBlue,inputRed,inputNIR)
    // inputBlue 为 GF-4/PMS 图像蓝光波段
    // inputRed 为 GF-4/PMS 图像红光波段
    // inputNIR 为 GF-4/PMS 图像近红外波段
    blue←GetBand(inputBlue)
    red←GetBand(inputRed)
    nir←GetBand(inputNIR)
    status←0
    if sizeof(red) !=sizeof(nir) ‖ sizeof(blue) != sizeof(nir) ‖ sizeof(red) !
=sizeof(blue) then // 三个波段大小不一致
```

```
        status←-1 // 状态失败
        return 0
    end if
    for each pixel in red do
        if (blue[m,n]>0) && (blue[m,n]<10000) && (red[m,n]>0) && (red[m,n]<
10000) && (nir[m,n]>0) && (nir[m,n]<10000) then //像元值在合理范围之内
          output[m,n]←evi←2.5 * (nir[m,n]- red[m,n])/( nir[m,n]+ 6 * red[m,
n]-7.5 * blue[m,n]+10000) * 10000 // 乘以系数转换为整型
          if (evi<0) then // 异常值的处理
            output[m,n]←0
          end if
          if (evi>10000) then
            output[m,n]←20000 // 饱和值
          end if
        else
          output[m,n]←-32768 //无效值
        end if
    end for
    exportfile(outputpath,output,outputparas) //输出图像
    exportXML(inputpath,outputpath,outputparas) //输出图像 XML 文件
    exportRPB(inputpath,outputpath,outputparas) //输出图像 RPB 地理信息文件
    status←1 // 状态成功
    return 0
End Function
```

算法 3 计算 SAVI 植被指数

输入:GF-4 多光谱图像红光波段($m * n$),GF-4 多光谱图像近红外波段($m * n$)

输出:SAVI 计算结果($m * n$)

```
Function CalcSAVI(inputRed,inputNIR)
    // inputRed 为 GF-4 /PMS 图像红光波段
    // inputNIR 为 GF-4 /PMS 图像近红外波段
    red←GetBand(inputRed)
    nir←GetBand(inputNIR)
    status←0
    if sizeof(red) != sizeof(nir) then // 红光和近红外波段大小不一致
```

```
        status←-1 // 状态失败
        return 0
    end if
    for each pixel in red do
        if (red[m,n]>0) && (red[m,n]<10000) && (nir[m,n]>0) && (nir[m,n]<10000)
then //像元值在合理范围之内
          output[m,n]←savi←1.5 * (nir[m,n]- red[m,n])/( nir[m,n]+ red[m,n]+
5000) * 10000 // 乘以系数转换为整型
          if (savi<0) then // 异常值的处理
            output[m,n]←0
          end if
          if (savi>10000) then
            output[m,n]←20000 // 饱和值
          end if
      else
          output[m,n]←-32768 //无效值
      end if
    end for
    exportfile(outputpath,output,outputparas) //输出图像
    exportXML(inputpath,outputpath,outputparas) //输出图像 XML 文件
    exportRPB(inputpath,outputpath,outputparas) //输出图像 RPB 地理信息文件
    status←1 // 状态成功
    return 0
End Function
```

2）植被指数合成产品

算法 4 8 天/16 天 NDVI 合成产品生产

输入：k 幅 GF-4 多光谱图像($m*n*4$)，角度信息，k 幅云掩膜($m*n$)，k 幅雪盖掩膜($m*n$)

输出：NDVI 合成结果($m*n$)、质量保证文件($m*n$)

```
 Function CompNDVI(inputImages,imageAngle,cloudImages,snowImages)
    // inputImages 为 GF-4 /PMS 图像组
    // imageAngle 为 GF-4 /PMS 图像组对应角度信息
    // cloudImages 为 GF-4 /PMS 图像组对应云掩膜文件组
    // snowImages 为 GF-4 /PMS 图像组对应雪盖掩膜文件组
    status←0
```

```
  num←Count(inputImages) // 图像组数量
  if num>=5 then
      ref←Getref_BRDF(inputImages,imageAngle) // 反射率归一化
   end if

   for each pixel in image do
     validnum←num-Count(cloudImages[m,n]) -Count(snowImages[m,n]) // 除去云和
冰雪像元的有效观测数
     ndvi_mvc←max((GetBand(inputImages,4)[m,n]-GetBand(inputImages,3)[m,
n])/( GetBand(inputImages,4)[m,n]+GetBand(inputImages,3)[m,n]) * 10000) // MVC
合成结果
        if   validnum==0 then // 无有效观测
          output1[m,n]←-32768 // 无效值
          output2[m,n]←99 //  异常值质量保证标签
        else if   validnum<5 then // MVC 合成方法
          output1[m,n]← ndvi_mvc
          output2[m,n]←0 // MVC 合成质量保证标签
          if (ndvi_mvc <0) then // 异常值的处理
            output1[m,n]←0
            output2[m,n]←99 // 异常值质量保证标签
          end if
          if (ndvi_mvc >10000) then
            output1[m,n]←20000 // 饱和值
            output2[m,n]←99 // 异常值质量保证标签
          end if
        else // BRDF 合成方法
            ndvi_brdf← (GetBand(ref,4)[m,n]-GetBand(ref,3)[m,n])/( GetBand
(ref,4)[m,n]+GetBand(ref,3)[m,n]) * 10000 //BRDF 合成结果
            if ((GetBand(ref,4)[m,n]>0) && ((GetBand(ref,3) [m,n]<10000) &&
((GetBand(ref,4) [m,n]>0) && ((GetBand(ref,3)[m,n]<10000) then //像元值在合理范
围之内
        output1[m,n]←ndvi_brdf
        output2[m,n]←1 // BRDF 合成质量保证标签
          if (ndvi_brdf<0) then // 异常值的处理
        output1[m,n]←0
        output2[m,n]←99 // 异常值质量保证标签
          end if
          if (ndvi_brdf >10000) then
```

```
      output[m,n]←20000 // 饱和值
      output2[m,n]←99 // 异常值质量保证标签
    end if
    if (ndvi_brdf > ndvi_mvc+500 ‖ ndvi_brdf < 3000-ndvi_mvc) then
      output1[m,n]←ndvi_mvc
      output2[m,n]←0 // MVC 合成质量保证标签
    end if
    else
        output1[m,n]←-32768 // 无效值
        output2[m,n]←99 // 异常值质量保证标签
    end if
  end if
end for

  exportfile(outputpath,output1,output2,outputparas) //输出图像、质量保证文件
  exportXML(inputpath,outputpath,outputparas) //输出图像 XML 文件
  exportRPB(inputpath,outputpath,outputparas) //输出图像 RPB 地理信息文件
  status←1 // 状态成功
  return 0
End Function

Function Getref_BRDF(images,sza,oza,raa)
  // 利用 BRDF 模型合成特定观测几何下的反射率
  // images 为 GF-4/PMS 图像组
  // sza 为太阳天顶角
  // oza 为观测天顶角
  // raa 为相对方位角
  num←Count(images) // 图像组数量
  image[k]←GetImage(images[k]) // 分别读取每个图像
  sza[k],oza[k],raa[k]←GetData(data) // 分别读取每个图像对应角度信息

  for (k=1; k<=num; k++) do //计算核函数
    brratio←1
    hbratio←2
    a0←arctan(brratio * tan(sza))
    b0←arctan(brratio * tan(oza))
    c0←arccos(cos(a0) * cos(b0)+sin(a0) * sin(b0) * cos(raa))
    d0←sqrt(tan(a0) * tan(a0)+tan(b0) * tan(b0)-2 * tan(a0) * tan(b0) * cos
(raa))
    temp←hbratio * sqrt(d0 * d0+(tan(a0) * tan(b0) * sin(raa)) * (tan(a0) * tan
(b0) * sin(raa)))/(1/cos(a0)+1/cos(b0))
```

```
    if temp>1 then
      t←arccos(1)
    else
      t←arccos(temp)
    end if
    o←(t-sin(t) * cos(t)) * (1/cos(a0)+1/cos(b0))/pi
    c←acos(cos(sza) * cos(oza)+sin(sza) * sin(oza) * cos(raa))

    k1[k] ←o-(1/cos(a0)+1/cos(b0))+(1+cos(c0))/(2 * cos(a0) * cos(b0)) //几
何光学核
    k2[k]←((pi/2-c) * cos(c)+sin(c)/cos(sza)+cos(oza)) * 4 * (1+1/(1+c/(1.5
* pi/180)))/(3 * pi)-1/3 //体散射核
     end for

     // 最小二乘拟合核系数
     for each pixel in image do
       xishu←Regress(pixel[m,n],k1,k2,1)
     end for

     // 给定角度,计算归一化反射率
     sza,oza,raa←30,0,0
     a0←arctan(brratio * tan(sza))
     b0←arctan(brratio * tan(oza))
     c0←arccos(cos(a0) * cos(b0)+sin(a0) * sin(b0) * cos(raa))
     d0←sqrt(tan(a0) * tan(a0)+tan(b0)
    * tan(b0)-2 * tan(a0) * tan(b0) * cos(raa))
     temp←hbratio * sqrt(d0 * d0+(tan(a0) * tan(b0) * sin(raa)) * (tan(a0) *
tan(b0) * sin(raa)))/(1/cos(a0)+1/cos(b0))
     if temp>1 then
       t←arccos(1)
     else
       t←arccos(temp)
     end if
     o←(t-sin(t) * cos(t)) * (1/cos(a0)+1/cos(b0))/pi
     c←acos(cos(sza) * cos(oza)+sin(sza) * sin(oza) * cos(raa))
  new_k1←o-(1/cos(a0)+1/cos(b0))+(1+cos(c0))/(2 * cos(a0)  * cos(b0)) //几
何光学核
  new_k2←((pi/2-c) * cos(c)+sin(c)/cos(sza)+cos(oza)) * 4 * (1+1/(1+c/(1.5 *
pi/180)))/(3 * pi)-1/3 //体散射核
```

```
    for each pixel in image do
      ref[m,n]←xishu[2][m,n] * new_k1+xishu[3][m,n] * new_k2+xishu[1][m,n]
    end for
    return ref
End function
```

算法5 8天/16天EVI合成产品生产

输入:k幅GF-4多光谱图像($m*n*4$),角度信息,k幅云掩膜($m*n$),k幅雪盖掩膜($m*n$)

输出:EVI合成结果($m*n$)、质量保证文件($m*n$)

```
Function CompEVI(inputImages,imageAngle,cloudImages,snowImages)
  // inputImages 为 GF-4/PMS 图像组
  // imageAngle 为 GF-4/PMS 图像组对应角度信息
  // cloudImages 为 GF-4/PMS 图像组对应云掩膜文件组
  // snowImages 为 GF-4/PMS 图像组对应雪盖掩膜文件组
      status←0
      num←Count(inputImages) // 图像组数量
      if num>=5 then
        ref←Getref_BRDF(inputImages,imageAngle) // 反射率归一化
      end if

      for each pixel in image do
        validnum←num-Count(cloudImages[m,n]) -Count(snowImages[m,n]) // 除去
云和冰雪像元的有效观测数
        evi_mvc←max((GetBand(inputImages,4)[m,n]-GetBand(inputImages,3)[m,
n])/( GetBand(inputImages,4)[m,n]+6 * GetBand(inputImages,3)[m,n]-7.5 *
GetBand(inputImages,2)[m,n]+10000) * 25000) // MVC 合成结果
        if validnum==0 then // 无有效观测
          output1[m,n]←-32768 // 无效值
          output2[m,n]←99 //  异常值质量保证标签
        else if validnum<5 then // MVC 合成方法
          output1[m,n]← evi_mvc
          output2[m,n]←0 // MVC 合成质量保证标签
          if (ndvi_mvc <0) then // 异常值的处理
            output1[m,n]←0
```

```
            output2[m,n]←99 // 异常值质量保证标签
          end if
          if (ndvi_mvc >10000) then
            output1[m,n]←20000 // 饱和值
            output2[m,n]←99 // 异常值质量保证标签
          end if
        else // BRDF 合成方法

evi_brdf← (GetBand(ref,4)[m,n]-GetBand(ref,3)[m,n])/( GetBand(ref,4)[m,n]+6
* GetBand(ref,3)[m,n]-7.5 * GetBand(ref,2)[m,n]+10000) * 25000 //BRDF 合成结果
         if ((GetBand(ref,4)[m,n]>0) && ((GetBand(ref,3) [m,n]<10000) &&
((GetBand(ref,4) [m,n]>0) && ((GetBand(ref,3)[m,n]<10000) && ((GetBand(ref,2)
[m,n]>0) && ((GetBand(ref,2)[m,n]<10000) then
    //像元值在合理范围之内
            output1[m,n]←evi_brdf
            output2[m,n]←1 // BRDF 合成质量保证标签
          if (evi_brdf<0) then // 异常值的处理
            output1[m,n]←0
            output2[m,n]←99 // 异常值质量保证标签
          end if
          if (evi_brdf >10000) then
            output[m,n]←20000 // 饱和值
            output2[m,n]←99 // 异常值质量保证标签
          end if
          if (evi_brdf > evi_mvc+500 ‖ evi_brdf < 3000-evi_mvc) then
            output1[m,n]←evi_mvc
            output2[m,n]←0 // MVC 合成质量保证标签
          end if
        else
          output1[m,n]←-32768 //无效值
          output2[m,n]←99 // 异常值质量保证标签
        end if
    end if
  end for

  exportfile(outputpath,output1,output1,outputparas) //输出图像、质量保证文件
  exportXML(inputpath,outputpath,outputparas) //输出图像 XML 文件
  exportRPB(inputpath,outputpath,outputparas) //输出图像 RPB 地理信息文件
  status←1 // 状态成功
  return 0
End Function
```

```
Function Getref BRDF(images,sza,oza,raa)
// 详见算法4中同名函数
  …
End function
```

算法6 8天/16天SAVI合成产品生产

输入:k幅GF-4多光谱图像($m*n*4$),角度信息,k幅云掩膜($m*n$),k幅雪盖掩膜($m*n$)

输出:SAVI合成结果($m*n$)、质量保证文件($m*n$)

```
Function CompSAVI(inputImages,imageAngle,cloudImages,snowImages)
  // inputImages 为 GF-4/PMS 图像组
  // imageAngle 为 GF-4/PMS 图像组对应角度信息
  // cloudImages 为 GF-4/PMS 图像组对应云掩膜文件组
  // snowImages 为 GF-4/PMS 图像组对应雪盖掩膜文件组
  status←0
  num←Count(inputImages) // 图像组数量
  if num>=5 then
    ref←Getref_BRDF(inputImages,imageAngle) // 反射率归一化
  end if

  for each pixel in image do
    validnum←num-Count(cloudImages[m,n]) -Count(snowImages[m,n]) // 除去云和
冰雪像元的有效观测数
    savi_mvc←max((GetBand(inputImages,4)[m,n]-GetBand(inputImages,3)[m,
n])/( GetBand(inputImages,4)[m,n]+GetBand(inputImages,3)[m,n]+5000) * 15000)
// MVC 合成结果
      if  validnum==0 then // 无有效观测
          output1[m,n]←-32768 // 无效值
          output2[m,n]←99 //  异常值质量保证标签
      else if validnum<5 then // MVC 合成方法
          output1[m,n]← savi_mvc
          output2[m,n]←0 // MVC 合成质量保证标签
          if (ndvi_mvc <0) then // 异常值的处理
            output1[m,n]←0
            output2[m,n]←99 // 异常值质量保证标签
          end if
```

```
      if (ndvi_mvc >10000) then
        output1[m,n]←20000 // 饱和值
        output2[m,n]←99 // 异常值质量保证标签
      end if
    else // BRDF 合成方法

savi_brdf← (GetBand(ref,4)[m,n]-GetBand(ref,3)[m,n])/( GetBand(ref,4)[m,n]+
GetBand(ref,3)[m,n]+5000)*15000 //BRDF 合成结果
      if ((GetBand(ref,4)[m,n]>0) && ((GetBand(ref,3) [m,n]<10000) && ((GetBand
(ref,4) [m,n]>0) && ((GetBand(ref,3)[m,n]<10000) then //像元值在合理范围之内
        output1[m,n]←savi_brdf
        output2[m,n]←1 // BRDF 合成质量保证标签
      if (savi_brdf<0) then // 异常值的处理
        output1[m,n]←0
        output2[m,n]←99 // 异常值质量保证标签
      end if
      if (savi_brdf >10000) then
        output[m,n]←20000 // 饱和值
        output2[m,n]←99 // 异常值质量保证标签
      end if
      if (savi_brdf > savi_mvc+500 || savi_brdf < 3000-savi_mvc) then
        output1[m,n]←savi_mvc
        output2[m,n]←0 // MVC 合成质量保证标签
      end if
      else
        output1[m,n]←-32768 //无效值
        output2[m,n]←99 // 异常值质量保证标签
      end if
    end if
  end for
    exportfile(outputpath,output1,output2,outputparas) //输出图像、质量保证文件
    exportXML(inputpath,outputpath,outputparas) //输出图像 xml 文件
    exportRPB(inputpath,outputpath,outputparas) //输出图像 rpb 地理信息文件
    status←1 // 状态成功
    return 0
  End Function
Function Getref_BRDF(images,sza,oza,raa)
// 详见算法 4 中同名函数
      …
End function
```

4.4 示例与分析

植被指数是最重要的遥感植被参数之一，在多个领域有着广泛的应用，例如：

- 年内和年际间植被监测
- 土地利用和土地覆盖变化
- 植被生物物理参数估算（LAI、FPAR、FVC）
- 植被净初级生产力和碳平衡估算
- 生物地球化学、气候和水文过程模拟
- 人为活动和气候变化检测
- 景观扰动（森林火灾、火山活动影响）
- 农业研究（长势监测、估产）
- 干旱研究

本节以单幅图像的植被指数生成和时序图像的植被指数合成产品为示例，对运用本章所述植被指数模型与算法生产的植被指数产品进行对比与分析。

4.4.1 基于单幅图像的植被指数对比分析

本节选择内蒙古和长江中游湖北西南部两景 GF-4 图像进行植被指数相关结果的计算。同时，选取同时刻过境的 Landsat 8 图像进行计算结果的交叉对比。选用的 GF-4 数据和 Landsat 8 数据基本信息如表 4.6 所示。

表 4.6 GF-4 与 Landsat 8 图像对基本信息表

图像对	传感器	日期	时间	太阳天顶角/(°)	太阳方位角/(°)	文件编号
内蒙古东北部	GF-4 PMS	2016年8月3日	11:45:46	61.29	173.68	GF4_PMI_E121.6_N45.0_20160803_L1A0000125826
	Landsat 8 OLI		10:33:24	33.02	143.49	LC81200282016216LGN00
湖北西南部	GF-4 PMS	2016年7月23日	8:10:21	31.49	84.4	GF4_PMI_E114.4_N30.6_20160723_L1A0000122810
	Landsat 8 OLI		10:56:17	23.73	110.18	LC81230392016205LGN00

为了使 GF-4 和 Landsat 8 图像对能够坐标重合与匹配，研究通过手动添加控制点的方式对 GF-4 图像进行了几何精校正，校正结果的均方根误差（RMSE）在 0.5 个像素以内，能够满足后续的对比研究要求。GF-4 影像预处理，包括辐射定标和大气校正由中国科学院遥感与数字地球研究所（现为中国科学院空天信息创新研究院）完成，Landsat

8 图像预处理通过 USGS 网站的数据处理服务平台①完成,从而直接得到经过大气校正的地表反射率产品。两地区的 GF-4 与 Landsat 8 标准假彩色合成图像如图 4.4 所示。

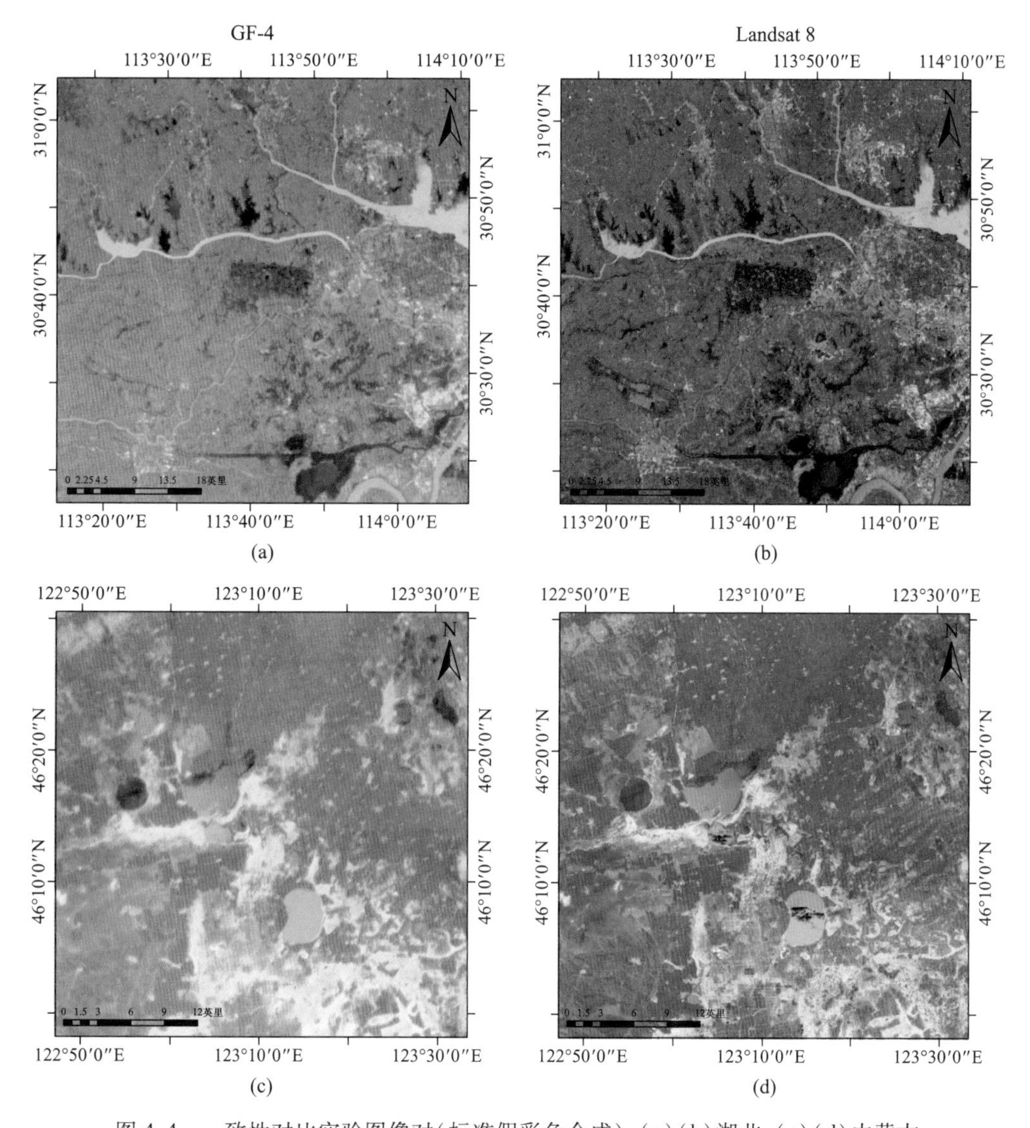

图 4.4 一致性对比实验图像对(标准假彩色合成):(a)(b)湖北;(c)(d)内蒙古

由于 GF-4 与 Landsat 8 图像的空间分辨率不同(分别为 50 m 和 30 m),因此无法直接进行点对点的像元结果对比,还需对空间分辨率较高的 Landsat 8 图像进行空间重采样到 50 m 以实现两者像元尺度的一致;升尺度重采样采用"像素融合"的方法,以便在最大程度上保留原始像元的信息。

① https://espa.cr.usgs.gov/ordering/new/

静止卫星成像时在中高纬地区具有明显的角度效应。角度效应会显著地影响传感器探测到的地表反射率结果,而 NDVI 等植被指数以及 LAI、FVC 等植被特征参数的计算与反演精度对于观测角度十分敏感,因此必须降低 GF-4 斜视成像带来的角度效应影响。本研究采用二次交叉辐射定标的方法,将同时刻或接近同时刻成像的 GF-4 与 Landsat 8 图像的地表反射率进行最小二乘拟合,建立两者的线性回归方程。此举一方面实现由倾斜观测到垂直观测的反射率角度效应校正,另一方面也降低和消除由于 GF-4 在绝对辐射定标过程中引入的误差。在中低纬地区和中高纬地区分别构建了 GF-4 地表反射率角度效应校正经验公式 $\rho_{GF-4-new}=a\times\rho_{GF-4-old}+b$,其回归系数如表 4.7 所示。

表 4.7 角度效应校正经验回归系数

波段	中低纬(湖北)		中高纬(内蒙古)	
	a	*b*	*a*	*b*
蓝	1.3179	2.4028	0.6071	136.6902
绿	1.3364	−308.945	0.6199	125.5735
红	1.3239	−375.6912	0.6018	114.1852
近红外	0.8449	−13.4359	0.5072	24.32132

在数据预处理的基础上计算 NDVI、EVI 和 SAVI,其中 EVI 与 SAVI 模型中的土壤和大气调节参数均取默认值。

一致性检验采用相关分析方法,在内蒙古和湖北两组图像对上各随机选取 5000 个像元,记录下像元位置上 GF-4 与 Landsat 8 不同植被指数的计算结果;剔除 NDVI 小于 0 的水体像元,从而得到 GF-4 与 Landsat 8 在各个植被指数上陆地像元的随机抽样结果,进而用于后续交叉对比验证。其中,内蒙古地区的 NDVI、SAVI 和 EVI 的一致性检验散点图如图 4.5 所示。校正后 GF-4 与 Landsat 8 植被指数结果的差值统计直方图如图 4.6 所示。

基于 GF-4 图像计算得到的各个植被指数总体上与 Landsat 8 具有较好的一致性,R^2 均接近 0.8。NDVI、SAVI 和 EVI 地表反射率校正前,GF-4 各植被指数计算结果略微偏高,经过校正后显著提高了一致性,散点均匀分布于 1 : 1 线两侧。静止卫星在中高纬度地区的观测天顶角更大,对于同样的植被情况,在斜视条件下光子穿过植被冠层的光程更长,因此传感器接收到的植被信号也更加强烈。

尽管总体上 GF-4 与 Landsat 8 计算得到的各植被指数一致性较好,但在部分特定像元处仍存在由于图像间地表反射率不一致带来的偏差,而这种偏差可能是由多种影响因素造成的。第一,GF-4 与 Landsat 8 传感器光谱响应函数的差异是造成偏差的最主要原因,GF-4 在红光波段的响应范围较 Landsat 8 更宽,因此其对大气水汽所带来的影响更加敏感,从而使得两者在红光波段上相同地物的反射率结果产生不同;其他各波段亦存在这些影响。第二,GF-4 与 Landsat 8 分别属于静止卫星和极轨卫星,卫星传感器在成像时太阳高度角和太阳方位角差异明显,由于植被指数具有明显的方向性特点,尽管研究考虑了角度效应的影响,进行了反射率经验校正,但其影响仍然无法完全消除。第三,图像的预处理诸如辐射定标和大气校正,以及由于不同空间分辨率带来的尺度转换操作也会带来误差的传递。

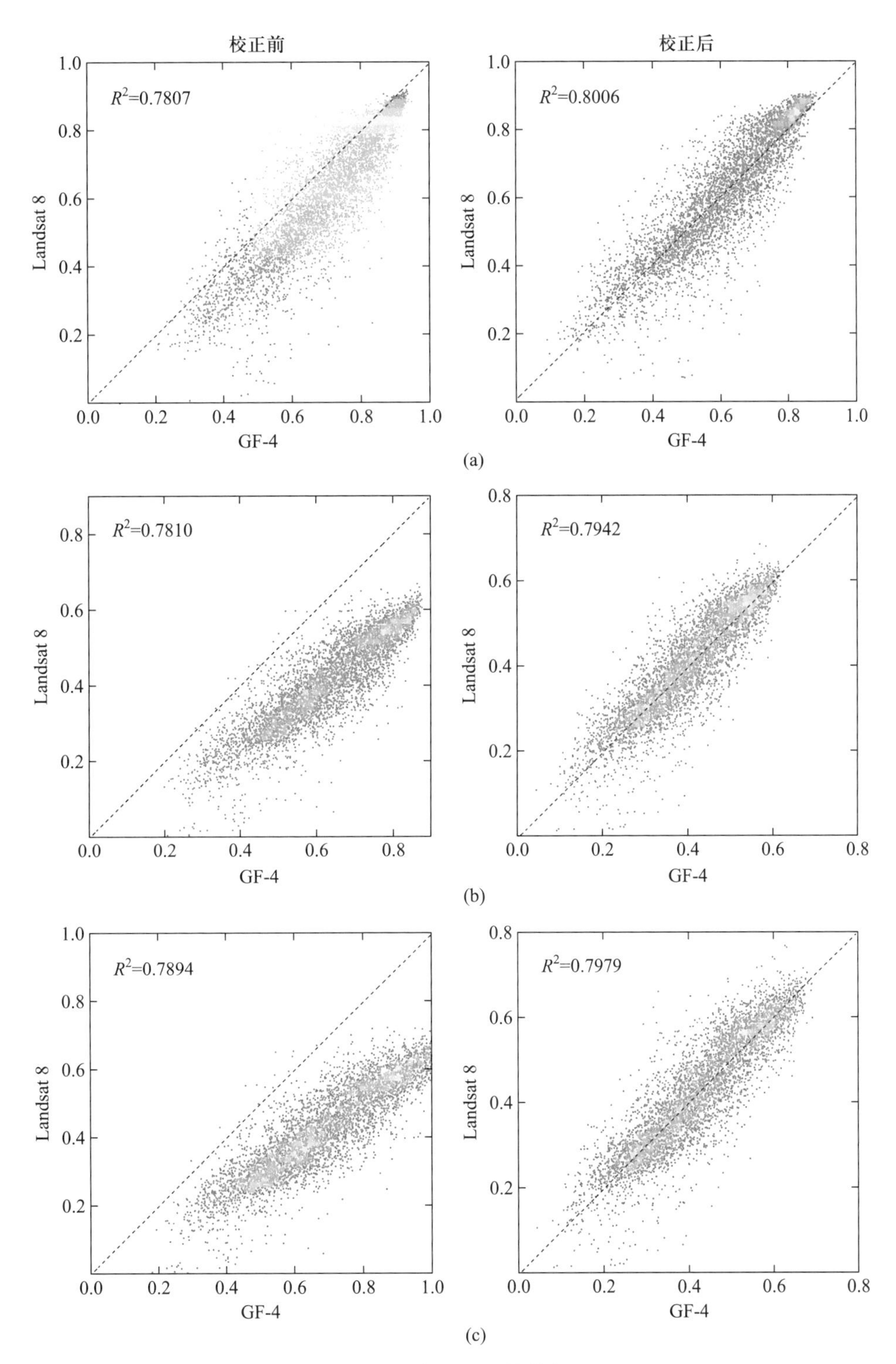

图 4.5 反射率校正前(左)和校正后(右)各植被指数散点图对比:(a)NDVI;(b)SAVI;(c)EVI

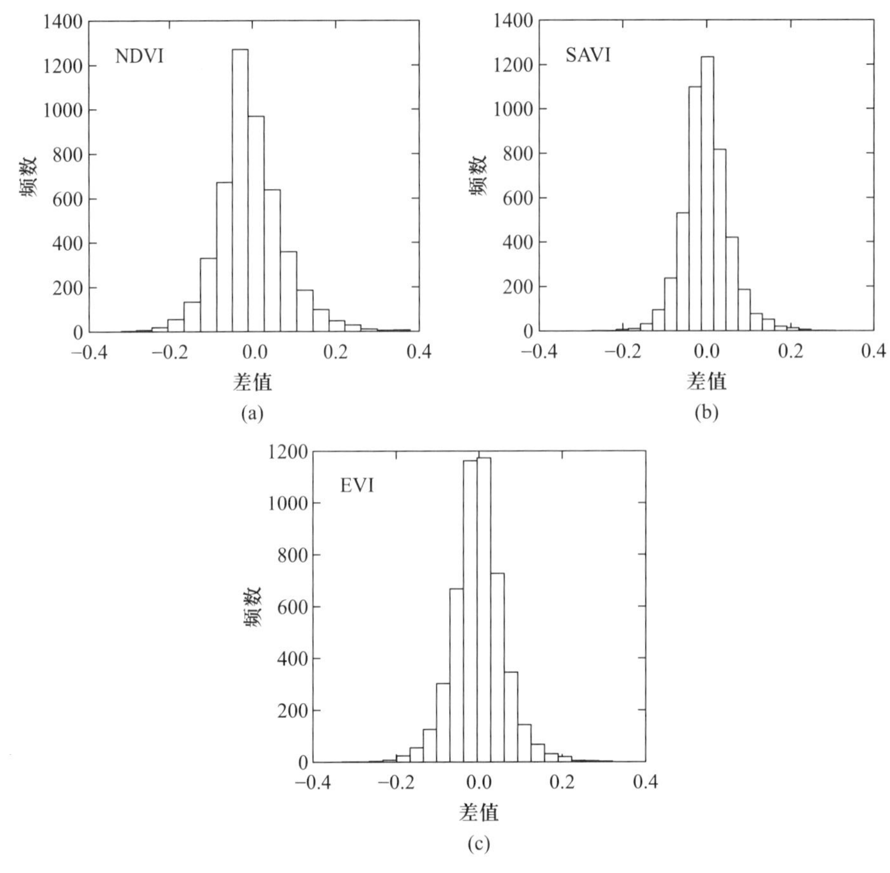

图 4.6 相对偏差频率分布直方图:(a)NDVI;(b)SAVI;(c)EVI

基于 GF-4 的 NDVI、SAVI 和 EVI 效果良好,与 Landsat 8 结果一致性较强。因此,上述三种植被指数模型均适合于 GF-4 遥感数据,并且能够成为 GF-4 卫星对地表植被监测和其他相关植被参数反演的基础。

4.4.2 基于时序图像的植被指数合成应用分析

GF-4 植被指数合成产品应用分析数据采用 2017 年 7 月 26 日卫星凝视观测模式下获取的长江下游浙、皖交界区域(黄山地区)图像,图像成像时间横跨 8:40—16:00,太阳天顶角变化范围为 12°~54°,观测天顶角均在 40°附近。图像中均无冰雪像元,云量约为 5%~30%不等。

由于利用 GF-4 图像自身提供的 RPB 文件几何校正的精度较低,同一地区不同成像时刻的图像无法完全地理匹配上(图 4.7),因此研究首先通过手动添加控制点的方式对植被指数合成所需的图像进行几何精校正。校正后的 RMSE 在 1 个像素以内,图像匹配良好(图 4.8)满足进一步合成要求。研究使用的部分图像如图 4.9 所示。

根据植被指数合成的算法流程计算得到 NDVI、SAVI 和 EVI 合成产品。为了分析植被指数合成效果,本研究将其与直接通过 MVC 合成的结果进行对比,如图 4.10~图 4.12 所示。

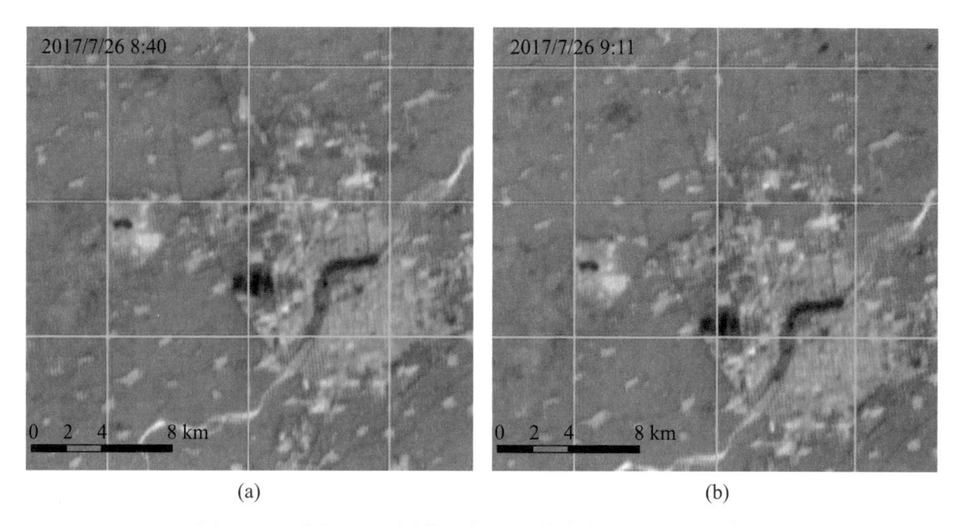

(a) (b)

图 4.7 不同 GF-4 图像几何配准前在方里网中的示意图

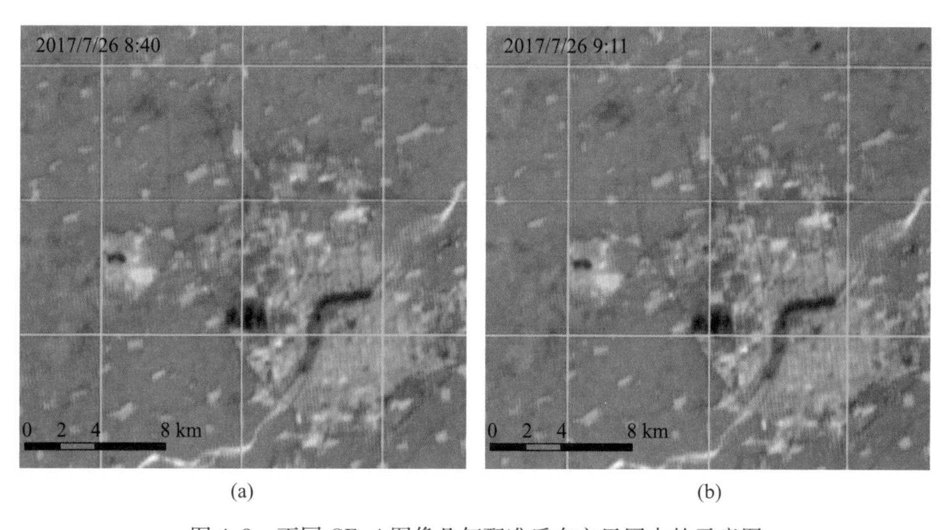

(a) (b)

图 4.8 不同 GF-4 图像几何配准后在方里网中的示意图

从上图可以看出,无论是 BRDF 方法还是 MVC 方法,都能利用时序观测图像基本解决云及云下阴影等污染带来的植被指数结果残缺的问题,提高植被指数产品结果的质量。NDVI 和 SAVI 合成结果的整体像元值分布较为接近,空间一致性较高。而在 EVI 合成结果中,图像东南区域值偏低,这主要是由于图像组中该区域多受薄云和大气气溶胶的污染,而蓝光波段受大气影响较大,大气校正无法完全消除该影响。

相较于 MVC 的合成结果,GF-4 植被指数合成所采用的 BRDF 方法更能突出植被疏密的细节,消除了 MVC 所带来的高覆盖地区结果偏高、甚至趋于饱和的影响。然而由于 BRDF 方法增加了对像元合成结果的质量分析,部分反演失败的像元利用 MVC 结果替代,因此在一定程度上影响了图像结果的连续性;另外,该方法受大气校正效果的影响较大,一旦出现大气校正失败的情况,BRDF 算法往往无法正确运行,从而便退化为了 MVC 的合成结果。

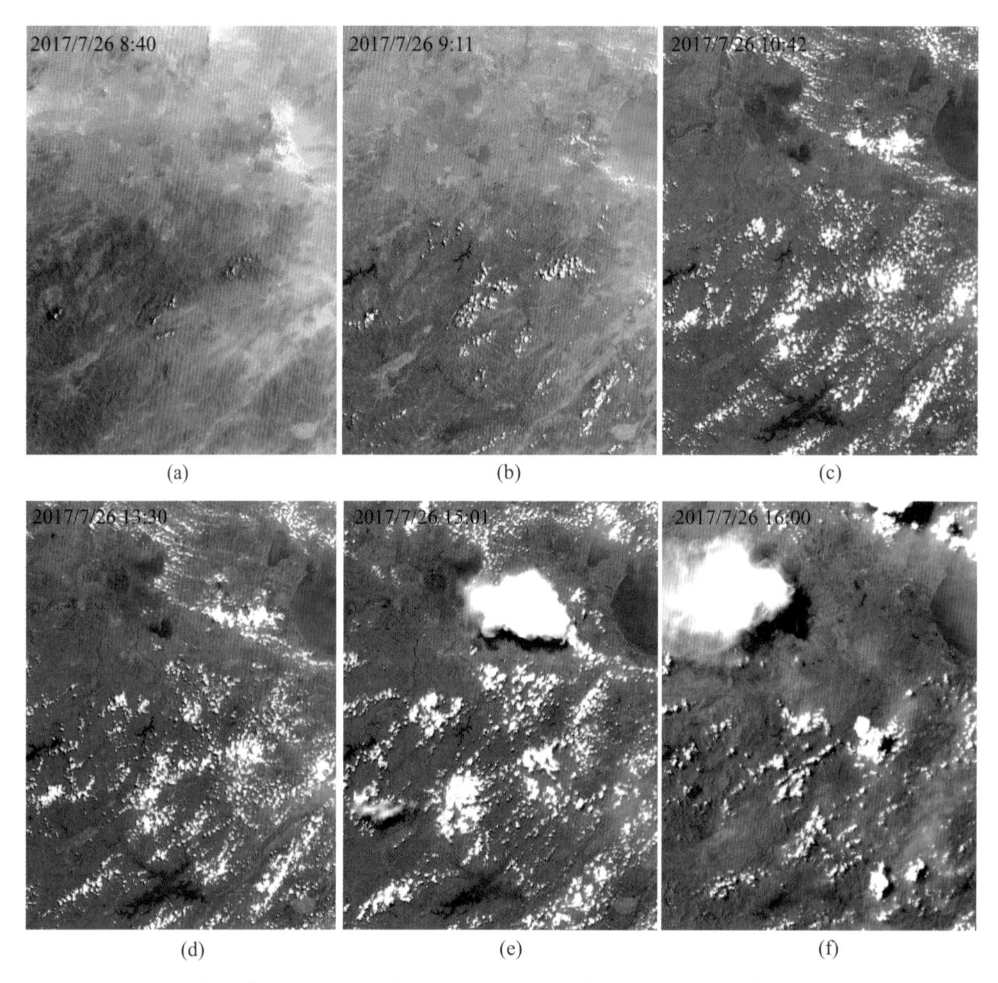

图 4.9 配准后黄山地区 2017 年 7 月 26 日 GF-4 凝视观测时序图像(假彩色合成)

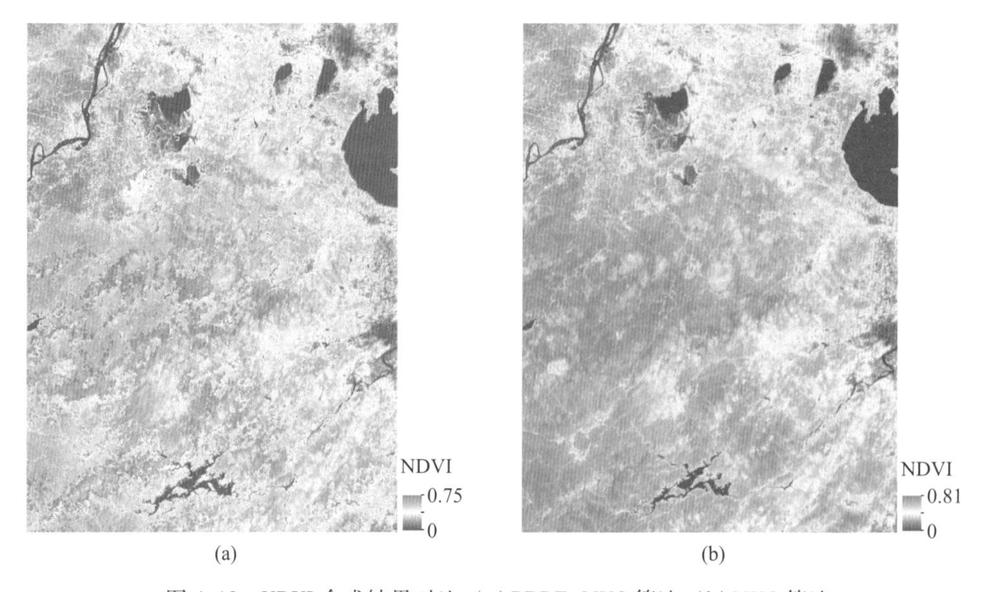

图 4.10 NDVI 合成结果对比:(a)BRDF-MVC 算法;(b)MVC 算法

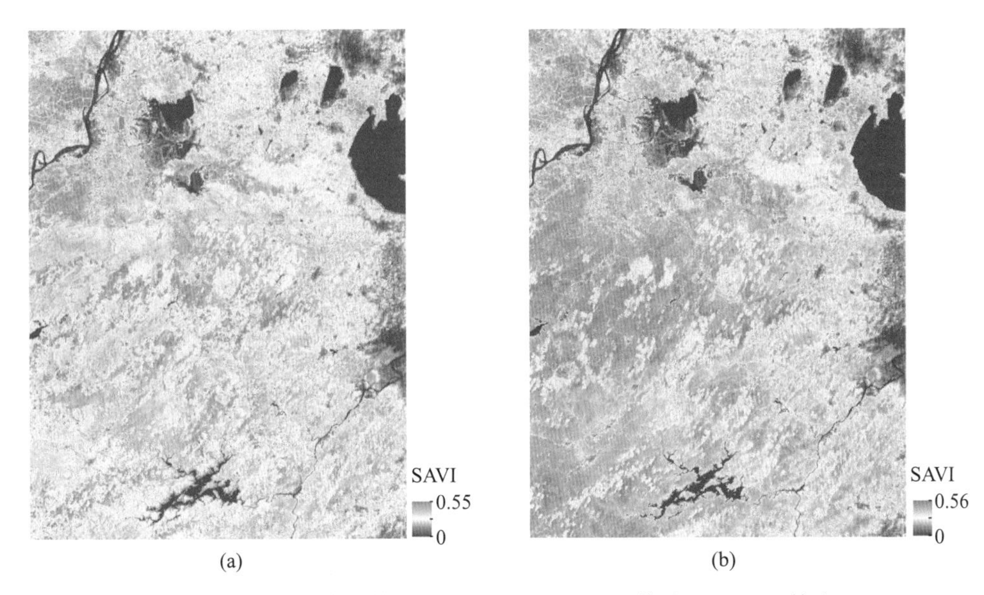

(a) (b)

图 4.11 SAVI 合成结果对比:(a)BRDF-MVC 算法;(b)MVC 算法

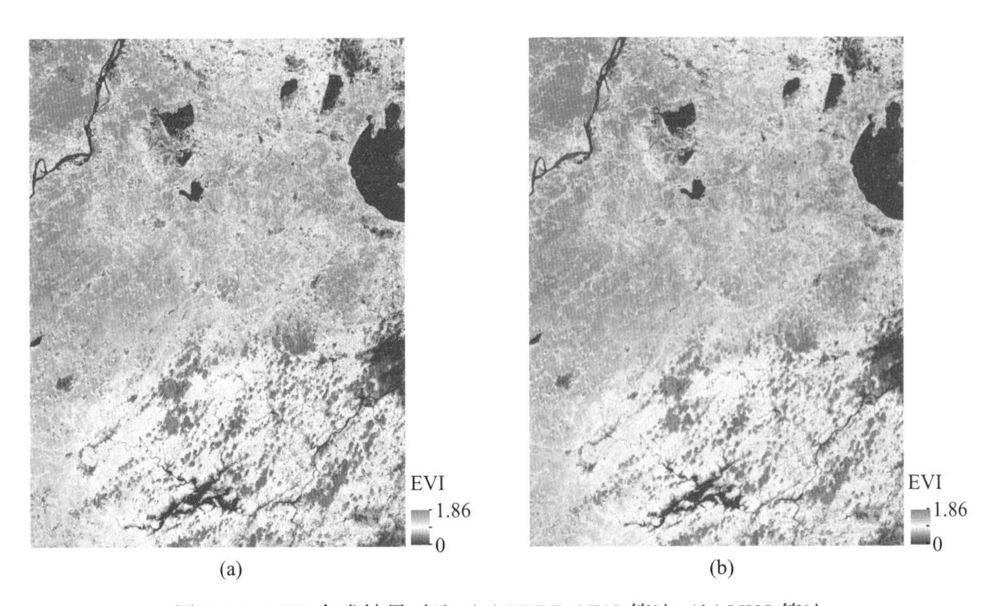

(a) (b)

图 4.12 EVI 合成结果对比:(a)BRDF-MVC 算法;(b)MVC 算法

参 考 文 献

龙鑫,李静,柳钦火 . 2013. 植被指数合成算法综述 . 遥感技术与应用,28(6):969-977.

梅安新,彭望琭,秦其明,刘慧平 . 2001. 遥感导论 . 北京:高等教育出版社 .

孙越君,汪子豪,秦其明,韩谷怀,任华忠,黄敬峰 . 2018. 高分四号静止卫星数据的地表反照率反演.遥感学报,22(2):220-233.

田庆久,闵祥军.1998.植被指数研究进展.地球科学进展,13(4):327-333.

卫炜 . 2015. MODIS 双星数据协同的耕地物候参数提取方法研究 . 中国农业科学院博士研究生学位论文 .

张仁华,饶农新,廖国男.1996.植被指数的抗大气影响探讨.植物学报,38(1):53-62.

Bannari A, Morin D, Bonn F and Huete A R. 1995. A review of vegetation indices. *Remote Sensing Reviews*, 13 (1-2):95-120.

Barbosa P M, Pereira J M C and Grégoire J M. 1998. Compositing criteria for burned area assessment using multitemporal low resolution satellite data. *Remote Sensing of Environment*, 65(1):38-49.

Cihlar J, Manak D and D'Iorio M. 1994. Evaluation of compositing algorithms for AVHRR data over land. *IEEE Transactions on Geoscience and Remote Sensing*, 32(2):427-437.

Clevers J G P W, Jong S M D, Epema G F, Meer F D V D, Bakker W H, Skidmore A K and Scholte K H. 2002. Derivation of the red edge index using the MERIS standard band setting. *International Journal of Remote Sensing*, 23(16):3169-3184.

Duchemin B and Maisongrande P. 2002. Normalisation of directional effects in 10-day global syntheses derived from VEGETATION/SPOT: I. Investigation of concepts based on simulation. *Remote Sensing of Environment*, 81 (1):90-100.

Holben B N. 1976. Characteristics of maximum-value composite images from temporal AVHRR data. *Internotional Journal of Remote Sensing*, 7(11):1417-1434.

Huete A R. 1988. A soil-adjusted vegetation index (SAVI). *Remote Sensing of Environment*, 25(3):295-309.

Huete A R, Didan K, Miura T, Rodriguez E P, Gao X and Ferreira L G. 2002. Overview of the radiometric and biophysical performance of the MODIS vegetation indices. *Remote Sensing of Environment*, 83(1-2):195-213.

Jackson R D. 1983. Spectral indices in *n*-space. *Remote Sensing of Environment*, 13(5):409-421.

Jordan C F. 1969. Derivation of leaf-area index from quality of light on the forest floor. *Ecology*, 50(4):663-666.

Kaufman Y J and Tanré D. 1992. Atmospherically resistant vegetation index (ARVI) for EOS-MODIS. *IEEE Transactions on Geoscience and Remote Sensing*, 30(2):261-270.

Kauth R J. 1976. The tasselled cap: A graphic description of the spectral-temporal development of agricultural crops as seen by Landsat. LARS Symposia, 41-51.

Kim M S, Daughtry C S T, Chappelle E W, Mcmutrey J E and Walthall C L. 1994. The use of high spectral resolution bands for estimating absorbed photosynthetically active radiation (A par). Proceedings of 6th International Symposium on Physical Measurements and Signatures in Remote Sensing, 299-306.

Leeuwen W J D V, Huete A R and Laing T W. 1999. MODIS vegetation index compositing approach. *Remote Sensing of Environment*, 69(3):264-280.

Liu H Q and Huete A. 1995. A feedback based modification of the NDVI to minimize canopy background and atmospheric noise. *IEEE Transactions on Geoscience and Remote Sensing*, 33(2):457-465.

Major D J, Baret F and Guyot G. 1990. A ratio vegetation index adjusted for soil brightness. *International Journal of Remote Sensing*, 11(5):727-740.

Meyer D, Verstraete M and Pinty B. 1995. The effect of surface anisotropy and viewing geometry on the estimation of NDVI from AVHRR. *Remote Sensing Reviews*, 12(1-2):1736-1751.

Qi J, Chehbouni A, Huete A R, Kerr Y H and Sorooshian S. 1994. A modified soil adjusted vegetation index. *Remote Sensing of Environment*, 48(2):119-126.

Qi J and Kerr Y. 1997. On current compositing algorithms. *Remote Sensing Reviews*, 15(1-4):235-256.

Richardson A J and Wiegand C L. 1977. Distinguishing vegetation from soil background information. *Photogrammetric Engineering and Remote Sensing*, 43(12): 1541–1552.

Rouse J W J, Haas R H, Schell J A and Deering D W. 1974. Monitoring vegetation systems in the Great Plains with ERTS. *NASA Special Publication*, 35(1): 309.

Tapp P D and Siwak C T. 1994. The use of high spectral resolution bands for estimating absorbed photosynthetically active radiation (A par). Proceedings of Symposium on Physical Measurements and Signatures in Remote Sensing, 415–434.

Tucker C J and Sellers P J. 1986. Satellite remote sensing of primary production. *International Journal of Remote Sensing*, 7(11): 1395–1416.

Vancutsem C, Bicheron P, Cayrol P and Defourny P. 2007. An assessment of three candidate compositing methods for global MERIS time series. *Canadian Journal of Remote Sensing*, 33(6): 492–502.

Viovy N, Arino O and Belward A S. 1992. The Best Index Slope Extraction (BISE): A method for reducing noise in NDVI time-series. *International Journal of Remote Sensing*, 13(8): 1585–1590.

第5章

植被覆盖度建模与反演

植被不仅为人类提供必需的食物与氧气，也在生物地球化学循环、地表能量交换与水文循环中扮演重要角色，是连接土壤圈、大气圈与水圈的纽带。植被覆盖度(fractional vegetation coverage,FVC)是描述自然界植被覆盖状况的一个十分重要的参数，也是定量遥感常反演的参数之一。它与气候因子、土壤湿度和地表温度之间相互影响，在全球变化研究中的作用极为显著，是许多现有水文模型、气候模型、蒸散模型以及水土流失方程的重要输入参数(李苗苗等,2004)。传统植被覆盖度主要靠人工采样方法测得，效率低下且费时费力，而遥感技术具有覆盖范围广、时效性强、成本低、效率高等优势，对于人类无法涉足的原始森林、荒漠等区域更是有着传统方法无法企及的快速观测优势，也是现阶段针对大区域(如洲际、全球)问题进行研究的最合适、最有效的手段，因此植被覆盖度的遥感估算一直是国内外学者研究的热点。

本章重点讨论植被覆盖度建模与反演，其中第5.1节介绍当前关于植被覆盖度的研究现状，对植被覆盖度测量方法进行总结和归纳；第5.2节主要阐述经典的植被覆盖度反演方法和基于时间序列影像的植被覆盖度反演方法；第5.3节给出在GF-4卫星陆表产品中所使用的植被覆盖度算法的详细流程和结构；第5.4节基于地面数据和无人机数据对算法进行验证。

5.1 研究现状

目前最常用的植被覆盖度的定义为植被(包括枝、茎、叶)在地面垂直投影的面积与统计区总面积的比例(Gitelson et al.,2002;Purevdorj et al.,1998,章文波等,2001)。该定义中的基准面为“地面”，因此在有坡度的区域测量植被覆盖度时，垂直投影应定义为垂直坡面而非竖直向下。另外，由于统计区域可能存在非植被地类，所以对于同一片植被来说，植被覆盖度会根据统计区域范围的不同而变化(胡良军和邵明安,2001)。植被覆盖度与叶面积指数(leaf area index,LAI)分别从水平密度(Gutman and Ignatov,1998)与垂直密度(李小文和王锦地,1995)方面描述了植被的生长状况,两者都是常用的植被指标。精确测定地表植被覆盖度是许多领域发展的需要,经过数十年的发展,现有监测方法总体可分为两大类:地面测量方法与遥感测量方法(陈云浩等,2001)。

地面测量方法曾经一度是植被覆盖度测量的主要方法,主要包括目估法、采样法与仪器法(Liang et al.,2012)。早在1974年,Mueller-Dombois描述了植被覆盖度地面测量的一般方法(Ellenberg and Mueller-Dombois,1974),其中最简单的便是目估法。该方法主要通过测量者的肉眼观察结合自身经验直接判断测量区域的植被覆盖度(章文波等,2001),不需要借助任何仪器,但是因为主观性太强,有学者对该方法进行了改进:首先将研究区划分成若干样方,然后目估每个样方的植被覆盖度,最后取平均值,使得估算更加容易,精度也有所提高(张云霞等,2003)。采样法为传统目估法的改进,该方法通过各种采样方法获得样方内植被出现的概率(赵春玲等,2000;Zhou et al.,1998;章文波等,2001),将其作为研究样地的植被覆盖度。该方法操作较复杂且测量周期长,但是可以获得较高的精度(Liang et al.,2012)。随着技术的进步,一些学者开始尝试利用仪器进行植被覆盖度测量并获得成功,由此发展出仪器法,该方法通过使用仪器测量并提取与植被或背景相关的信息,进而求得植被所占测量区域的比例(Zhou,1996;Zhou and Robson,2001;White et al.,2000;Gitelson et al.,2002)。常用的仪器设备有空间定量计、移动光量计、数码相机等。该方法操作相对来说比较方便,野外测量效率较高,并具备一定测量精度。在这些地面测量方法中,照相法所用设备简单,易于操作,测量效率高并且比较客观、准确,至今仍被广泛地应用于植被覆盖度的野外测量中,Zhou和Robson(2001)使用数字相片和光谱纹理分类器得到草地植被覆盖度。Gitelson等(2002)利用数码相机估算美国内布拉斯加州的小麦植被覆盖度。White等(2000)对各种植被覆盖度测量技术进行了比较,认为照相法是最容易最可靠的遥感信息验证技术。章文波等(2001)利用自制的观测架对野外植被小区进行观测,并利用照相法的结果评价目估法的精度。路炳军等(2007)将绿色硬纸裁剪成叶片大小模拟自然植被的分布,使用照相法对模拟的场景拍照并估算植被覆盖度,结果表明,计算机分类结果与目视解译加和差距不大,误差在5%以内,具有较高的精度。王志伟将照相法和计算机图像处理技术相结合,开发出VC-DAS实时植被覆盖度测量工具,该装置可以自动获取相机所拍摄的图像并对其进行二值处理,提升了测量效率。照相法是遥感植被覆盖度反演结果精度检验的主要地面真值的来源(李苗苗,2003)。

随着无人机(unmanned airial vehicle, UAV)技术的不断发展,将数码相机搭载至无人机上来获取区域内的数码影像比传统人工手持数码相机效率更高。随着大量数码相机相关的测量技术和图像处理方法的提出,测量精度不断提高,这种方式已经被越来越多地用在植被覆盖度野外测量试验中。刘峰等(2014)将数码相机安装在无人驾驶飞行器上,对北京周边的园地植被覆盖度进行估算。无人机的使用可以使照相法的拍摄高度进一步提高,观测作物种类可扩大至乔木。无人机测量的结果可为植被覆盖度反演提供真实性检验的数据,也可以作为机器学习方法的训练和验证数据使用。在局部小区域内,无人机或者小飞机摄影测量已经逐渐成为获得区域植被覆盖度分布的重要实时测量手段。

无论是将数码相机搭载至无人机还是直接在地面测量,利用照相法获取地面植被覆盖度都需要两个步骤:第一步,利用数码相机采集野外观测数据;第二步,使用算法从观测数据中计算采样点的植被覆盖度信息。经过若干年发展,现有提取植被覆盖度的方法大致可分为基于像元分解模型的方法、基于植被指数模型的方法和基于机器学习的方法三种。

5.1.1 基于像元分解模型的方法

混合像元分解法认为,传感器接收到的信息(波段或者植被指数)是由不同端元组分相互作用叠加而成(张良培和童庆禧,1997),可以进行混合像元分解,其中植被组分所占的比例即为所求的植被覆盖度。目前从算法上可以分为线性分解与非线性分解两种,线性分解认为,不同地物组分之间是相互独立的,而非线性分解则是在线性分解的基础上进一步考虑了组分间的相互作用,可以认为线性分解是非线性分解的一个特例。两者的目的都在于准确提取各个组分在混合像元中所占的比例(van der Meer,1999),并且无论采用线性分解还是非线性分解,都需要合理选取端元的数量与类型,以完成遥感探测信号到植被物理参数之间的转换,这是影响组分比例分解精度的关键所在(Lu et al.,2003;Lu and Weng,2004;Xiao and Moody,2005)。在现有的方法中,研究最多、应用最广泛、相对来说比较成熟的是线性光谱混合模型(Leprieur et al.,1994;Zribi et al.,2003;江洪等,2006;刘玉安等,2012;廖春华等,2012)。该模型以遥感获得的 NDVI 为基础,假设每一个像元都只有植被与非植被两种成分,按照线性加权混合构成,其中由植被贡献的比例即为植被覆盖度。然而研究区域内纯净植被像元与纯净裸土像元(即纯净土壤像元)的 NDVI 值往往具有很大的不确定性,因此在现有基于该模型的研究中,大部分都在着力解决纯净像元的选取问题。有学者通过在像元所在地理位置的一定区域内选取 NDVI 的最大值和最小值来获得(李苗苗等,2004)。Qi 等(2000)通过多时相高分辨率数据来确定 $NDVI_{veg}$ 与 $NDVI_{soil}$,但是在植被密集区域很难找到纯净土壤像元,并且常用遥感数据为中等或者粗分辨率卫星数据,所以该方法难以进行大范围推广应用。牛宝茹等(2005)引入高分辨率数据来实现从 TM 影像上提取植被覆盖度信息,同样也存在这一问题。李苗苗等(2004)引入土地利用图与土壤类型分布图,针对 Landsat TM 影像采用给定置信度与置信区间的方法来确定 $NDVI_{veg}$ 与 $NDVI_{soil}$,在一定程度上提高了模型精度与适用性。Sellers 等(1996a,b)认为,对于某个地区的遥感影像,尤其是中低分辨率遥感影像,纯净植被像元的 NDVI 值要比这一区域最小的 NDVI 值高 2%~5%,而纯净土壤像元的 NDVI 值则要低 2%~5%。Gutman 等认为,对季节性植被生长的地区做全年观测,理想情况下可以同时获取这一地区的 NDVI 最大值与最小值;通过进行全球尺度分析发现,实际上很难找到纯植被或者纯裸土的情况(Gutman and Ignatov,1998)。Xiao 等则是假设在研究区域内存在纯净植被与纯净土壤像元,采用回归反演的方法求解 $NDVI_{veg}$ 与 $NDVI_{soil}$,获得了较好效果(Xiao and Moody,2005)。江淼等(2011)做了与 Xiao 等同样的假设,首先采用回归模型法获取整个区域初始植被覆盖度分布图,然后采用最小二乘算法来求解研究区域内的 $NDVI_{veg}$ 与 $NDVI_{soil}$ 值,最后应用像元二分模型提取改进后的植被覆盖分布信息,在新疆古尔班通古特沙漠南缘的石河子地区取得了较好应用效果。王天星等(2012)引入土地覆盖分类信息辅助进行端元选取,精度比传统方法有所提高。穆西晗等采用多角度观测信息认为,观测角度越大越接近浓密植被,观测天顶角越小越接近纯裸土,利用有限信息进行拓展得到纯植被与纯裸土的NDVI值(Mu et al.,2015)。总之,纯植被与纯裸土NDVI值的确定对于混合像元分解模型至关重要,目前还没有非常成熟、可靠的提取植被覆盖度方法,这也是应用该模型时的研究重点。

5.1.2 基于植被指数模型的方法

该方法也称为统计模型法,通过选择对植被信息敏感的遥感波段、波段组合或植被指数,在野外实测数据的支持下构建经验统计回归模型,进而推广用于整个研究区域。目前主要有线性回归模型法与非线性回归模型法。Eastwood等(1997)首先计算了5种植被指数——ARVI(atmospherically resistant vegetation index)(Kaufman and Tanre,1992)、ASVI(atmospheric and soil vegetation index)(Qi et al.,1994b)、GEMI(global environmental monitoring index)(Pinty and Verstraete,1992)、MSAVI(modified soil adjusted vegetation index)(Qi et al.,1994a)和NDVI,然后利用SE-590分光辐射度计测得的植被覆盖度数据与它们分别进行线性回归分析,MSAVI与GEMI的回归效果较好。Gitelson等则认为,基于MODIS数据的可见光大气阻抗指数(visible atmospherically resistant index,VARI)与小麦地植被覆盖度具有较好的线性关系(Gitelson et al.,2002)。然而大部分学者则认为,NDVI与植被覆盖度之间的线性回归关系最为稳定且计算简单,因此被广泛采用(Hurcom and Harrison,1998;Choudhury et al.,1994;Xiao and Moody,2005)。还有一些学者直接使用遥感数据的单波段或多波段信息与植被覆盖度建立线性回归关系,例如,Graetz等(1988)以澳大利亚南部为研究区,采用Landsat MSS的第5波段与植被覆盖实测值建立线性关系;Shoshany等(1996)采用TM的前4个波段,模型的相关系数可达0.88;North(2002)采用的是ATSR-2遥感数据的4个波段(555 nm、670 nm、870 nm和1630 nm),并认为相对于使用单一波段或者单一植被指数,使用多波段组合方式构建的模型的精度较高。也有学者采用非线性的形式进行回归分析,最常被采用的非线性运算为幂运算与高次多项式运算,其中Purevdorj等构建了植被指数与植被覆盖度之间的二次函数方程(李晓松等,2011;Purevdorj et al.,1998;Gillies et al.,1997;Dymond et al.,1992)。回归模型法在局部研究区域能够获得较高精度,并且构建简单、易于操作实现,但是所建模型对实测数据要求较高,还受到地域限制,因而不具备普遍意义,一般难以推广应用。

植被指数法是统计模型法的主要应用,其通过选择那些被普遍认为与植被覆盖度存在良好且稳定相关关系的植被指数,在先验知识与实验的支持下直接建立固定的经验转换关系,用来近似估计植被覆盖度,因而不需要再利用实测数据进行回归分析。Choudhury等(1994)认为,植被覆盖度与归一化后的植被指数之间存在平方的关系,Gillies与Carlson等采用不同的数据与方法也都得到这一平方关系(Gillies et al.,1997;Carlson and Ripley,1997),认为该关系可以用来近似估算植被覆盖度。还有一些研究表明,植被覆盖度与植被指数之间的相关关系非常强烈,但是随地类不同而有所变化,为线性或非线性(Ormsby et al.,1987;Li et al.,2005),也有学者指出,实际反演过程中可能会存在两个植被覆盖度相差不大的区域,因为植被类型等差异造成植被指数值不同,则利用植被指数法估算得到的植被覆盖度相差较大(Glenn et al.,2008),针对这一问题,一些学者指出,可以引入反映植被类型的平均叶倾角信息来提高植被覆盖度反演精度(Anderson et al.,1997)。另外,有些应用只要求得到植被覆盖度的等级分布而并不要求获得准确的植被覆盖度值,针对这些应用,部分学者尝试以植被指数或植被指数变形为参量,通过设置若干个阈值实现研究区域植被覆盖度的等级划分。杨胜天等(2002)通过研究 NDVI 影像与植被覆盖度之间的关系,设置 NDVI 分割阈值,将研究区的植被覆盖度划分为 4 个等级:高覆盖度类型(>75%)、中高覆盖度类型(60%~75%)、中覆盖度类型(45%~60%)和低覆盖度类型(<45%),Al-Abed 等(2000)对 NDVI 影像进行变换后将植被覆盖度划分为 0%、20%、40%、60%、80%和 100% 6 个等级,苏琦等(2010)利用 TM 影像将大庆市的植被覆盖度划分成 5 个等级,并基于长时间序列进行了分析。相对于回归模型法,植被指数法无须实测数据支撑即可进行植被覆盖度反演,所建模型往往具备一定的普遍意义,在研究清楚模型的适用条件之后,一般可以作为通用植被覆盖度计算方法大范围推广应用;但针对某一局部研究区域,该方法估算得到的植被覆盖度结果可能不如采用回归模型法估算得到的结果准确。

5.1.3 基于机器学习的方法

机器学习法是近几年来随着机器学习理论的逐渐成熟而发展起来的。它的基本原理是先利用先验知识进行训练,然后从观测数据中提取潜在的有用信息和知识,将复杂的人类判断过程通过一系列中间节点的系数体现出来。目前应用比较广泛的是决策树分类法和人工神经网络法。现有部分测量植被覆盖度的产品就是用上述方法进行生产的(Baret et al.,2006,2013;Camacho et al.,2013;Smith,1993;Roujean and Breon,1995;Roujean and Lacaze,2002)。Boyd 等(2002)在同一个研究区对比分析了植被指数法、回归模型法与人工神经网络法,认为人工神经网络法精度最好。陈涛等(2010)则认为,人工神经网络法仅在山区估算精度较高。决策树分类法是通过将经验知识嵌入到一系列树结构的判断节点中,进而实现问题的分析与解决。Hansen 等(2002)将 AVHRR 和 MODIS 遥感数据的红光波段、近红外波段反射率和 NDVI 作为输入值建立决策树,并成功估算了非洲中部乔木的覆盖度,在赞比亚西部省区估算乔木的覆盖度也得到了不错的结果。Goetz 等(2003)利用 IKONOS 高分辨率遥感影像,也证明了决策树分类法比较适合估算乔木植被覆盖度。Rogan 等(2002)结合多时相光谱混合分析方法与建好的决策树进行植被覆盖度的反演,精度可达 76%左右。虽然人工神经网络法物理含义并不明确,但是在有充足的实测数据做训练数据集的情况下,反演结果能够获得较高的精度,因此该方法具有较好的发展潜力与发展前景。

综上所述,在现有算法中,混合像元分解法与植被指数法是目前应用比较广泛且相对比较成熟的方法,但是这两种方法都需要确定纯净植被与纯净土壤的植被指数值,目前的做法是通过 NDVI 影像直方图统计结果结合先验知识确定，但是该方法很难准确地指定纯净植被与纯净土壤在 NDVI 直方图中的位置。另外，从某一地区的长时间序列 NDVI 影像出发来确定 $NDVI_{min}$ 和 $NDVI_{max}$ 的研究还相对比较少，遥感影像数据的积累将为这一领域提供数据支撑。GF-4 卫星具有高时空分辨率、大幅宽、多光谱的特点，开展基于该卫星遥感数据的植被覆盖度反演研究，不仅有望提高现有植被覆盖度产品的精度，也能提高其时空分辨率。因此本章将从遥感影像的时间序列影像出发，以现有经典反演方法为基础，阐述植被覆盖度反演原理，并根据 GF-4 卫星影像特点，提出基于时间序列影像的植被覆盖度反演方法。

5.2 原理与建模

5.2.1 经典植被覆盖度反演方法

1）像元二分法

像元二分模型认为，传感器对地观测获得的遥感信息是混合像元，每个混合像元是由不同类型的地物电磁波信号的混合叠加，为对这一过程进行线性简化，假定像元是由纯净植被与纯净背景土壤两种端元信号按照各自面积比例进行的线性叠加。由于 NDVI 能较好地反映地表植被的生长状况，所以在实际操作中往往采用 NDVI 代替单一波段的地表反射率表示传感器所探测到的地表遥感信息，如下式所示：

$$NDVI_x = F_{cover} \times NDVI_{veg} + (1 - F_{cover}) \times NDVI_{soil} \tag{5.1}$$

式中，$NDVI_x$ 为传感器观测到的影像上的 NDVI 值，$NDVI_{veg}$ 与 $NDVI_{soil}$ 分别为纯植被像元与纯裸土像元的 NDVI 值，F_{cover} 为植被覆盖度，$1-F_{cover}$ 为裸土覆盖度。

对公式进行变换，得到覆盖度的求解公式：

$$F_{cover} = \frac{NDVI_x - NDVI_{soil}}{NDVI_{veg} - NDVI_{soil}} \tag{5.2}$$

一些植被指数（如 NDVI）与植被覆盖度之间存在着良好的相关关系，传统植被指数法根据这些关系对植被覆盖度直接进行估算。

2）植被指数法

很多学者采用不同的数据与研究方法都发现，F_{cover} 与 NDVI 的归一化结果之间存在较好的平方关系，目前这一关系被广泛地认可并应用（黄健熙等，2005；杨亮亮等，2019）：

$$F_{\text{cover}} = \left(\frac{\text{NDVI}_x - \text{NDVI}_{\text{soil}}}{\text{NDVI}_{\text{veg}} - \text{NDVI}_{\text{soil}}} \right)^2 \tag{5.3}$$

由上述模型公式可知,两种植被覆盖度反演方法都需要已知完全植被覆盖与全裸土覆盖状态的 NDVI 值,在实际应用中经常假定在一定范围的遥感影像内,存在全植被覆盖与全裸土覆盖的像元。对于某一地区,植被覆盖及长势越好,NDVI 值就越大;反之,NDVI 值就越小。假定影像区域有丰富的地物覆盖,且存在植被全覆盖与无植被覆盖的区域,通过统计该地区的 NDVI 值分布,可以认为 NDVI 值较小的区域即为纯净土壤所对应的区域,NDVI 值较大的区域则为纯净植被覆盖的区域;并假设忽略由植被类型差异造成的全植被覆盖像素之间植被指数值的差异,也忽略由土壤类型差异造成的全裸土覆盖像素之间植被指数值的差异,则 NDVI 直方图中累计频率到达较小值的时候,所对应的 NDVI 值即为该地区纯净土壤的 NDVI 值,而累计频率到达较大值的时候,所对应的 NDVI 值即为该地区纯净植被的 NDVI 值,这样可以有效去除直方图两端可能存在问题的像素。根据经验,累计频率设置为 3%和 97%,将 NDVI 直方图累计频率 3%的 NDVI 数值作为 $\text{NDVI}_{\text{soil}}$,NDVI 直方图累计频率 97%的 NDVI 数值作为 NDVI_{veg}。

5.2.2 基于时间序列的植被覆盖度反演方法

本节针对 GF-4 卫星影像长时间序列、大幅宽的观测特点,引入红光-近红外二维光谱特征空间,结合不同地物在二维光谱特征空间中的分布规律,构建新型植被覆盖度反演算法,直接基于红光波段时间序列和近红外波段时间序列提取纯净植被与纯净土壤端元,进而进行植被覆盖度反演。

基于时间序列影像的植被覆盖度算法首先对影像进行预处理,获取地表红光和近红外反射率数据,然后建立时间序列合成红光-近红外二维光谱特征空间。然后基于坐标系转换的思路提取纯净端元 NDVI 值,并将提取出来的端元 NDVI 值代入植被覆盖度计算公式中,得到影像的植被覆盖度。整体技术流程如图 5.1 所示。

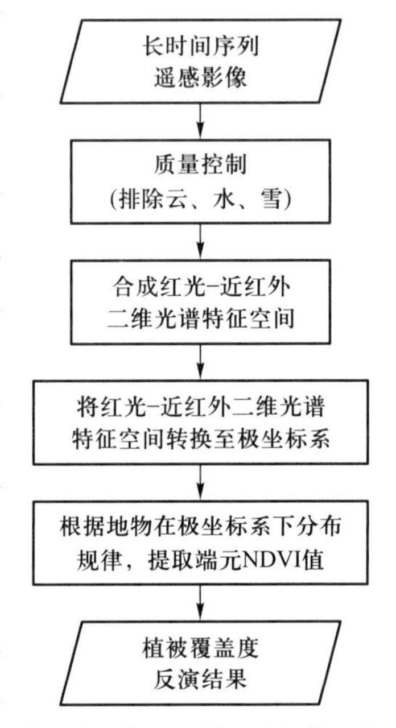

图 5.1 基于时间与空间信息的植被覆盖度优化算法总体流程

由于 GF-4 遥感影像覆盖范围较大,包含的地物类型比较丰富,因此假设覆盖一定的地理范围的遥感影像内存在完全植被覆盖的像元,也同时存在完全无植被覆盖的像元。对于某一研究区域,可以认为所有像元所对应纯净植被像元的植被指数值是相同的,并且所有像元所对应纯净土壤像元的植被指数值也是相同的。如果能够通过一定的算法找到这些纯净植被与纯净土壤的像元,就可以在不用引入其他覆盖度产品的情况下反演获得植被覆盖度,减少人工干预的步骤,实现自动化处理,这也是前文中传统植被覆盖度反演方法求取纯净植被与纯净土壤植被指数值的方法。但是该思路存在两个问题:①采用设定直方图累计频率阈值的方法确定纯净端元像素,在实施过程中不仅受人为因素影响较大,并且直方图累计频率统计过程中的采样间隔设置将会造成原始影像中部分信息的缺失,进而可能会造成纯净端元像素提取错误。②对于某一个地区,其植被覆盖会随季节变化,使得某些时相(如北半球冬季)上获取的遥感影像的纯净端元像素缺失或者不易提取。

为了解决第一个问题,本节将引入红光-近红外二维光谱特征空间(图 5.2),辅助进行纯净端元像素的提取,该特征空间是原始影像像素信息的完整保留,其构建过程是一个无损变换,并不会造成任何像素信息的丢失。前人研究表明,在红光-近红外二维光谱特征空间中,地物的散点分布呈现三角形,三角形的顶点附近为纯净植被覆盖的像素,三角形顶点所对的边为土壤线,无植被覆盖的像素都分布在土壤线上,可以借助该特征空间进行纯净端元的提取。

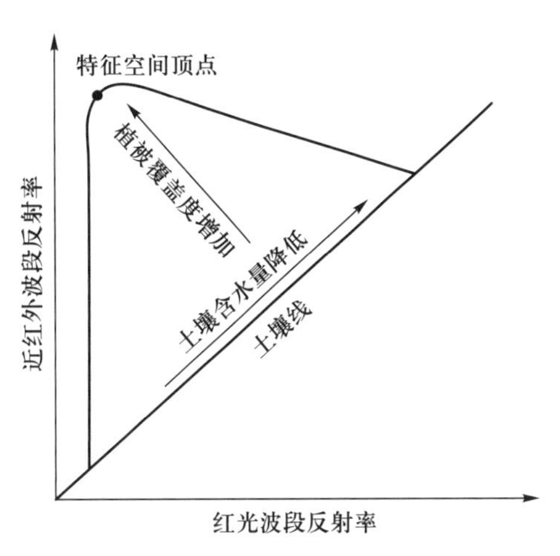

图 5.2 红光-近红外二维光谱特征空间示意图

为解决第二个问题,在构建红光-近红外二维光谱特征空间时,不单采用某一个单一时相的研究区域的遥感影像,而是采用该研究区域一个完整植被生长周期的全部遥感影像,这样可以最大限度地构建较为完整的二维光谱特征空间,进而提取较为准确的纯净端元像素。

根据植被覆盖度反演模型公式[式(5.1)和式(5.3)],NDVI 相等的像元的植被覆盖度值是相等的,将 NDVI 的计算公式[式(5.4)]改写为式(5.5)所示的形式,该公式表明在红光-近红外二维光谱特征空间中,过原点的一组射线为等 NDVI 线,即等植被覆盖度线。

$$\mathrm{NDVI}=\frac{\mathrm{NIR}-\mathrm{Red}}{\mathrm{NIR}+\mathrm{Red}} \tag{5.4}$$

$$\mathrm{NIR}=\frac{1+\mathrm{NDVI}}{1-\mathrm{NDVI}}*\mathrm{Red} \tag{5.5}$$

在该二维光谱特征空间中,纯净植被像素分布在“三角形”顶点位置处,所对应的像素位置比较确定,比较容易进行提取;而对于纯净土壤像素,理论上需要进行土壤线的计算才能计算纯净土壤的 NDVI 值,这就引入了一个新的问题,即在提取纯净土壤端元像素的植被指数值时需要提取土壤线。而实际的红光-近红外二维光谱特征空间由于受到云、居民地等像素的影响,土壤线往往受噪声像素影响较大,给准确识别与提取造成困难,并且非常难以实现程序自动化提取。

由上面的分析可知,如果土壤线的截距为 0,土壤线即为最小植被覆盖度所对应的等 NDVI 线,随着等 NDVI 线与红光波段反射率轴(x 轴)之间夹角的增大,植被覆盖度也会逐渐增大,这符合极坐标系的特点。若利用这一变化规律,将二维光谱特征空间的散点图从笛卡儿坐标系变换至极坐标系下,将会降低端元像素的提取难度。

如果土壤线过原点,则土壤线与等 NDVI 线(等植被覆盖度线)重合,那么只需要计算任意一个位于土壤线上的点的 NDVI 值,即可确定纯净土壤像素的 NDVI 值。从二维光谱特征空间中可以看出,影响土壤线提取的噪声点主要分布在土壤线的中下部,可以设计算法避开这一区域,直接从土壤线的“大值端”提取纯净土壤的 NDVI 值。具体实施步骤如下所述。

采用公式(5.6)和公式(5.7)进行笛卡儿坐标系与极坐标系之间的转换,经过转换之后,整个光谱特征空间形态由“三角形”变为“四边形”,纯净植被与纯净土壤端元像素分别分布在“四边形”的两个顶点附近,土壤线附近的噪声点较为集中地分布在“四边形”区域之外,因此在极坐标系下能够有效避开噪声点对土壤线的影响。

$$\theta = \arctan\left(\frac{\mathrm{NIR} + \Delta\mathrm{NIR}}{\mathrm{Red}}\right) \tag{5.6}$$

$$\rho = \sqrt{\mathrm{Red}^2 + (\mathrm{NIR} + \Delta\mathrm{NIR})^2} \tag{5.7}$$

式中,NIR 为近红外波段反射率,Red 为红光波段反射率,θ 为极坐标系下任意一点按逆时针方向与极轴之间的夹角(角坐标),ρ 为极坐标系下任意一点到极点的距离(半径坐标),ΔNIR 为保证土壤线过原点的调整量,不同地区因土壤类型差异,土壤线可能不过原点,通过这个参数可进行微调。

通过分析对比不同地物在笛卡儿坐标系二维光谱特征空间中与极坐标系二维光谱特征空间中的分布规律发现,纯净植被像素在极坐标系下到极轴的夹角(θ_{veg})与到极点的距离(ρ_{veg})都比较大,因此在提取植被端元像素时,首先将所有像素的 θ 和 ρ 相加,对求和结果进行排序之后,从具有最大和的点开始寻找,找到在满足“非离群”状态下具有最大 $\theta+\rho$ 值的点,该像素点即为纯净植被端元(其中“非离群”定义为以该点为中心、半径为 0.05 的圆内至少存在 3 个像素)。

对于纯净土壤像素,其与极点之间的距离(ρ_{soil})和纯净植被像素与极点之间的距离大致相等,但是与极轴之间的夹角应该较小(θ_{soil})。根据这两个特征提取时,首先查找 ρ 值在 $\rho_{\mathrm{veg}}\pm0.02$ 之内的所有像素点(给 ρ 一定的浮动范围以避免提取到异常值或者离群点),然后对这些像素点按照 θ 值进行排序,从具有最小 θ 值的像素点开始查找,找到在满足“非离群”状态下具有最小 θ 值的点,该像素点即为纯净土壤端元(其中“非离群”定义为以该点为中心、半径为 0.02 的圆内至少存在 3 个像素)。

5.3 算法实现

5.3.1 算法介绍

基于 GF-4 多光谱遥感影像高频次、大幅宽的数据特点以及植被覆盖度产品快速生产的实际应用需求,选择像元二分模型法、植被指数法和 FVC-时间序列法进行植被覆盖度的估算与相关产品生成，并重点探讨纯净植被与纯净土壤的植被指数阈值的选取与经验设定，以及静止卫星影像的端元选取问题。在此基础上，结合 GF-4 卫星的高时间分辨率特征，发展基于遥感影像的时间与空间算法进行更加高精度的植被覆盖度反演。基于像元二分模型法、植被指数法的算法流程图如图 5.3 所示。

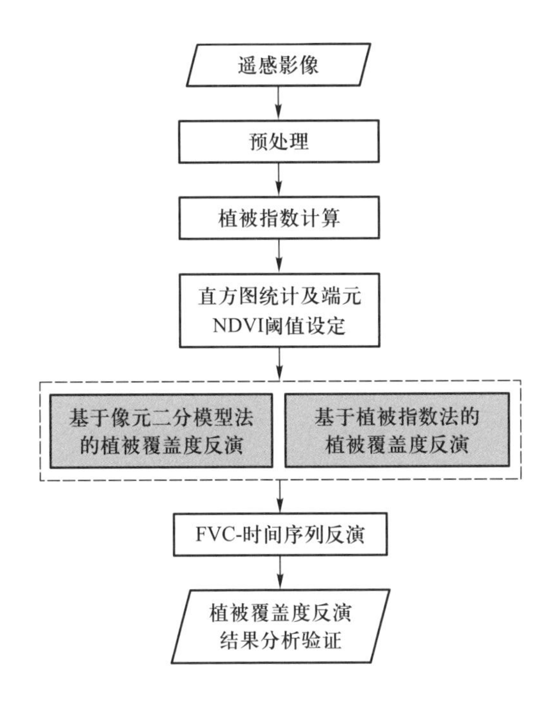

图 5.3 植被覆盖度研究技术路线

算法首先获取地面实测数据、无人机数据和同步的 GF-4 卫星数据，并对数据进行大气校正等预处理。再针对 GF-4 卫星的单景数据应用不同的植被覆盖度模型，以适应 GF-4 卫星不同观测角度的情况。然后利用同一地域的时间序列图像进行植被覆盖度反演。最后利用实测数据和无人机数据进行植被覆盖度算法的精度验证。将优选的经验模型和时空信息算法模型在 C#环境下集成，形成反演插件并进行软件测试。

5.3.2 伪代码

本节介绍 FVC 的 3 种算法。

算法 1 计算植被覆盖度 FVC-像元二分模型法

输入：植被指数影像路径($m*n$)，植被截止频率，土壤截止频率

输出：FVC 计算结果($m*n$)

```
Function CalcFVC_dich(inputpath,freSoil,freVeg)
    //freSoil 为土壤的截止频率,为百分数;freVeg 具有对应的意义
```

```
    img←GetImg(inputpath) //注释,该句为赋值
    status←0
    [MinMaxNDVI,vi,MinMaxBin,Histogram,cuHistogram] ← GetHistogram(img) //得到植被指数影像的统计值、直方图和累计直方图
    [freSoilVI,freVegVI] ← GetValue(cuHistogram,freSoil,freVeg) //得到截止频率阈值对应的两个端元 VI 值
    for each pixel in img do
    if (pixel[m,n]>0) && (pixel[m,n]<10000) then
   //像元值在合理范围之内
    output[m,n]←fvc←(pixel[m,n]-freSoilVI)/(freVegVI-freSoilVI)*10000 //连接上一行,乘以系数转换为 short 型
    if (fvc<0) then //异常值的处理
      output[m,n]←0
    end if
    if (fvc>10000) then
      output[m,n]←10000
    end if
    else
    output[m,n]←-32768//填充值
    end if
    end for
    exportfile(outputpath,output,outputparas)//输出影像
    exportXML(inputpath,outputpath,outputparas) //输出影像 XML 文件
    exportRPB(inputpath,outputpath,outputparas) //输出影像 RPB 地理信息文件
  Return 0
  End Function

  Function GetHistogram (img,ref MinMaxNDVI,ref vi,ref MinMaxBin,ref Hist,ref cuHist) //统计直方图信息,获得影像的统计量
    Img←Processimg(img)//将 img 数据格式转换为适合统计直方图的形式
  for each pixel in img do
    Hist[pixel]++
  end for
  [minNDVI,maxNDVI]←getMinMax(img)
  cuHist[0]=Hist[0]
  for (i=1;i<maxvalue;i++) do
    cuHist[i]=Hist[i-1]+Hist[i] //得到累计直方图
  end for
  if (minNDVI > 2000 ||minNDVI < 0) then
    minNDVI ← 2000 //如果 NDVI 值分布太过偏离,则利用默认值替代
```

```
End if
if (maxNDVI < 8600 ||maxNDVI > 10000) then
  maxNDVI ← 8600 //如果 NDVI 值分布太过偏离,则利用默认值替代
End if
MinMaxNDVI←[minNDVI,maxNDVI]
Return 0
End Function
```

算法 2 计算植被覆盖度 FVC-植被指数法

输入:植被指数影像矩阵($m*n$),植被截止频率,土壤截止频率

输出:FVC 计算结果($m*n$)

```
Function CalcFVC_vi(inputImg,freSoil,freVeg)
    //freSoil 为土壤的截止频率,为百分数;freVeg 具有对应的意义
    img←GetImg(inputImg) //注释,该句为赋值
    status←0
    [MinMaxNDVI,vi,MinMaxBin,Histogram,cuHistogram] ← GetHistogram(img)//得
到植被指数影像的统计值、直方图和累计直方图
    [freSoilVI,freVegVI] ← GetValue(cuHistogram,freSoil,freVeg) //得到截止频
率阈值对应的两个端元 VI 值
    for each pixel in img do
    if (pixel[m,n]>0) && (pixel[m,n]<10000) then
  //像元值在合理范围之内
    output[m,n]←fvc←植被指数法公式计算 FVC //乘以系数转换为 short 型
    if (fvc<0) then //异常值的处理
      output[m,n]←0
    end if
    if (fvc>10000) then
      output[m,n]←10000
    end if
    else
    output[m,n]←-32768//填充值
    end if
    end for
    exportfile(outputpath,output,outputparas)//输出影像
    exportXML(inputpath,outputpath,outputparas) //输出影像 XML 文件
    exportRPB(inputpath,outputpath,outputparas) //输出影像 RPB 地理信息文件
End Function

//其余函数同算法 1
```

算法 3 计算植被覆盖度 FVC-时间序列法

输入:GF-4 影像 R/NIR 矩阵时间序列($m*n*t$)$*2$,植被截止频率,土壤截止频率

输出:FVC 计算结果($m*n$)

```
Function CalcFVC_fre_timeseires(inputR_ts,inputNIR_ts)
        //该函数为计算植被截止频率和土壤截止频率
        //输入:inputR_ts,inputNIR_ts 分别为红光波段和近红外波段的时间序列影像
        //输出:植被截止频率和土壤截止频率
        [list_R,list_NIR] ← Get_R_NIR_Scatter(inputR_ts,inputNIR_ts)//得到红光和近红外波段的散点
        [list_rou,list_theta] ← Polar_transform([list_R,list_NIR])//得到的极坐标散点
        freVegVI ← Search_threshold_veg([list_rou,list_theta]) //在极坐标中搜索得到植被的截止频率
        freSoilVI ← Search_threshold_soil([list_rou,list_theta]) //在极坐标中搜索得到土壤的截止频率

        for each pixel in img do
        if (pixel[m,n]>0) && (pixel[m,n]<10000) then
      //像元值在合理范围之内
        output[m,n]← Fvc_Algorithm //计算 FVC 的函数,来自算法 1 和 2 //乘以系数转换为short 型
        if (fvc<0) then //异常值的处理
          output[m,n]←0
        end if
        if (fvc>10000) then
          output[m,n]←10000
        end if
        else
        output[m,n]←-32768//填充值
        end if
        end for
        exportfile(outputpath,output,outputparas)//输出影像
        exportXML(inputpath,outputpath,outputparas) //输出影像 xml 文件
        exportRPB(inputpath,outputpath,outputparas) //输出影像 rpb 地理信息文件
    End Function
```

5.4 应用与验证

5.4.1 基于地面实测数据的验证

2016 年 4 月 8 日—4 月 10 日,在中国科学院怀来遥感综合试验场针对像元二分模型法和植被指数法,展开了 GF-4 影像植被覆盖度反演结果验证。验证区主要植被覆盖为玉米,也有树林、荒地、果林、草地等地物类型(图 5.4a)。在综合试验场植被覆盖不同区域采集 23 个样点数据,植被覆盖度测量采用照相法,实验仪器包括佳能 PowerShot SX610HS 数码相机与自制覆盖度观测架。对于低矮植被,如生长初期的作物、草本、灌木等,观测架竖立在植被上方约 4 m 位置处垂直向下拍摄;对于林木、果木、树苗等较高的植被,首先于地面上方约 1 m 位置处垂直向下拍摄,然后于地面上方约 0.3 m 位置处垂直向上拍摄,将两次测量结果进行加权作为本次覆盖度测量结果。每个样点设计 5 次观测,平均值作为该样点最后的结果(图 5.4b)。

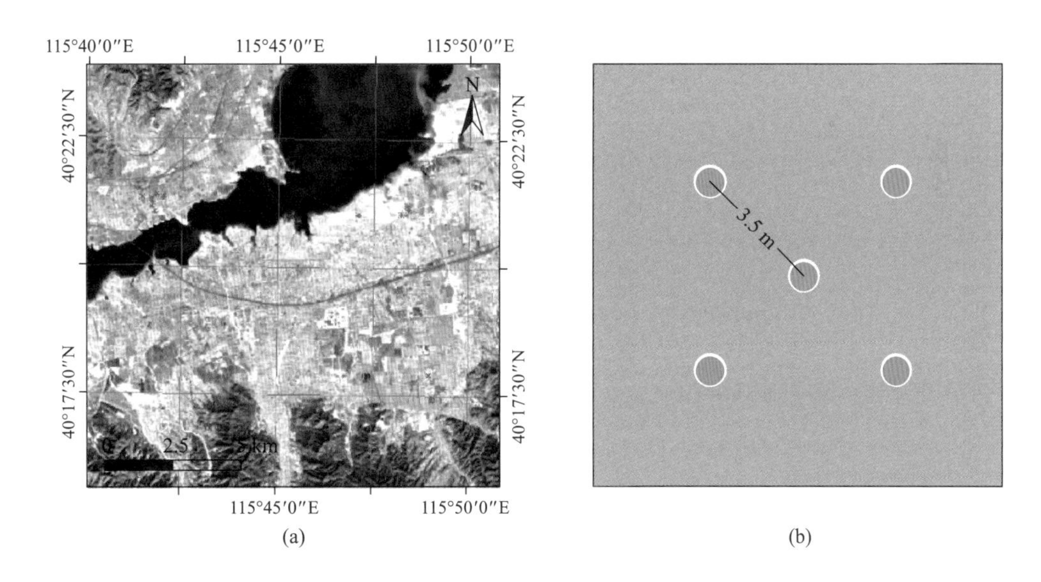

图 5.4 精度验证实测数据:(a)2016 年 4 月 10 日采样点;(b)地表覆盖度采样测量方案

对野外林木植被覆盖度的观测数据处理提取时,首先将照片中间部分裁剪出来,以排除照片边缘畸变较大的问题。然后将照片从 RGB 色彩空间转换至 CIE $L*a*b$ 色彩空间。接着对于向下拍摄的照片,利用反映绿度(区分植被与背景土壤)变化信息的 a 分量进行植被覆盖度的计算;对于向上拍摄的照片,则利用反映蓝度(区分植被与背景天空)变化信息的 b 分量进行植被覆盖度的计算。

对遥感影像数据处理提取植被覆盖度时，首先基于GF-4影像计算整个研究区域的NDVI影像，对其进行直方图统计，规定在累计频率3%之下是纯净土壤对应的NDVI值，累计频率达到97%之上是纯净植被对应的NDVI值。随后采用植被指数法对整个地区的植被覆盖度值进行反演。GF-4卫星在2016年4月9日和4月10日两天对研究区域共成像10次，本节选择其中云量较少的四景影像进行植被覆盖度反演（图5.5）。

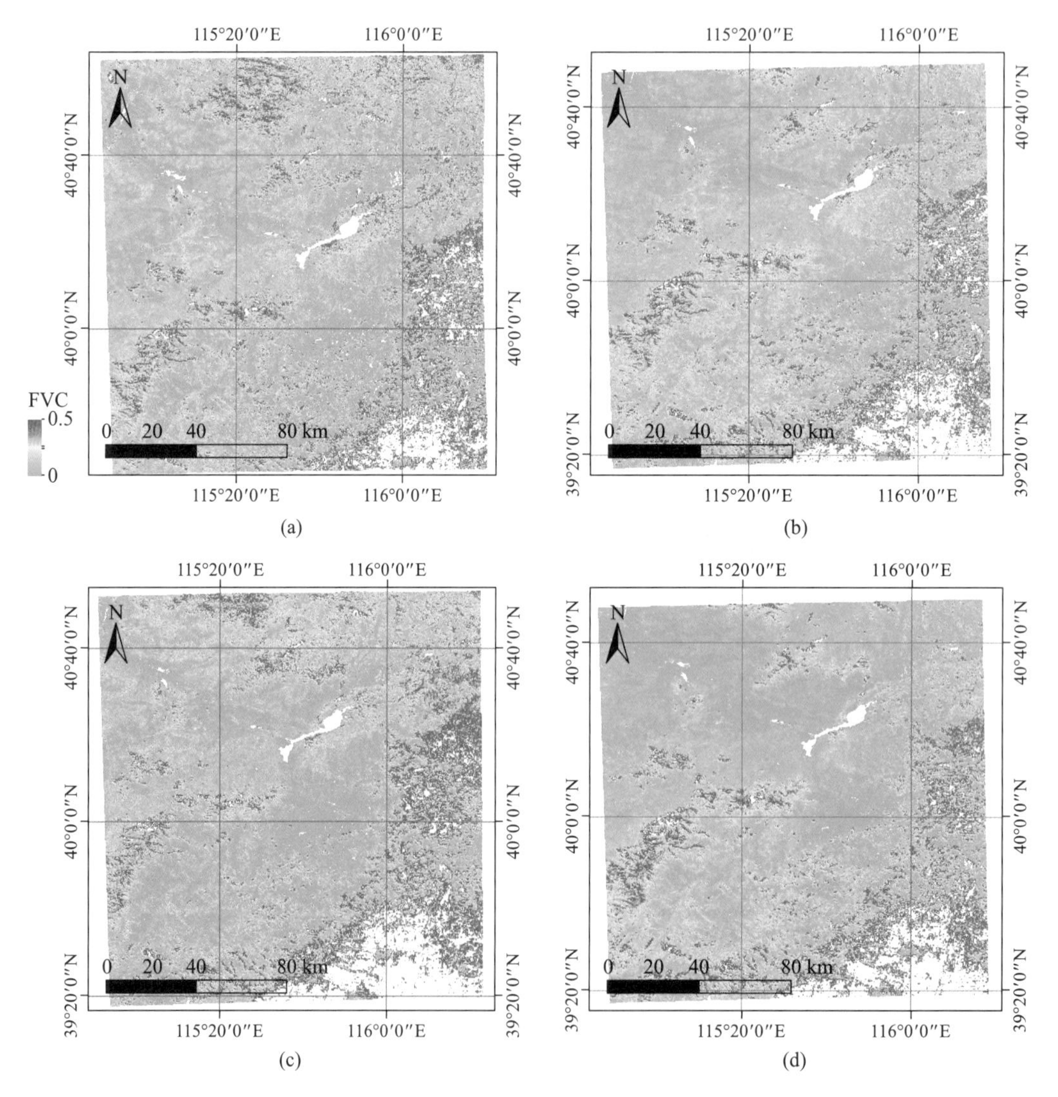

图5.5 四景影像植被覆盖度反演结果：(a)2016年4月9日(10:54)；(b)2016年4月9日(11:23)；(c)2016年4月10日(10:45)；(d)2016年4月10日(11:10)

GF-4四景影像成像时间都是上午11时前后半小时内，基于四景影像得到的植被覆盖度反演结果相差不大。由于影像获取时怀来地区气温仍然较低，大部分农作物还未出芽或者刚刚出芽，所以整个研究区的植被覆盖度都较低，只有山区林地稍高一些，直方图统计结果也说明了这一规律（图5.6）。

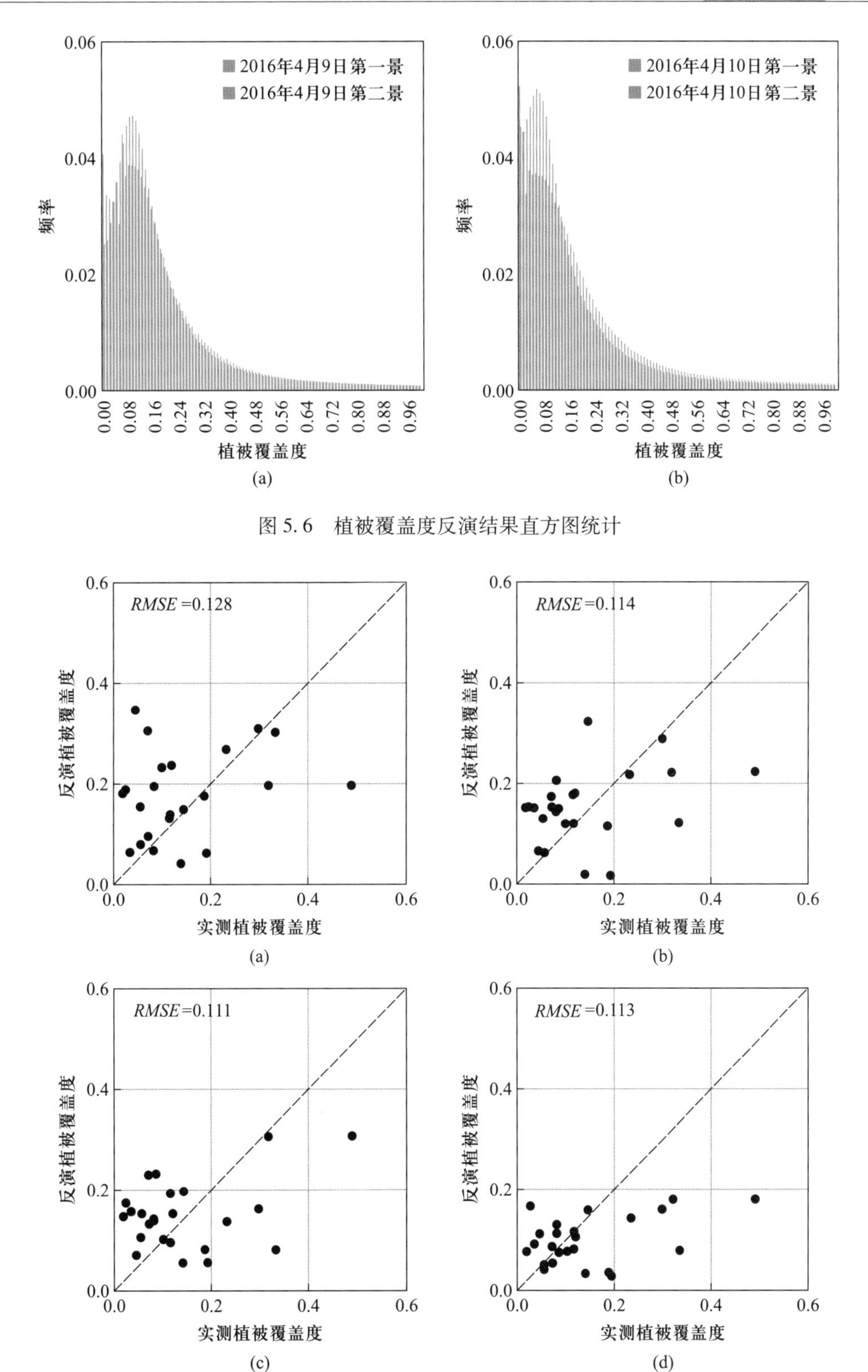

图 5.6 植被覆盖度反演结果直方图统计

图 5.7 植被指数法得到的植被覆盖度反演结果精度检验:(a)(b)2016 年 4 月 9 日;(c)(d)2016 年 4 月 10 日

从 GF-4 影像上反演得到植被覆盖度之后,采用野外实测数据对反演结果进行精度检验(图 5.7 和图 5.8)。结果表明,像元二分模型法反演结果明显偏大,因此后续分析全部基于植被指数法的结果进行。另外可以看出,四景影像得到的反演结果精度几乎一样,但是四景影像反演结果的 1∶1 散点图分布相差较大,说明采样点在四景影像上的反射率值存在一定的变化,这可能是成像时大气扰动造成的误差,也可能是 GF-4 卫星影像传感器本身所产生的误差所造成。

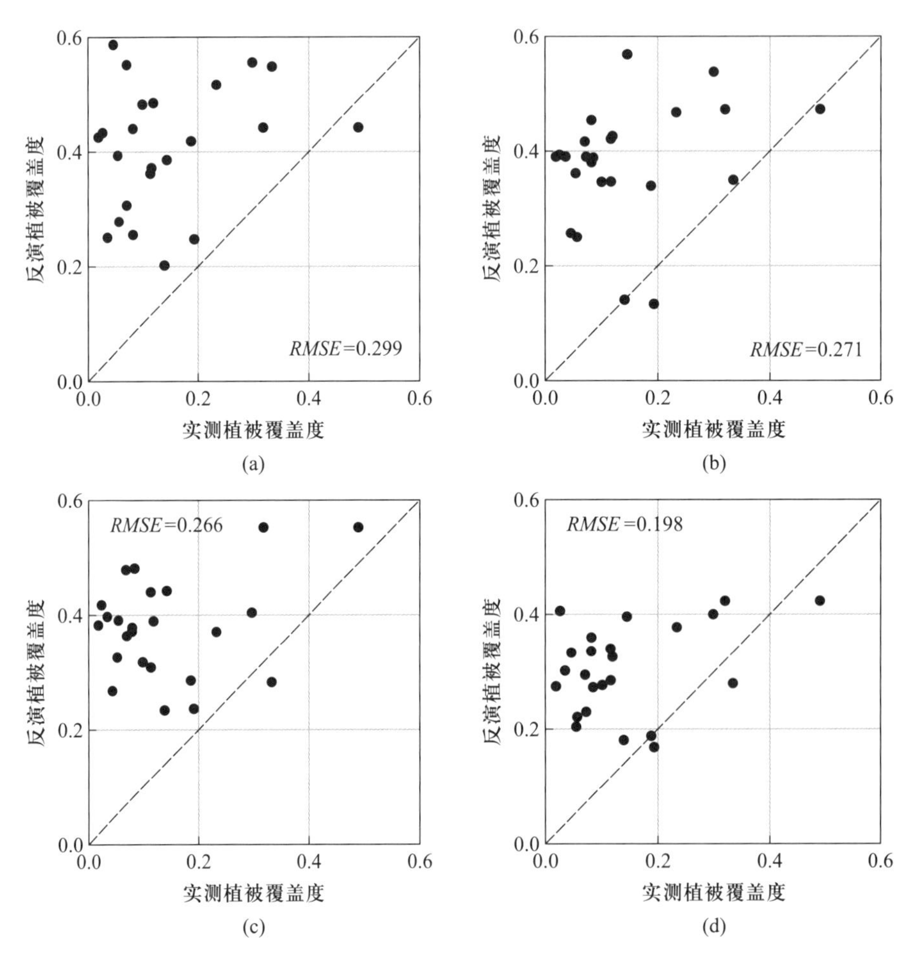

图 5.8　像元二分模型法得到的植被覆盖度反演结果精度检验:(a)(b)2016 年 4 月 9 日;(c)(d)2016 年 4 月 10 日

空间方面,从影像上提取采样点的植被覆盖度反演结果时,以样点为中心,选取周围 3×3个像元进行平均,作为该采样点的植被覆盖度反演结果,再用实测值进行精度检验;在时间方面,对每个采样点在四景影像的植被覆盖度反演结果进行平均,作为成像时间区间内该采样点的平均植被覆盖度反演结果,再用实测值进行精度检验。图 5.9a 是在时间域做平均之后的散点图,图 5.9b 是在每景影像上进行空间域平均,再对四景影像进行时间域平均之后的散点图,表 5.1 为不同情况下反演结果的精度。

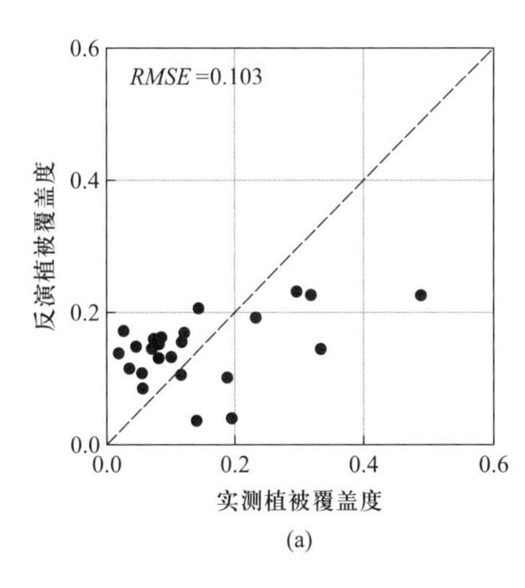

(a)

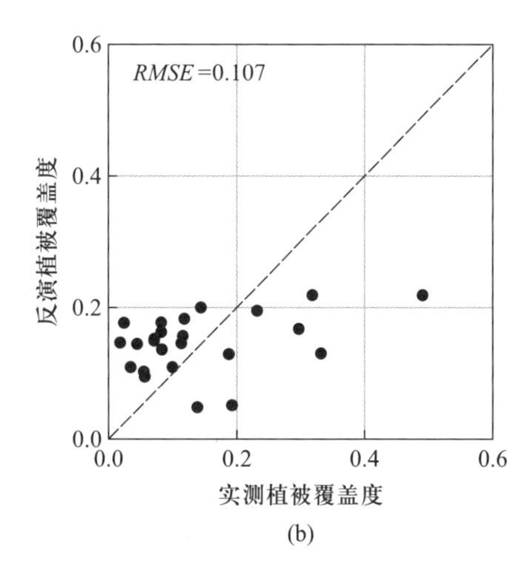

(b)

图 5.9 时空域平均处理后的精度检验:(a)时间域平均后;(b)空间域与时间域平均后

表 5.1 不同情况下植被覆盖度反演结果 RMSE 值

情　　况	反演结果精度	空间域平均结果精度
4 月 9 日第一景	0.128	0.115
4 月 9 日第二景	0.114	0.110
4 月 10 日第一景	0.111	0.115
4 月 10 日第二景	0.113	0.117
时间域平均结果精度	0.103	0.107

结果表明,空间域的去除噪声对反演精度提高不明显,尽管野外实测点都在地物较为均一的地区,相邻像元仍然可能受邻近地物影响,造成空间上的几个像元都不均匀,可能与 GF-4 影像 50 m 空间分辨率相关联;时间域平均在一定程度上提高了结果的反演精度,说明多次观测确实引入了新的观测信息,对陆表参数定量反演有益。

5.4.2 基于无人机遥感的验证

本节以内蒙古自治区东南部、赤峰市北部巴林左旗植被覆盖度为例,介绍无人机遥感进行精度检验。该研究区中心地理位置为 43.89°N、119.25°E,属中温带半干旱气候,主要适宜种植玉米、大豆、谷子、高粱、烟叶等多种农作物。

地面观测实验于 2016 年 8 月 14 日 10:00—14:00 在研究区试验场进行,当时天气晴朗、光照充足,适合无人机飞行和图像采集工作。无人机遥感数据是将 MCA 六通道多光谱相机(表 5.2)搭载在六旋翼无人机上获得,图像的空间分辨率为 0.1 m,无人机的飞行高度为 200 m,航向重叠度 80%,旁向重叠度 70%,其中飞行区域及航线如图 5.10 所示,当时成像区域的主要植被作物包括玉米、大豆、荞麦、谷子等,如图5.11所示。无人机所成的影像如图5.12所示。

表5.2 无人机传感器波段设置

波段	波长范围/nm	波段	波长范围/nm
蓝	480~500	红边	710~730
绿	540~560	近红外1	790~810
红	670~690	近红外2	890~910

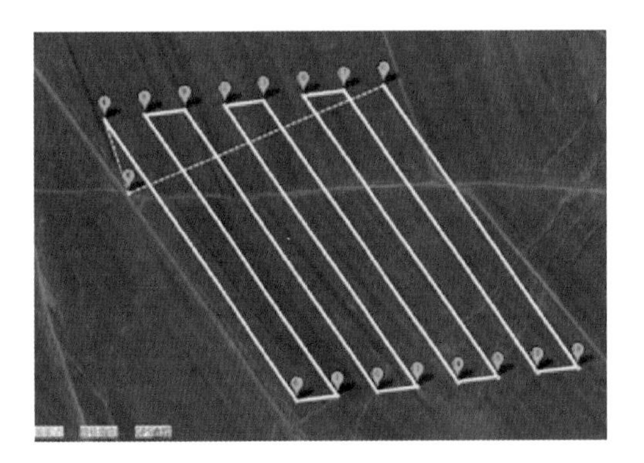

图5.10 无人机飞行区域及航线

图5.11 实验区实景照片

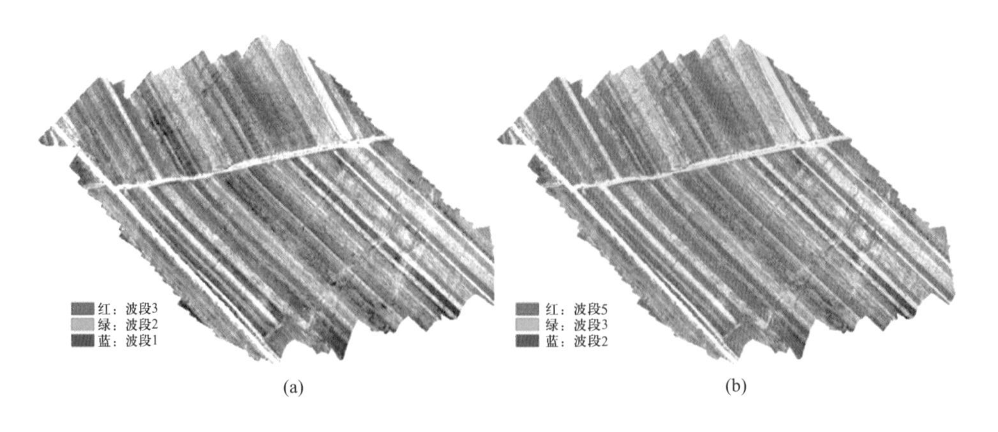

图5.12 无人机多光谱影像:(a)真彩色合成;(b)标准假彩色合成

无人机多光谱数据包含6个波段,中心波长范围从480 nm至900 nm,具有与常见卫星多光谱传感器相似的波段设置。利用实验时与地面材料的定标处理得到的转换定标系数,最终可以将图像原始DN值转换成具有物理意义的地表反射率。

GF-4 PMS 多光谱遥感图像来自中国资源卫星应用中心推送至民政部卫星减灾应用中心的数据,以与无人机数据同时相、研究区晴空少云为选取标准。具体遥感图像信息如表 5.3 所示。

表 5.3 遥感图像基本信息

图像中心地理坐标	图像编号	日期	时间	太阳天顶角/(°)	太阳方位角/(°)
119.6°E,44.3°N	L1A0000127890	2016 年 8 月 14 日	14:00	50.60	227.26

GF-4 绝对辐射定标系数来源于中国资源卫星应用中心网站,可直接获取进行定标计算;在获得了图像表观辐亮度之后,利用 6S 大气辐射传输模型对 GF-4 图像进行大气校正,从而获得地表反射率结果(孙元亨等,2017)。其中,6S 模型输入参数所需的研究区气溶胶光学厚度数据取自 MODIS 大气 2 级标准数据产品 MOD04_L2。

几何校正:首先采用高分数据自带的 RPC 参数进行无控制点的有理多项式模型区域网平差粗校正,粗校正所使用的 DEM 信息采用 ASTER 卫星 30 m 空间分辨率 GDEM 产品。之后再通过在 Landsat-8 图像手动添加同名控制点,实现 GF-4 数据的几何精校正。几何精校正的均方根误差(RMSE)小于 0.5 个像素,可以满足后续植被覆盖度估算与验证的坐标精度要求(孙元亨等,2017)。校正后的研究区 GF-4 图像如图 5.13 所示。

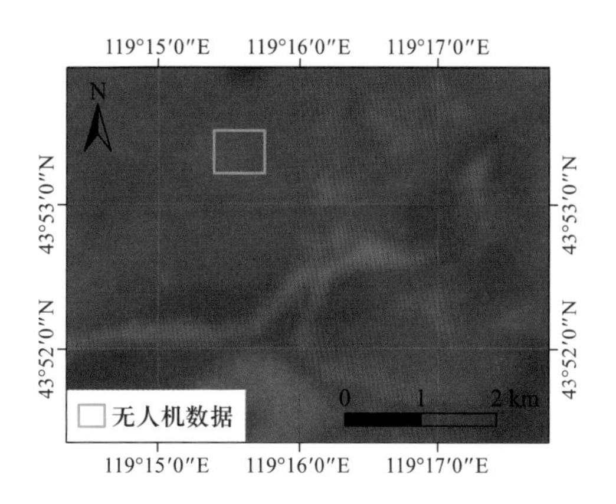

图 5.13 研究区域 GF-4 标准假彩色合成图像

根据前文所述的植被覆盖度遥感估算方法,首先对大气校正后的 GF-4 图像计算 NDVI 结果,然后分别以直方图频率统计法与二维光谱特征空间变换法确定研究区纯净植被与纯净土壤端元的 NDVI 值,最后利用像元二分模型和植被指数模型分别得到研究区的植被覆盖度估算结果。

本节采用高空间分辨率(0.1 m)无人机图像计算得到的植被覆盖度作为观测真值,验证两种植被覆盖度估算方法在具有较低空间分辨率(50 m)的 GF-4 图像上的应用精度。去掉 GF-4 图像无法包含完全无人机图像的边缘像元,最终可以得到 44 个像元对;分别将不同估算模型和不同纯净端元 NDVI 提取方法的结果与真值绘制成散点图,并计算了它们的均方根误差,结果如图 5.14 和图 5.15 所示。

从结果中可以看出,基于 GF-4 数据的像元二分模型植被覆盖度估算结果明显偏高,因此考虑将原始 GF-4 图像通过经验回归模型校正得到正射反射率结果,并基于此计算像元二分模型的估算结果。UAV 反射率校正后的精度检验结果如图 5.16 所示。

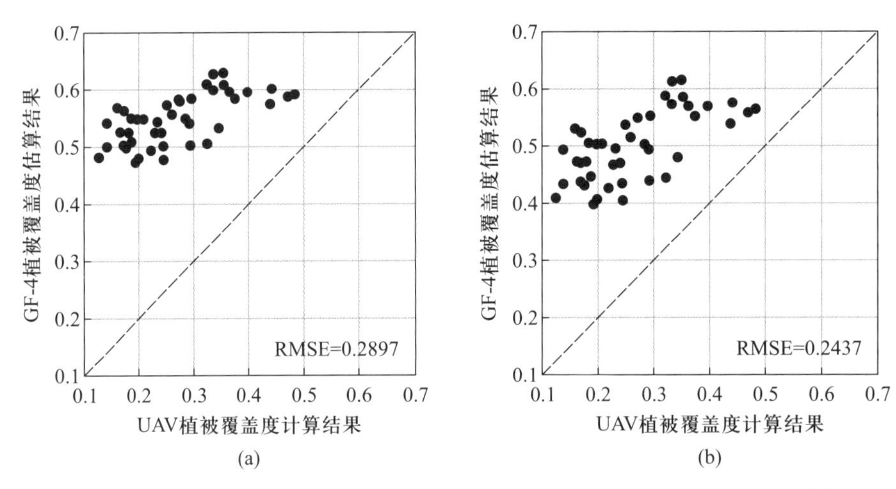

图 5.14 基于像元二分模型的植被覆盖度估算精度:(a)直方图频率统计法;(b)二维光谱特征空间变换法

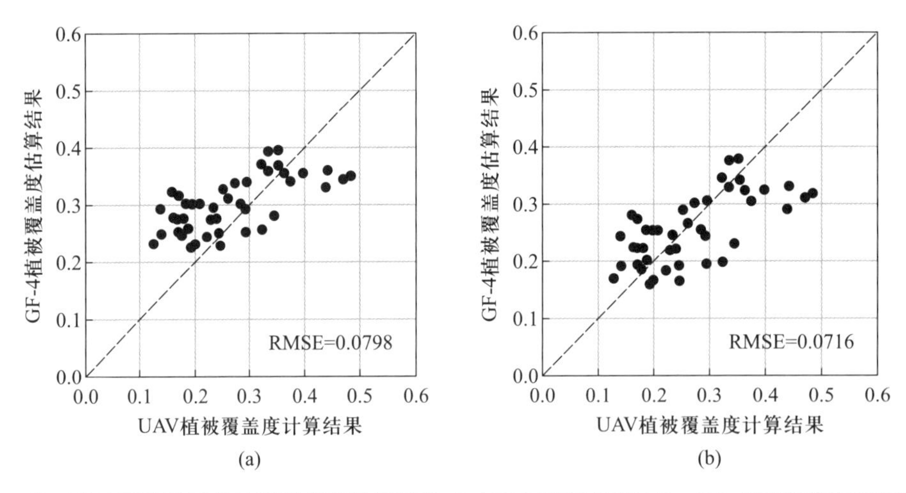

图 5.15 基于植被指数模型的植被覆盖度估算精度:(a)直方图频率统计法;(b)二维光谱特征空间变换法

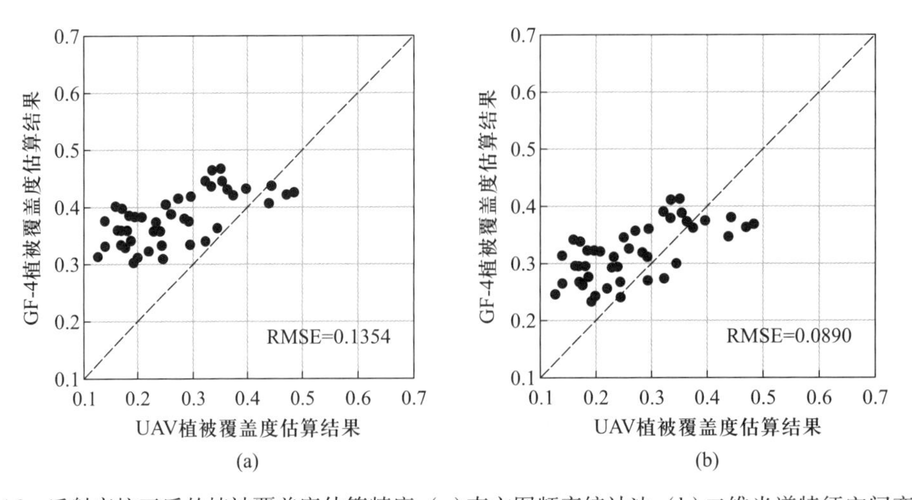

图 5.16 反射率校正后的植被覆盖度估算精度:(a)直方图频率统计法;(b)二维光谱特征空间变换法

精度检验结果表明,像元二分模型法的估算结果整体偏高且在不同覆盖度情况下差异较小,而植被指数模型的估算结果较为接近真实值,但在低植被覆盖的条件下会高估、高植被覆盖条件下低估。在稀疏植被覆盖或者中高纬度地区,因为较大观测天顶角带来的斜视效应,植被指数模型更加适合 GF-4 数据的植被覆盖度反演。对反射率的经验校正可以有效削弱 GF-4 斜视效应的影响,从而使像元二分模型反演精度提高,因此可以通过对反射率的经验校正有效削弱 GF-4 斜视效应的影响,从而使像元二分模型反演精度提高。

此外,研究结果表明,用第 5.2.1 节的直方图累计频率统计方法或第 5.2.2 节的二维光谱特征空间方法提取植被和土壤端元 NDVI 对植被覆盖度估算结果影响不大,后者的 RMSE 相比于前者略有降低。在图像植被覆盖极少或裸土极少的情况下,由于需设定植被和土壤 NDVI 的经验阈值,因此直方图统计方法得到的纯净端元 NDVI 值存在一定的偏差和不稳定性,而利用二维光谱特征空间方法得到的纯净端元 NDVI 值会更加准确。

参考文献

陈涛,牛瑞卿,李平湘,张良培.2010.基于人工神经网络的植被覆盖遥感反演方法研究.遥感技术与应用,25(1):24-30.

陈云浩,李晓兵,史培军,周海丽.2001.北京海淀区植被覆盖的遥感动态研究.植物生态学报,25(5):588-593.

胡良军,邵明安.2001.论水土流失研究中的植被覆盖度量指标.西北林学院学报,16(1):40-43.

黄健熙,吴炳方,曾源,田亦陈.2005.水平和垂直尺度乔、灌、草覆盖度遥感提取研究进展.地球科学进展,20(8):871-881.

江洪,王钦敏,汪小钦.2006.福建省长汀县植被覆盖度遥感动态监测研究.自然资源学报,21(1):126-132.

江淼,张显峰,孙权,童庆禧.2011.不同分辨率影像反演植被覆盖度的参数确定与尺度效应分析.武汉大学学报(信息科学版),36(3):311-315.

李苗苗.2003.植被覆盖度的遥感估算方法研究.中国科学院研究生院博士研究生学位论文.

李苗苗,吴炳方,颜长珍,周为峰.2004.密云水库上游植被覆盖度的遥感估算.资源科学,26(4):153-159.

李小文,王锦地.1995.植被光学遥感模型与植被结构参数化.北京:科学出版社.

李晓松,李增元,高志海,白黎娜,王琫瑜.2011.基于 NDVI 与偏最小二乘回归的荒漠化地区植被覆盖度高光谱遥感估测.中国沙漠,31(1):162-167.

廖春华,张显峰,刘羽.2012.基于多端元光谱分解的干旱区植被覆盖度遥感反演.应用生态学报,23(12):3243-3249.

刘峰,刘素红,向阳.2014.园地植被覆盖度的无人机遥感监测研究.农业机械学报,45(11):250-257.

刘玉安,黄波,程涛,曲乐安.2012.基于像元二分模型的淮河上游植被覆盖度遥感研究.水土保持通报,32(1):93-97.

路炳军,刘洪鹄,符素华,章文波,袁爱萍.2007.照相法结合数字图像技术计算植被覆盖度精度研究.水土保持通报,27(1):78-80.

牛宝茹,刘俊蓉,王政伟.2005.干旱区植被覆盖度提取模型的建立.地球信息科学,7(1):84-86.

苏琦,杨凤海,王明亮.2010.基于TM遥感数据的大庆市植被覆盖变化分析.国土资源科技管理,27(2):109-113.

孙元亨,秦其明,任华忠,张添源.2017. GF-4/PMS与GF-1/WFV两种传感器地表反射率及NDVI一致性分析.农业工程学报,33(9):167-173.

杨亮亮,苏晓刚,袁蹈.2019.基于NDVI的天长县植被覆盖度动态变化分析.黑龙江工程学院学报,33(1):17-20.

杨胜天,刘昌明,孙睿.2002.近20年来黄河流域植被覆盖变化分析.地理学报,57(6):679-684.

王天星,陈松林,马娅.2012.基于改进线性光谱分离模型的植被覆盖度反演.地球信息科学学报,10(1):114-120.

张良培,童庆禧.1997.鄱阳湖地区土壤,植被光谱混合模型的研究.测绘学报,26(1):72-76.

张云霞,李晓兵,陈云浩.2003.草地植被盖度的多尺度遥感与实地测量方法综述.地球科学进展,18(1):85-93.

章文波,符素华,刘宝元.2001.目估法测量植被覆盖度的精度分析.北京师范大学学报(自然科学版),37(3):402-408.

赵春玲,李志刚,吕海军,李涛,胡天华,翟昊,王海林,李永新,王志诚,常振林.2000.中德合作宁夏贺兰山封山育林育草项目区植被覆盖度监测.宁夏农林科技,6(S1):6-14.

Al-Abed M, Shi Z, Ahmad Y and Wang R C. 2000. Application of GIS and remote sensing in soil degradation assessments in the Syrian coast. *Journal of Zhejiang University (Agriculture and Life Sciences)*, 26(2): 191-196.

Anderson M C, Norman J M, Diak G R, Kustas W P and Mecikalski J. 1997. A two-source time-integrated model for estimating surface fluxes using thermal infrared remote sensing. *Remote Sensing of Environment*, 60(2): 195-216.

Baret F, Pavageau K, Béal D, Weiss M, Berthelot B and Regner P. 2006. Algorithm theoretical basis document for MERIS top of atmosphere land products (TOA_VEG). Avignon: INRA-CSE.

Baret F, Weiss M, Lacaze R, Camacho F, Makhmara H, Pacholcyzk P and Smets B. 2013. GEOV1: LAI and FAPAR essential climate variables and FCOVER global time series capitalizing over existing products. Part1: Principles of development and production. *Remote Sensing of Environment*, 137(10): 299-309.

Boyd D, Foody G and Ripple W. 2002. Evaluation of approaches for forest cover estimation in the Pacific Northwest, USA, using remote sensing. *Applied Geography*, 22(4): 375-392.

Camacho F, Cernicharo J, Lacaze R, Baret F and Weiss M. 2013. GEOV1: LAI, FAPAR essential climate variables and FCOVER global time series capitalizing over existing products. Part 2: Validation and intercomparison with reference products. *Remote Sensing of Environment*, 137(10): 310-329.

Carlson T N and Ripley D A. 1997. On the relation between NDVI, fractional vegetation cover, and leaf area index. *Remote Sensing of Environment*, 62(3): 241-252.

Choudhury B J, Ahmed N U, Idso S B, Reginato R J and Daughtry C S T. 1994. Relations between evaporation coefficients and vegetation indices studied by model simulations. *Remote Sensing of Environment*, 50(1): 1-17.

Dymond J, Stephens P, Newsome P and Wilde R. 1992. Percentage vegetation cover of a degrading rangeland from SPOT. *International Journal of Remote Sensing*, 13(11): 1999-2007.

Eastwood J A, Yates M G, Thomson A G and Fuller R M. 1997. The reliability of vegetation indices for monitoring saltmarsh vegetation cover. *International Journal of Remote Sensing*, 18(18): 3901-3907.

Ellenberg D and Mueller-Dombois D. 1974. Aims and methods of vegetation ecology. New York: John Wiley & Sons.

Gillies R, Kustas W and Humes K. 1997. A verification of the 'triangle' method for obtaining surface soil water content and energy fluxes from remote measurements of the Normalized Difference Vegetation Index (NDVI) and surface. *International Journal of Remote Sensing*, 18(15):3145-3166.

Gitelson A A, Kaufman Y J, Stark R and Rundquist D. 2002. Novel algorithms for remote estimation of vegetation fraction. *Remote Sensing of Environment*, 80(1):76-87.

Glenn E P, Huete A R, Nagler P L and Nelson S G. 2008. Relationship between remotely-sensed vegetation indices, canopy attributes and plant physiological processes: What vegetation indices can and cannot tell us about the landscape. *Sensors*, 8(4):2136-2160.

Goetz S J, Wright R K, Smith A J, Zinecker E and Schaub E. 2003. IKONOS imagery for resource management: Tree cover, impervious surfaces, and riparian buffer analyses in the mid-Atlantic region. *Remote Sensing of Environment*, 88(1-2):195-208.

Graetz R, Pech R P and Davis A. 1988. The assessment and monitoring of sparsely vegetated rangelands using calibrated Landsat data. *International Journal of Remote Sensing*, 9(7):1201-1222.

Gutman G and Ignatov A. 1998. The derivation of the green vegetation fraction from NOAA/AVHRR data for use in numerical weather prediction models. *International Journal of Remote Sensing*, 19(8):1533-1543.

Hansen M, DeFries R, Townshend J, Sohlberg R, Dimiceli C and Carroll M. 2002. Towards an operational MODIS continuous field of percent tree cover algorithm: Examples using AVHRR and MODIS data. *Remote Sensing of Environment*, 83(1-2):303-319.

Hurcom S and Harrison A. 1998. The NDVI and spectral decomposition for semi-arid vegetation abundance estimation. *International Journal of Remote Sensing*, 19(16):3109-3125.

Kaufman Y J and Tanre D. 1992. Atmospherically resistant vegetation index (ARVI) for EOS-MODIS. *IEEE Transactions on Geoscience and Remote Sensing*, 30(2):261-270.

Leprieur C, Verstraete M M and Pinty B. 1994. Evaluation of the performance of various vegetation indices to retrieve vegetation cover from AVHRR data. *Remote Sensing Reviews*, 10(4):265-284.

Li F Q, Kustas W P, Prueger J H, Neale C M U and Jackson T J. 2005. Utility of remote sensing-based two-source energy balance model under low-and high-vegetation cover conditions. *Journal of Hydrometeorology*, 6(6):878-891.

Liang S, Li X and Wang J. 2012. *Advanced Remote Sensing: Terrestrial Information Extraction and Applications*. Pittsburgh: Academic Press.

Lu D, Moran E and Batistella M. 2003. Linear mixture model applied to Amazonian vegetation classification. *Remote Sensing of Environment*, 87(4):456-469.

Lu D and Weng Q. 2004. Spectral mixture analysis of the urban landscape in Indianapolis with Landsat ETM+ imagery. *Photogrammetric Engineering and Remote Sensing*, 70(9):1053-1062.

Mu X, Huang S, Ren H, Yan G, Song W and Ruan G. 2015. Validating GEOV1 fractional vegetation cover derived from coarse-resolution remote sensing images over croplands. *IEEE Journal of Selected Topics in Applied Earth Observations and Remote Sensing*, 8(2):439-446.

North P R. 2002. Estimation of fAPAR, LAI, and vegetation fractional cover from ATSR-2 imagery. *Remote Sensing of Environment*, 80(1):114-121.

Ormsby J, Choudhury B and Owe M. 1987. Vegetation spatial variability and its effect on vegetation indices. *International Journal of Remote Sensing*, 8(9):1301-1306.

Pinty B and Verstraete M. 1992. GEMI: A non-linear index to monitor global vegetation from satellites. *Vegetatio*, 101(1):15-20.

Purevdorj T, Tateishi R, Ishiyama T and Honda Y. 1998. Relationships between percent vegetation cover and vegetation indices. *International Journal of Remote Sensing*, 19(18):3519-3535.

Qi J, Chehbouni A, Huete A, Kerr Y and Sorooshian S. 1994a. A modified soil adjusted vegetation index. *Remote Sensing of Environment*, 48(2): 119–126.

Qi J, Kerr Y and Chehbouni A. 1994b. External factor consideration in vegetation index development. Proceedings of 6th International Symposium on Physical Measurements and Signatures in Remote Sensing, 723–730.

Qi J, Marsett R, Moran M, Goodrich D, Heilman P, Kerr Y, Dedieu G, Chehbouni A and Zhang X. 2000. Spatial and temporal dynamics of vegetation in the San Pedro River basin area. *Agricultural and Forest Meteorology*, 105 (1–3): 55–68.

Rogan J, Franklin J and Roberts D A. 2002. A comparison of methods for monitoring multitemporal vegetation change using Thematic Mapper imagery. *Remote Sensing of Environment*, 80(1): 143–156.

Roujean J L and Breon F M. 1995. Estimating PAR absorbed by vegetation from bidirectional reflectance measurements. *Remote Sensing of Environment*, 51(3): 375–384.

Roujean J L and Lacaze R. 2002. Global mapping of vegetation parameters from POLDER multiangular measurements for studies of surface-atmosphere interactions: A pragmatic method and its validation. *Journal of Geophysical Research: Atmospheres*, 107(12): 6–14.

Sellers P, Randall D, Collatz G, Berry J, Field C, Dazlich D, Zhang C, Collelo G and Bounoua L. 1996a. A revised land surface parameterization (SiB2) for atmospheric GCMs. Part I: Model formulation. *Journal of Climate*, 9(4): 676–705.

Sellers P J, Tucker C J, Collatz G J, Los S O, Justice C O, Dazlich D A and Randall D A. 1996b. A revised land surface parameterization (SiB2) for atmospheric GCMs. Part II: The generation of global fields of terrestrial biophysical parameters from satellite data. *Journal of Climate*, 9(4): 706–737.

Shoshany M, Kutiel P and Lavee H. 1996. Monitoring temporal vegetation cover changes in Mediterranean and arid ecosystems using a remote sensing technique: Case study of the Judean Mountain and the Judean Desert. *Journal of Arid Environments*, 33(1): 9–21.

Smith J A. 1993. LAI inversion using a back–propagation neural network trained with a multiple scattering model. *IEEE Transactions on Geoscience and Remote Sensing*, 31(5): 1102–1106.

Van der Meer F. 1999. Image classification through spectral unmixing. In: Stein A, van der Meer F and Gorte B (eds.). *Spatial Statistics for Remote Sensing*. Berlin: Springer, 185–193.

White M A, Asner G P, Nemani R R, Privette J L and Running S W. 2000. Measuring fractional cover and leaf area index in arid ecosystems: Digital camera, radiation transmittance, and laser altimetry methods. *Remote Sensing of Environment*, 74(1): 45–57.

Xiao J and Moody A. 2005. A comparison of methods for estimating fractional green vegetation cover within a desert–to–upland transition zone in central New Mexico, USA. *Remote Sensing of Environment*, 98(2–3): 237–250.

Zhou Q. 1996. Ground truthing, how reliable is it. Proceedings of Geoinformatics' 96 Conference, West Palm Beach, FL, 26–28.

Zhou Q and Robson M. 2001. Automated rangeland vegetation cover and density estimation using ground digital images and a spectral–contextual classifier. *International Journal of Remote Sensing*, 22(17): 3457–3470.

Zhou Q, Robson M and Pilesjo P. 1998. On the ground estimation of vegetation cover in Australian rangelands. *International Journal of Remote Sensing*, 19(9): 1815–1820.

Zribi M, Hegarat–Mascle S L, Taconet O, Ciarletti V, Vidal–Madjar D and Boussema M. 2003. Derivation of wild vegetation cover density in semi–arid regions: ERS2/SAR evaluation. *International Journal of Remote Sensing*, 24(6): 1335–1352.

第6章

叶面积指数反演

叶面积指数(leaf area index,LAI)为描述植被冠层表面物质和能量交换提供结构化的定量信息,是估计植被冠层功能的重要参数,也是生态系统中最重要的结构参数之一(王希群等,2005),在农业、林业领域应用广泛,同时在生态系统与作物生长模型构建、农业环境监测中具有重要研究意义。针对我国 GF-4 自主卫星载荷特点研发其 LAI 反演方法,对于发挥卫星应用潜力、促进自主卫星应用具有重要研究价值。本章深入分析国内外 LAI 反演方法,实现 LAI 最优模型的选择;基于 GF-4 卫星构建植被不同生育期 LAI 反演技术并进行软件集成;利用 GF-1 和 GF-2 数据,在尺度转换的基础上验证 GF-4 LAI 反演的精度。

6.1 研究现状

反演模型和遥感数据对作物不同生育期 LAI 定量反演十分重要。目前,LAI 遥感反演模型主要分三类:一是基于遥感影像光谱数据与实测 LAI 值建立数学关系式的经验模型;二是基于植被冠层光子传输理论的物理模型;三是经验模型和物理模型相结合的混合模型。

6.1.1 经验模型现状

经验模型,通常指根据实测植被冠层反射率或模拟冠层反射率数据构造各类型植被指数和特征位置光谱变量等,并建立这些变量与 LAI 之间的相关关系,拟合两者间的经验公式,进而反演 LAI。依据其数据源可分为多光谱数据经验模型和高光谱数据经验模型。高光谱数据经验模型主要是基于特征光谱位置变量分析技术(如红边参数、一阶光谱导数等)进行 LAI 反演。多光谱经验模型中一般应用各类植被指数与 LAI 之间的函数关系式进行计算。例如,基于 Landsat 5 TM 数据对常用的 15 种植被指数进行土壤敏感性分析和饱和性分析,确定分段反演 LAI 可有效克服土壤背景影响及饱和性等问题,从而提高 LAI 反演精度(李鑫川等,2012)。针对不同农作物提取了 4 种 Landsat 卫星植被指数,利用半经验方法分析这些植被指数反演不同生育期农作物 LAI 的精度。研究表明,EVI2、OSAVI、MTVI2 这三种植被指数比 NDVI 反演精度高(Liu et al.,2012)。以实测 LAI 和各种植被指数为基础,利用三种回归分析技术确定 LAI 的最优反演模型(孙华等,2012)。结合 6 种宽带植被指数和 4 种窄带植被指数,以冬小麦全生育期为例,比较使用 1 种植被指数反演 LAI 和不同生育期使用不同植被指数反演 LAI 的区别。研究表明,不同生育期使用不同植被指数可以提高冬小麦的 LAI 反演精度(赵娟等,2013)。

经验模型方法使用简单,不用关注作物冠层的物理意义,小区域可广泛使用,它在突出植被信息的同时,减弱了土壤、大气等因素的影响。但是经验模型可靠性、普适性较差,缺乏可移植性(陈艳华等,2007)。

6.1.2 物理模型现状

物理模型主要是基于植被冠层光子传输理论建立地表反射率与 LAI 等生物物理参数的模型,目前主要有冠层辐射传输模型、几何光学模型和计算机模拟模型 3 种(王强等,2010)。

辐射传输理论和冠层平均透射理论是辐射传输模型的理论基础(张佳华等,2007)。植被冠层叶片分布角度不一,对太阳光的散射会相互作用,而辐射传输模型可以处理这种角度、方向不一的多次散射问题,其在研究结构相对均匀的植被时具有重要作用(李小文和王锦地,1995)。Suit 模型、SAIL 模型及 PROSPECT 模型等被认为是具有代表性的辐射传输模型(Suits,1971)。谷成燕等(2013)在研究毛竹林 LAI 分布时采用了 PROSAIL 模型,并得出 PROSAIL 模型各输入参数的主要敏感因子为 LAI 和叶绿素含量。

几何光学模型是在几何光学理论与模型的基础上,研究其在植被二向反射分布函数(bidirectional reflectance distribution function,BRDF)中的应用,地物的宏观几何结构是其考虑的主要因素(姬大彬,2009)。几何光学模型对于区别地物与地物、大气与大气等的散射具有明显作用,简单清晰,对于处理灌木林、果园等不连续植被和粗糙地表具有较好的适用性(刘佳等,2008)。代表性强的几何光学模型有 Li-Strahler、4-SCALE 模型等(Li and Strahler,1985;Chen and Cihlar,1996)。王聪等(2015)利用无人机数据和几何光学模型相结合可实现毛竹林郁闭度反演计算。

计算机模拟模型可模拟真实的场景信息,目前已在可见光和微波信号模拟上得到应用,蒙特卡罗光线追踪法(MCRT)和辐射度法是比较常用的两种方法(黄健熙等,2006;宋金玲等,2009)。

物理模型机理性强,不受作物类型和区域范围限制,然而各种类型的物理模型都存在模型参数较多且难获取的问题,多个参数相互结合会产生多组反射率数据,存在模型反演的病态问题。

6.1.3 混合模型现状

经验模型和物理模型各自具有不同的优缺点，如何将两种方法的优势结合得出一种更简单实用的方法反演 LAI，是研究者一直关注的方向。梁顺林和范闻捷(2009)在《定量遥感》一书中指出，将物理模型和经验模型联合起来，共同进行植被参数反演。反演时，通过对物理模型各参数设置及调整，产生大量模拟数据集，建立模拟数据集与待反演变量之间的数据库，进而利用统计模型(如神经网络、支持向量机)将这些模拟数据集和待反演变量一一对应，该方法称为混合模型。近年来，将非参数算法与经验模型或物理模型结合的混合反演方法逐步得到推广使用，Verrelst 等(2012)基于 Sentinel-2 和 Sentinel-3 数据研究了机器学习方法在地表生物参量反演中的作用。宋开山等(2006)基于高光谱数据重点研究了人工神经网络模型对大豆 LAI 反演的精度。Liang 等(2015)将机器学习算法和 PROSAIL 模型相结合，在 43 种植被指数中优选 3 种，利用混合反演方法(VI+BP 算法和 VI+RF 算法)研究 LAI 的获取。王丽爱等(2016)使用了 RF、SVM 和 BP 神经网络三种算法结合各种植被指数，对小麦三个生育期的叶绿素进行反演，得出 RF 算法在小麦孕穗期预测 LAI 的效果最好。韩兆迎等(2016)利用 SVM 和 RF 算法对盛果期苹果树进行了 LAI 估测，同样得到 RF 算法估测结果优于 SVM 的结果。

混合模型既具备经验模型的简单性又具有物理模型的适用性，抗噪能力强且不易产生过拟合。

6.2 原理与建模

本节针对 GF-4 卫星数据，探讨不同经验模型、物理模型和随机森林模型，优选最佳经验模型，构建最适物理模型和随机森林模型进行 LAI 反演。

6.2.1 经验模型构建

用植被指数反演 LAI 是指根据地面测定的植被冠层光谱数据和遥感观测数据进行相关性分析，建立遥感观测光谱数据或其变换形式(植被指数)与地面实测 LAI 之间的关系。本节针对 GF-4 卫星载荷特点选取 3 种植被指数类型，分别是 NDVI、SAVI 和 EVI，其中 SAVI 考虑了土壤对拟合精度的影响，EVI 考虑了蓝光波段对拟合精度的影响；并分别以线性、指数、对数和二项式 4 种形式与 LAI 建立回归模型。以决定系数和均方根误差评价其精度，优选最佳反演方法。植被指数公式如表 6.1 所示。

采用 SPSS Statistics22 软件对作物 LAI 实测值随机抽样，选取 75%样本作为建模数据，剩余 25%样本作为检验数据。基于各种植被指数，应用线性、对数、二项式和指数等形式与对应 LAI 进行回归拟合，筛选出各指数与 LAI 拟合精度最高的回归模型，结果如图 6.1 所示。

表 6.1 植被指数计算公式

名　称	公　式
NDVI	$\mathrm{NDVI}=\dfrac{\rho_{\mathrm{nir}}-\rho_{\mathrm{red}}}{\rho_{\mathrm{nir}}+\rho_{\mathrm{red}}}$
SAVI	$\mathrm{SAVI}=\dfrac{\rho_{\mathrm{nir}}-\rho_{\mathrm{red}}}{\rho_{\mathrm{nir}}+\rho_{\mathrm{red}}+L}(1+L)$
EVI	$\mathrm{EVI}=\dfrac{\rho_{\mathrm{nir}}-\rho_{\mathrm{red}}}{L+\rho_{\mathrm{nir}}+C_1\times\rho_{\mathrm{red}}-C_2\times\rho_{\mathrm{blue}}}$

注：ρ_{nir}、ρ_{red}和ρ_{blue}分别为经大气校正后的近红外、红光和蓝光地表反射率；L为土壤调节系数，取值0.5；C_1和C_2分别为大气修正参数，本处取值6.0和7.5。

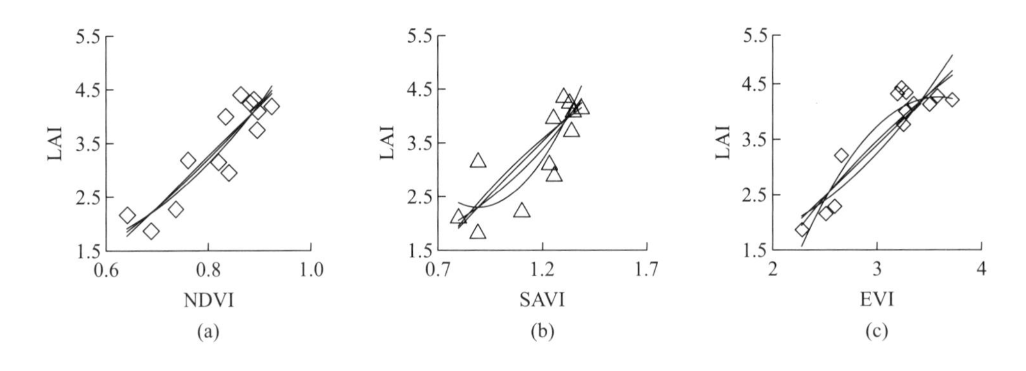

图 6.1 不同指数精度最高的拟合曲线：(a) NDVI；(b) SAVI；(c) EVI

本章选取 8 月河北地区测得的数据为测试数据，地面观测数据由实地测量所得，GF-4 数据是对应该地区的 8 月卫星数据。由图 6.1 可知，利用 NDVI 二项式模型进行 LAI 拟合的精度最高，构建的真实性检验系数(R^2)和均方根误差(RMSE)分别是 0.86 和 0.3121。

6.2.2 物理模型构建

1) 技术路线图

由实测数据计算参数范围，输入 PROSPECT-5B 模型进行叶片生理参数反演，进而计算透过率，然后将所得结果输入 4SAIL 模型模拟冠层方向反射率，计算 GF-4 波段反射率，并以此建立查找表，将 GF-4 PMS1 数据的多光谱波段输入查找表，以此输出图像的 LAI，最后进行精度验证。物理模型构建具体路线如图 6.2 所示。

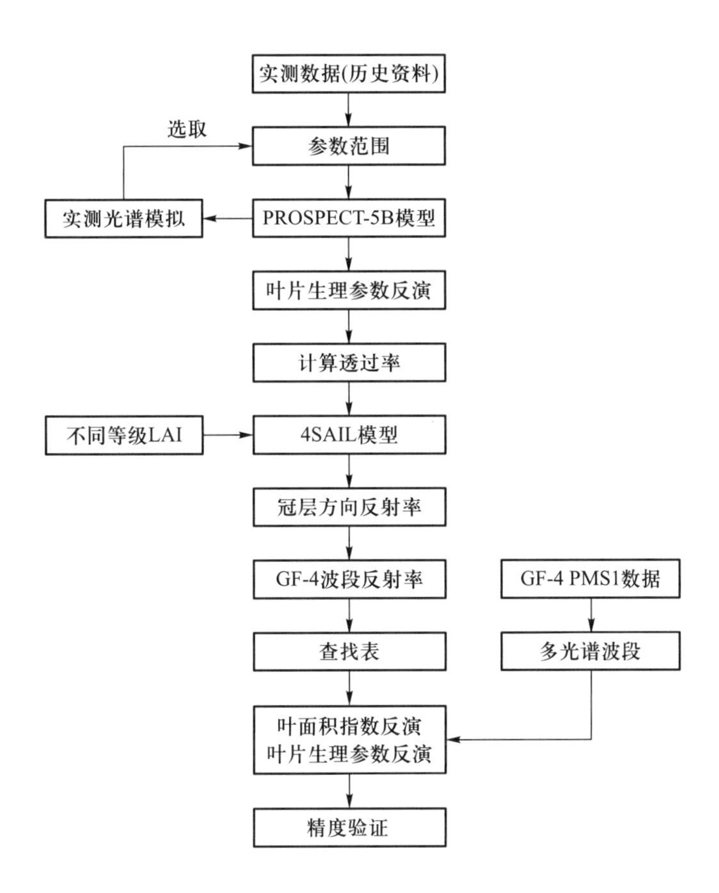

图 6.2 物理模型技术路线框图

利用物理模型反演 LAI 从四个方面进行,首先分析模型输入参数敏感性,分别分析叶肉结构参数、叶绿素浓度、类胡萝卜素浓度、褐色素浓度、等效水厚度和干物质含量对模型的影响;其次,构建 GF-4 最适 LAI 反演查找表,并在查找表的基础上进行 LAI 的反演。模型构建过程中,利用实测叶绿素含量、干物质含量和含水量结合 LOPEX93 数据库调整 PROSAIL 模型的输入参数,使得反演结果更好地接近实测 LAI。模型参数如表 6.2 所示。

表 6.2 物理模型参数设置

模 型	参 数	取 值
PROSPECT-5B	叶肉结构参数(N)	0.1~6.1
	叶绿素浓度(C_{ab})/(μg · cm^{-2})	0~100
	类胡萝卜素浓度(C_{car})/(μg · cm^{-2})	0~28
	褐色素浓度(C_{brown})	0.2
	等效水厚度(EWT)/cm	0~0.08
	干物质含量(LMA)/(g · cm^{-2})	0~0.04

续表

模　型	参　数	取　值
4SAIL	叶面积指数(LAI)	0.1~5
	平均叶倾角(θ_{la})	50
	叶倾角分布函数(LIDF)	椭球
	热点参数	0.24
	土壤系数(ρ_{soil})	0.197
	太阳天顶角(θ_s)	31.367
	观测天顶角(θ_o)	1.8415
	方位角(Ψ)	81.5084
	天空散射光比例(SKYL)	20

2)PROSAIL 模型简介

PROSAIL 模型是叶片光学模型 PROSPECT 和冠层辐射传输模型 SAIL 的耦合模型,是目前应用最普遍的冠层辐射传输模型之一(Baret et al.,1992)。PROSAIL 模型发展过程如图 6.3 所示。

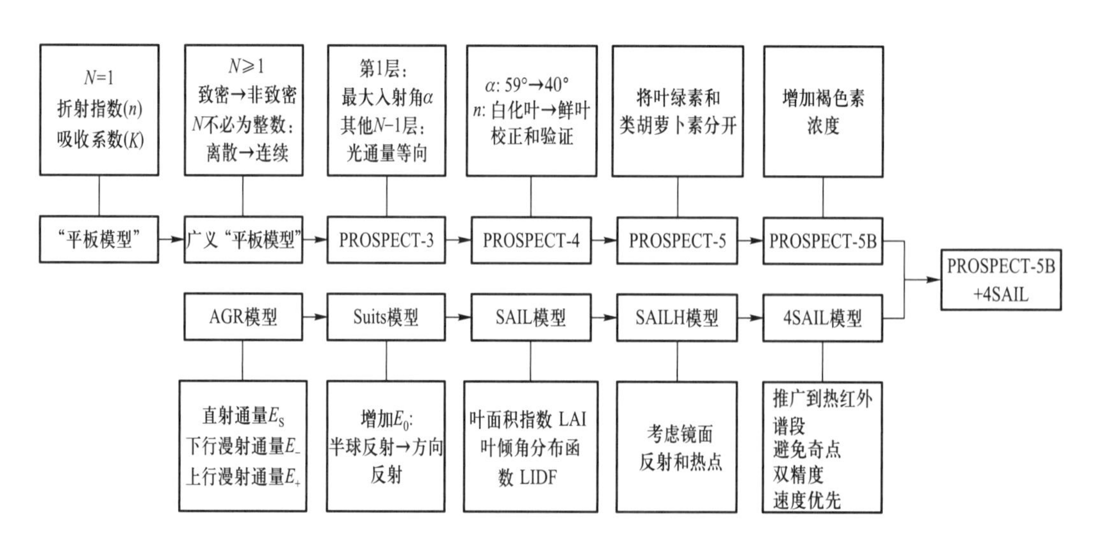

图 6.3 PROSPECT-5B 与 4SAIL 模型相结合的 PROSAIL 模型

在叶片层面,电磁辐射和植物叶片的相互作用(反射、透射、散射、吸收)取决于这些叶片的物理和化学特性。PROSPECT 模型用叶肉界面折射指数(n)和叶肉结构参数(N)描述散射,用叶绿素浓度(C_{ab})、水含量(C_w)等叶片组分含量和相应的光谱吸收系数(K_{ab}、K_w等)描述吸收,进而得到可见光到中红外范围内(400~2500 nm)的叶片反射率和透射率。

在冠层层面,SAIL 模型通过冠层成分的大小和数量 LAI、倾斜方向(叶倾角分布函数及平均叶倾角)、冠层粗糙度(热点参数)、土壤背景(土壤系数ρ_{soil})等冠层结构参数和观测条件(太阳天顶角 θ_s、观测天顶角 θ_o、方位角 Ψ)将叶片的光谱特性和遥感反射作用联系起来。

3)参数设置及适应性分析

将 PROSPECT-5B 模型中的叶绿素浓度范围设为 0~100 μg·cm^{-2},类胡萝卜素浓度范围设为 0~28 μg·cm^{-2},褐色素浓度设为固定值 0.2,等效水厚度范围设为 0~0.08 cm,干物质含量范围设为 0~0.04 g·cm^{-2},叶肉结构参数范围设为 0.1~6.1,使用迭代数值优化方法对叶片的生理参数进行反演。

使用 PROSPECT-5B 模型对叶片生理参数的每一种组合计算叶片反射率,然后通过使叶片生理参数与混合系数的代价函数最小来反演不同混合系数 k 对应的反射率曲线的叶片生理参数。

$$d_{k,\mathrm{mod}} = \sum_{\lambda} \left[R_k(\lambda) - R_{\mathrm{mod}}(\lambda) \right]^2 \tag{6.1}$$

式中,λ 为波长,$R_k(\lambda)$为混合系数 k 对应的反射率曲线在 λ 处的反射率值,$R_{\mathrm{mod}}(\lambda)$为模型模拟反射率在 λ 处的值。

将迭代次数设为 20 次,每次将反演值范围划分为 5 个等级,选择模拟效果最佳的等级,在下一次迭代中再对这一等级范围进行划分,从而实现对反演值的逼近。以叶绿素浓度为例,叶绿素浓度反演值随迭代次数增加的变化情况如图 6.4 所示。当迭代次数从 1 次变为 2 次时,叶绿素浓度的反演值变化最大,从 50 μg·cm^{-2}变为 30 μg·cm^{-2}。当迭代次数继续增加时,反演值一直在 1 次迭代和 2 次迭代的反演值之间变化并逐渐趋近于一个固定值。

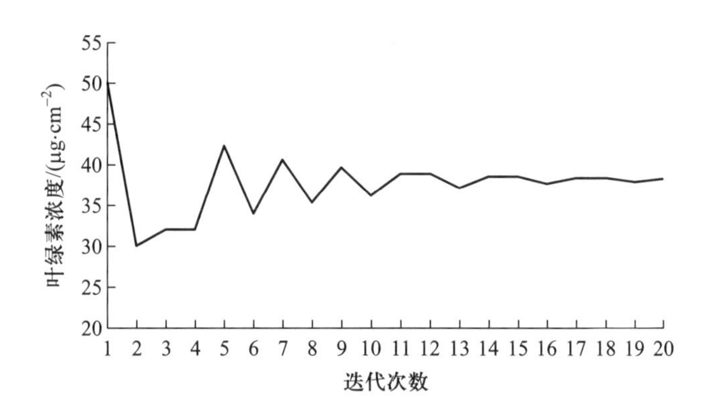

图 6.4 叶绿素浓度对迭代次数的敏感性

$d_{k,\mathrm{mod}}$随迭代次数增加的变化情况如图 6.5 所示。由图 6.5 可见,当叶绿素浓度趋近于固定值时,模拟反射率也不断接近于混合系数 k 对应的反射率,即不断逼近模型的真实解。在反演过程中,迭代次数的选择取决于对精度的要求。当迭代次数在 2~4 次时,不仅反演值偏低,反射率的距离函数也最远,因此要获得一个正确的反演值,要迭代 5 次以上,要想获得一个精度较高的反演值,要迭代 11 次以上。

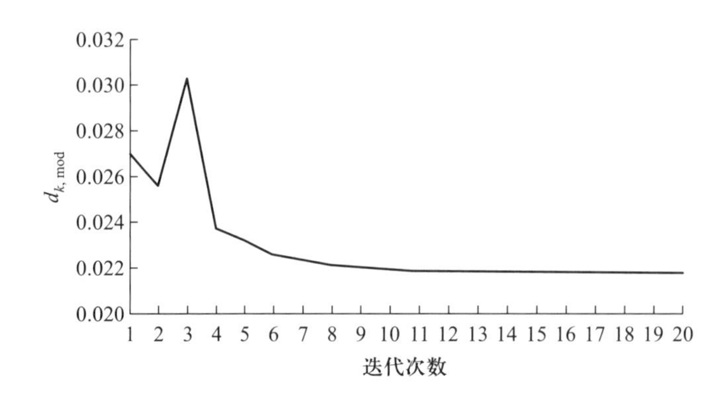

图 6.5 $d_{k,\mathrm{mod}}$对迭代次数的敏感性

使用混合系数 k 和叶片生理参数建立的查找表见表 6.3 所示。

表 6.3 叶片生理参数反演查找表

混合系数 k	叶绿素浓度 $/(\mu g \cdot cm^{-2})$	类胡萝卜素浓度 $/(\mu g \cdot cm^{-2})$	等效水厚度 /cm	干物质含量 $/(g \cdot cm^{-2})$	叶肉结构参数
0	95.12	28.00	0.0496	0.0206	0.73
0.1	67.54	6.25	0.0215	0.0092	0.73
0.2	54.96	1.98	0.0494	0.0107	0.89
0.3	44.17	2.63	0.0141	0.0144	1.08
0.4	47.80	4.10	0.0367	0.0323	1.64
0.5	38.27	3.66	0.0045	0.0214	1.64
0.6	41.29	4.17	0.0611	0.0273	2.14
0.7	51.78	5.48	0.0800	0.0400	3.10
0.8	56.14	6.06	0.0800	0.0400	3.75
0.9	61.77	6.76	0.0800	0.0400	4.58
1	70.25	7.87	0.0800	0.0400	5.65

由表 6.3 可知，$k=1$ 代表健康叶片，$k=0$ 代表枯黄叶片。当 $k \geqslant 0.3$ 时，各反演参数的变化趋势基本符合规律；当 $k \leqslant 0.2$ 时，叶绿素浓度出现逆向增长，叶肉结构参数出现了小于 1 的情况；当 $k \leqslant 0.1$ 时，类胡萝卜素浓度出现逆向增长；当 $k=0$ 时，等效水厚度和干物质含量出现逆向增长。

使用 PROSPECT-5B 模型对不同混合系数对应的反射率计算吸收率，从而得到与反射率相对应的透射率。而计算结果作为 4SAIL 模型的输入数据计算冠层的方向反射率，计算结果如图 6.6 所示。

综上分析，有了各参数的取值之后，针对 GF-4 卫星数据，将 LAI 取值为 0.02～8.00，步长为 0.02，各参数设置对应混合系数 k 为 1 的情况（即健康叶片），使用 4SAIL 模型计算冠层的方向反射率，构建冠层反射率与 LAI 的查找表。

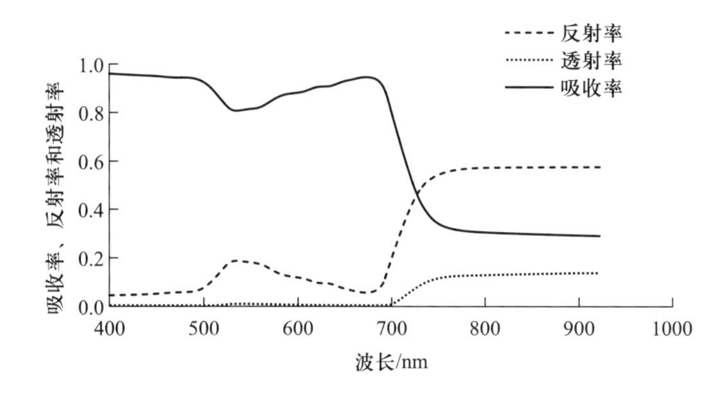

图 6.6 PROSPECT-5B 模型吸收率、透射率和反射率计算

6.2.3 随机森林模型构建

随机森林(random forest,RF)模型的 LAI 反演是由 GF-4 卫星数据经数据预处理之后计算影像植被指数,同时,地面观测数据经过 PROSAIL 模型计算植被指数并训练数据集确定随机森林参数,然后两者进行 LAI 反演(图 6.7)。

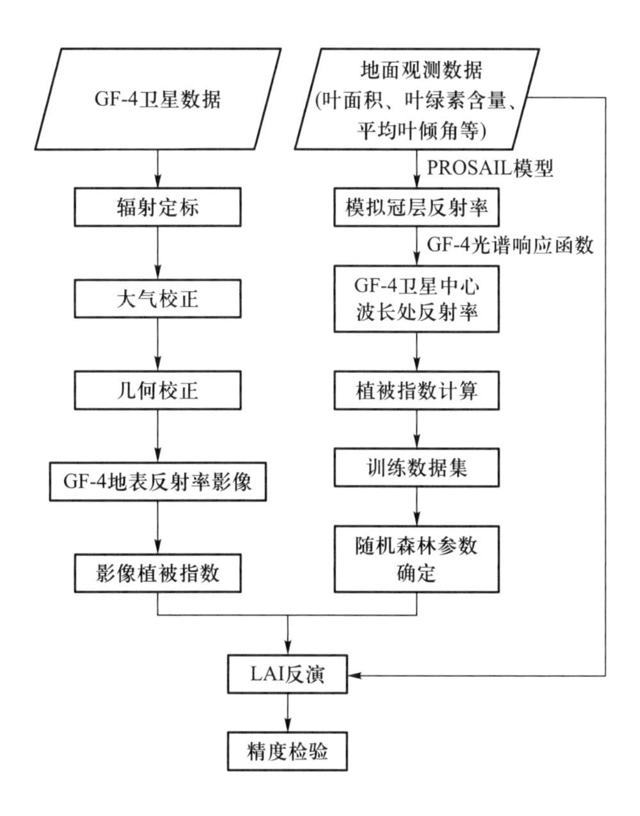

图 6.7 基于随机森林模型的 LAI 反演技术路线图

1）技术路线

在构建混合模型时，依据所确定的 PROSAIL 模型参数，模拟得到一组冠层反射率数据，并依据表 6.1 中各公式计算得到各植被指数。将模拟得到的各类型植被指数作为模型训练数据集，实测数据作为验证数据集，在 Matlab 2016b 环境下，调试运行随机森林算法，根据算法参数设置原则及输入自变量数量，调整确定算法最佳参数，从而建立基于随机森林模型的 LAI 反演方法。

2）随机森林算法

随机森林算法于 2001 年由 Breiman 提出，是一种基于多棵分类回归树的集成机器学习方法（Breiman，2001），该算法组合多棵回归树以提高单棵回归树的性能。随机森林中每棵回归树通过重采样技术（bootstrap）在原始数据集中有放回地随机抽取 n_{tree} 个与原样本集同样大小的训练集，组成 n_{tree} 棵回归树；生成每棵回归树时，在 p 个自变量集合中随机抽取 m_{try} 个特征变量（$m_{\text{try}}<p$），通过计算每个特征变量的信息，每棵分类回归树在 m_{try} 个特征变量中选择一个最能体现分类能力的变量进行节点分裂，每棵树最大限度生长，不进行任何裁剪，直到满足分割树生长终止条件，即小于等于终端节点（Nodsize）的最小数。一般 Nodsize 在算法中会取固定值。因此 m_{try} 是随机森林中主要的调节参数（Svetnik et al.，2003）。一般，bootstrap 法生成回归树时，2/3 的样本数据会被使用，另外 1/3 的样本数据被预留下来，称为袋外（out-of-bag，OOB）数据，OOB 数据用来估计变量重要性及模型的泛化误差（Archer and Kimes，2008），计算过程如公式（6.2）和公式（6.3）所示：

$$\text{MSE}_{\text{OOB}} = n^{-1}\sum_{1}^{n}\{y_i - \hat{y}_i^{\text{OOB}}\}^2 \tag{6.2}$$

$$R_{\text{RF}}^2 = 1 - \frac{\text{MSE}_{\text{OOB}}}{\hat{\sigma}_y^2} \tag{6.3}$$

式中，y_i 为袋外数据中因变量的实测值，$\hat{y}_i^{\text{OOB}}$ 为随机森林对袋外数据的预测值，n 为 OOB 数据集的总个数，$\hat{\sigma}_y^2$ 为随机森林对袋外数据预测值的方差，MSE_{OOB} 为 OOB 数据集的残差均方值。

随机森林中，在构造每一棵树时，每个分裂节点只能搜索输入特征的一个随机子集，并且每棵树都是完全生长而不需要任何修剪，所以随机森林的计算量相对比较小。随机森林的计算时间为 $T\times\text{sqrt}(M)\times N\times\log(N)$，其中 T 为树的数目，M 为每个节点使用的特征数，N 为训练样本的数目。虽然随机森林算法计算并不密集，但它们被存储为一个 $N\times T$ 矩阵，仍需要一个相对较大的内存空间（吕杰，2012）。

3）随机森林参数确定

建模之前，为了使模型的泛化误差最小，需要对随机森林模型中回归树的数目 n_{tree} 和每棵树随机分裂时的特征变量 m_{try} 两个重要参数进行设定。本研究通过 OOB 数据集袋外误差对随机森林参数进行确定,将 n_{tree} 参数设定在 500~1000,m_{try} 设定在 1~13,利用随机森林模型进行反复测试训练,获得相对最优参数,如图 6.8 所示。

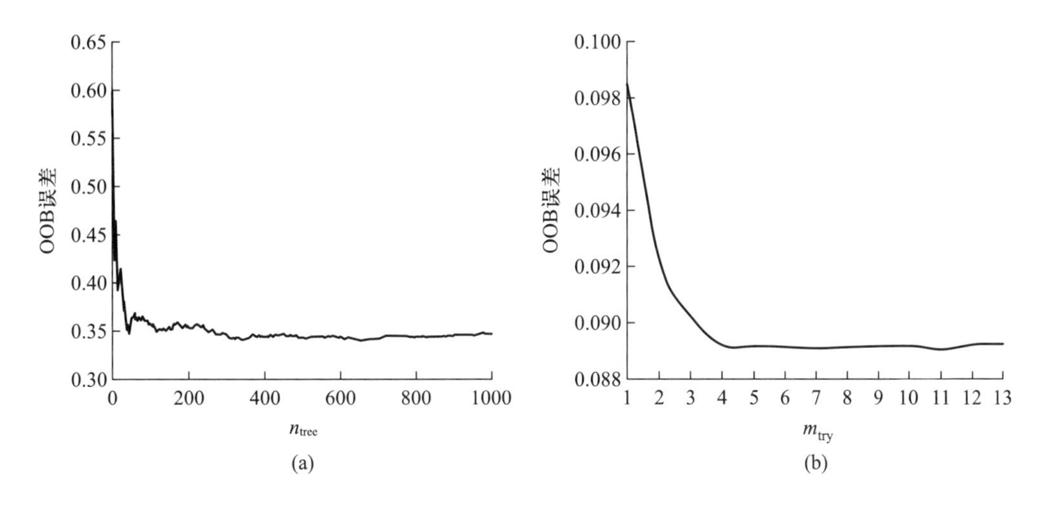

图 6.8 随机森林参数优选过程:(a)OOB 误差随 n_{tree} 变化趋势;(b)OOB 误差随 m_{try} 变化趋势

由图 6.8a 可知,当 n_{tree} 在 1~50 时,OOB 误差逐渐减小并在 $n_{tree}=50$ 时达到最小值;但在 50~700 时,OOB 误差先增加后减小,有一些较小的起伏波动;在 700 之后,OOB 误差变化一致且没有明显波动,因此本研究随机森林模型中 n_{tree} 选择 700。由图 6.8b 可以看出,当 m_{try} 从 1 增加到 4 时,OOB 误差逐渐减小;m_{try} 在 4~13 时,OOB 误差变化平稳;当 $m_{try}=11$ 时,OOB 误差最小,但是在 m_{try} 从 1 增加到 13 过程中,OOB 误差的变化幅度较小,整体变化大约在 0.008 范围内,表明 m_{try} 的优化对随机森林模型预测性能影响较小,为了在随机森林模型变量选择中保留更多的随机性,本章选择 $m_{try}=6$。对于终端节点数,随机森林算法在应用于回归预测问题时,默认设定为 5;应用于分类问题时,默认设定为 1;由于本章均为回归问题,所以 Nodesize 取值为 5。

6.3 算 法 实 现

针对 GF-4 卫星高频次观测和多光谱段特点,研究特征参数反演方法,为共性产品的生产和典型应用提供基础性参量,梳理出针对 GF-4 卫星特点的 LAI 反演方法和技术路线,为减灾、农业、林业、环境等多领域应用 GF-4 卫星提供参考和支撑。

6.3.1 算法介绍

步骤(1):确定软件的输入及输出,定义三种模式:①进行经验模型的 LAI 反演,②进行 PROSAIL 模型的 LAI 反演,③进行随机森林模型的 LAI 反演。

步骤(2):输入遥感影像,并根据输入构建对应模型。①经验模型构建。选取不同的植被指数,进行线性、指数、对数、二项式四种形式的反演,并与实测 LAI 值进行拟合,选出最佳的拟合方式,并对遥感影像进行反演得到 LAI 值。②PROSAIL 模型构建。输入参数后,进行敏感性分析,选出适合参数,再代入 PROSAIL 模型中,建立 LAI-波段值查找表,并与遥感影像进行代价函数反演得到 LAI 值。③随机森林模型构建。通过训练样本训练数据集,确定随机森林模型参数,从而对遥感影像进行反演得到 LAI 值。

步骤(3):反演得到 LAI 值,输出 LAI 反演图。

6.3.2 算法流程

利用 C#进行 LAI 反演插件的集成,确定软件的输入、输出及定义三种模式:①进行经验模型的 LAI 反演,②进行 PROSAIL 模型的 LAI 反演,③进行随机森林模型的 LAI 反演。根据不同的需求,采用不同模式进行输出。具体算法流程如图 6.9 所示。

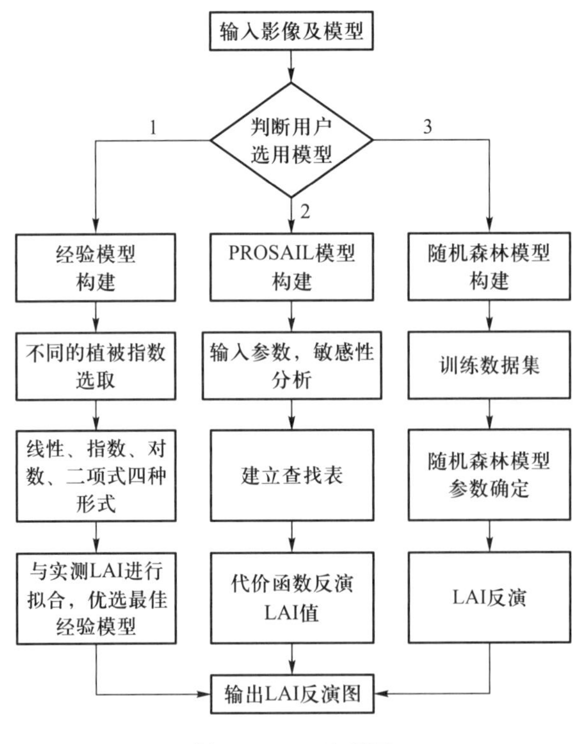

图 6.9 LAI 流程图

6.3.3 伪代码

本节介绍 LAI 反演的 3 种算法。

算法 1 经验模型法

输入:植被指数(EVI 等)影像矩阵($m*n$)

输出:LAI 计算结果($m*n$)

```
  Function Experiment_NDVI(inputpath)
img←GetImg(inputpath)
    for each pixel in img do
  if (pixel[m,n]>0) && (pixel[m,n]<1) then
    //像元值在合理范围之内
    output[m,n]←lai←植被指数(EVI 等)最优拟合公式计算 LAI //连接上一行,读取归一化植
被指数图像并计算输出
    if (output[m,n]<0) then //异常值处理
      output[m,n]←0
    end if
    if (output[m,n]>8) then
      output[m,n]←8
    end if
  else
    output[m,n]←-32768 //填充值
  end if
    end for
    exportfile(outputpath,output,outputparas)//输出影像
    exportXML(inputpath,outputpath,outputparas) //输出影像 xml 文件
    exportRPB(inputpath,outputpath,outputparas) //输出影像 rpb 地理信息文件
  End Function
```

算法 2 PROSAIL 模型法

输入:多光谱遥感影像矩阵($m*n$),实测叶面积指数值,实测叶绿素含量,光谱响应函数

输出:LAI 计算结果($m*n$)

```
  Function Calculate_lai(inputpath,Lai,Cab,SpecPath)
img←GetImg(inputpath)
spec←GetSpect(SpecPath) //获得光谱响应函数
LaiMax←GetMax(Lai) //获得 LAI 实测最大值
CabMax←GetMax(Cab) //获得 CAB 实测最大值
Lut←SetLut(LaiMax,CabMax,spec) //计算查找表
for each pixel in img do
    if (pixel[m,n]>0) && (pixel[m,n]<10000) then
      //像元值在合理范围之内
```

```
    output[m,n]←lai←CostFunc(img,Lut) //结合查找表,根据代价函数求解 LAI 值
   end if
   if (pixel[m,n]<0) then //异常值的处理
    output[m,n]←0
   end if
   if (pixel[m,n]>10000) then
    output[m,n]←10000
   end if
   else
    output[m,n]←-32768 //填充值
   end if
  end for
    exportfile(outputpath,output,outputparas)//输出影像
    exportXML(inputpath,outputpath,outputparas) //输出影像 xml 文件
    exportRPB(inputpath,outputpath,outputparas) //输出影像 rpb 地理信息文件
   End Function

   Function SetLut(LaiMax,CabMax,spec)
     for (i=0; i<LaiMax; i+=0.1) do
       for (j=0; j<CabMax; j+=0.5) do
         resv←Prosail(i,j) //输入参数,根据 PROSAIL 模型反演得到模拟的地表反射率值
         bn←SpecFunc(resv,spec) //根据光谱响应函数重采样到对应影像波段值
         Lut←Save(bn,i,j) //建立 LAI、CAB-波段值之间关系表
       end for
     end for
   End Function

   Function SpecFunc(resv,spec)
     bnsum←[b1sum,b2sum,b3sum,b4sum]←GetSum(spec) //获得光谱响应函数总和
     bn←[b1,b2,b3,b4]←spec*resv/bnsum //根据光谱响应函数与模拟的反射率值计算对
应影像波段值
   End Function

   Function CostFunc(img,Lut)
   for each row in Lut do
     lai←RowMin←GetMin((img-row)^2) //计算各波段平方差和,计算最小值并得到对应
LAI 值
   end for
     End Function
```

算法 3 随机森林模型法

输入:多光谱遥感影像矩阵($m*n$),训练样本

输出:LAI 计算结果($m*n$)

```
  Function RandomForest(inputpath,trainset)
img←GetImg(inputpath)
tn←700 //设定随机森林模型中回归树个数
sn←Random(Length(trainset)) //有放回地随机选择 sn 个样本
Classes←unique(trainset) //得到无重复的类别个数
for each i in tn do
   trees←BuildTrees(sn) //根据训练样本构建决策森林
end for
for each pixel in img do
    if (pixel[m,n]>0) && (pixel[m,n]<10000) then
      //像元值在合理范围之内
      output[m,n]←lai←Vote(img,tn,trees,classes) //对输入影像进行投票,统计出选
票最高的 LAI 值
    end if
    if (pixel[m,n]<0) then //异常值的处理
      output[m,n]←0
    end if
    if (pixel[m,n]>10000) then
      output[m,n]←10000
    end if
    else
      output[m,n]←-32768 //填充值
    end if
end for
      exportfile(outputpath,output,outputparas)//输出影像
      exportXML(inputpath,outputpath,outputparas) //输出影像 xml 文件
      exportRPB(inputpath,outputpath,outputparas) //输出影像 rpb 地理信息文件
    End Function

    Function BuildTrees(sn)
ln←Random(Length(sn)) //随机建立的特征(LAI 值)个数
for each j in ln do
    gr←GetGainRatio(j) //获得每棵树的信息增益率
    [lai,label1,label2]←grmax←GetMax(gr) //获得最大的信息增益率,保存 LAI 值分类,
对 label1 和 label2 分裂值进行再分叉
    If (isempty(label1) ||isempty(label2)) then
```

```
    //递归地构造回归树
    trees←treeschild1←BuildTrees(j) //对小于等于分裂值的样本再分叉
    trees←treeschild2←BuildTrees(j) //对大于等于分裂值的样本再分叉
  end if
end for
  End Function

  Function Vote(img,tn,trees,classes)
for each k in tn do
    classes←Vote(Find(img=trees)) //递归找到每棵回归树得到的类别并将选票累加
    lai←cMax←Get(classes) //获得选票最多的类别值
end for
  End Function
```

6.4 应用与验证

真实性检验是评价遥感反演产品质量和验证遥感应用产品是否准确反映地表真实状况的重要途径。本节通过模型在不同区域反演应用图、实测数据精度验证以及多空间尺度交叉验证三种方式进行基于GF-4卫星数据的应用和验证。

6.4.1 数据情况

1）研究区概况

河北深州试验区：河北农业示范区属于黄淮海示范区范围内，主要进行玉米的遥感估产、环境监测等示范应用。河北衡水市位于115°10′E—116°34′E，37°03′N—38°23′N，地处河北冲积平原，地势自西南向东北缓慢倾斜，海拔12~30 m。境内河流较多，由于河流泛滥和改道，沉积物交错分布，形成许多缓岗、微斜平地和低洼地。气候属于大陆季风气候，为温暖半干旱型。泥土大部分属于潮湿土类，其土层深厚，质地多变，但以轻壤土为主，部分为砂质和黏质。

河北廊坊试验区：位于河北省廊坊市万庄镇国际农业产业园内，西部和北部与北京大兴区接壤。试验区中心经纬度为116°35′E、39°35′N。属于温带大陆性气候，四季分明。光热资源充足，雨热同季，有利于农作物生长。园区占地2000亩（约1.3 km^2），拥有各种实验设施和农作物样地，园区外为农业用地，种有大面积的小麦。

河北怀来试验区：试验站周边10 km范围内，地表类型丰富，有农田、水域、山地、草场和湿地滩涂。怀来遥感综合试验站现有高架车、高架塔吊等观测平台，并设有自动气象站、波纹比系统、涡动相关仪、气象梯度观测塔(40 m)、LAI 自动观测系统、6 谱段辐射观测系统、漫散射辐射观测系统、大孔径闪烁仪、蒸渗仪、土壤多参数监测系统、太阳辐射仪等多套连续观测系统和其他遥感观测仪器设备。

2)实测数据

2016 年在河北深州、廊坊、怀来以及栾城进行实测数据获取。测量参数包括:LAI、叶片光谱数据、干物质含量、株高、株距、植被含水量等。

6.4.2 不同区域应用

利用实测冠层 LAI 数据与 GF-4 卫星影像对应像元的植被指数,基于优选的经验模型、优化的物理模型和随机森林模型,采用已构建好的算法进行不同区域的反演应用,并对结果进行真实性检验和分析。

由图 6.10 可见,影像主要为河北地区以及北京、天津地区,基于经验模型的 LAI 反演结果为:东部和南部为平原地区,主要为城镇、建筑物区域,LAI 值较低,LAI 反演结果为 0~4;西部和北部为山地区域,可从反演图中隐约看出山体轮廓,LAI 反演结果为 3~7,基本不存在异常值区域。

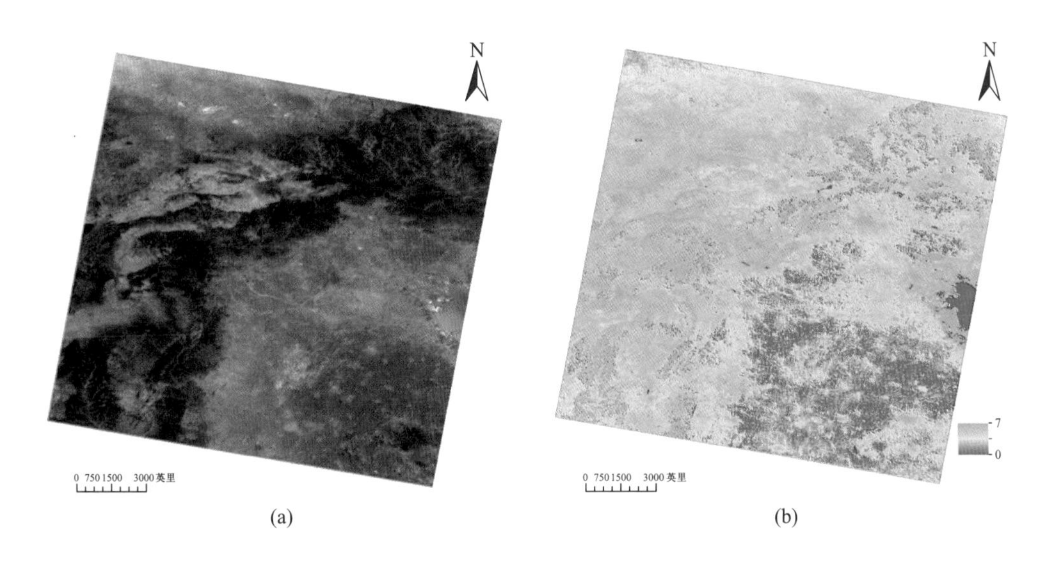

图 6.10 GF-4 经验模型 LAI 反演结果:(a)GF-4 卫星原始影像;(b)LAI 反演分布图

由图 6.11 可见,影像主要为河北地区以及北京、天津地区,基于物理模型的 LAI 反演结果为:影像中存在少量云以及渤海区域,其反演结果为负值(异常值),将其归为 0 值;从影像反演结果的空间分布可以看出,反演情况与地物实际情况基本保持一致,物理模型对 LAI 更具有普适性,业务能力更强。

由图 6.12 可见,影像主要为内蒙古地区以及北京、天津地区,基于随机森林模型的

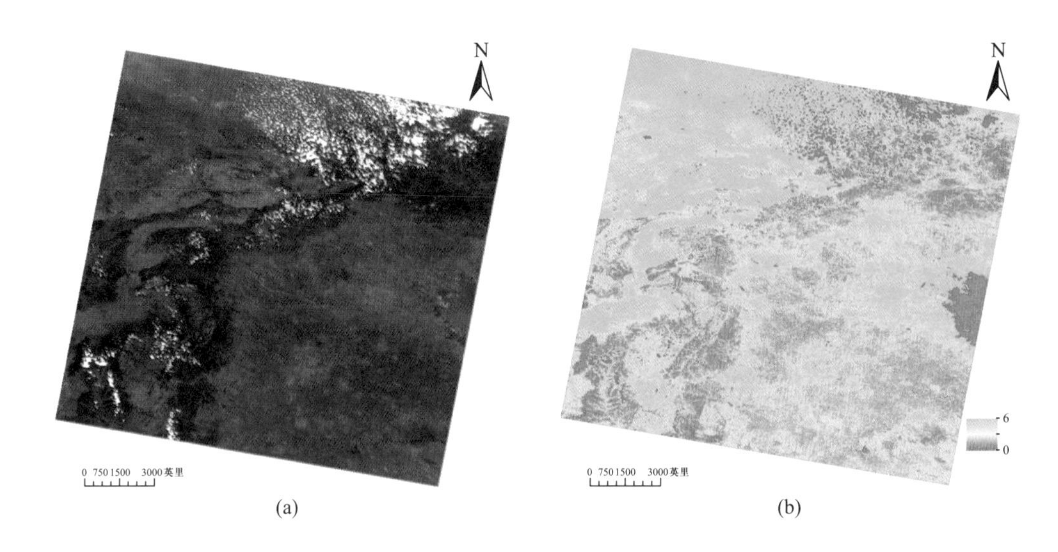

图 6.11 GF-4 物理模型 LAI 反演结果:(a)GF-4 卫星原始影像;(b)LAI 反演分布图

LAI 反演结果为:北部地区和西部地区为浑善达克沙地,植被遭到破坏,沙漠化严重,LAI 反演结果为 0~3。整体来看,反演情况基本符合实际地形条件,反演结果真实可信。

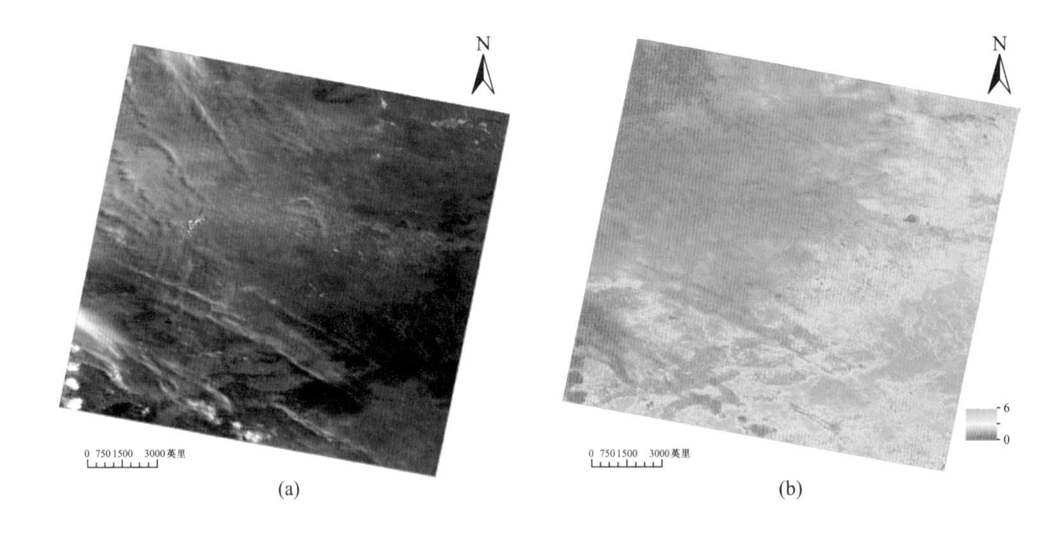

图 6.12 GF-4 随机森林模型 LAI 反演结果:(a)GF-4 卫星原始影像;(b)LAI 反演分布图

6.4.3 实测数据真实性检验

真实性检验就是要用独立的方法评价数据产品、反演产品及应用产品的真实性和准确性。真实性检验常用的方法主要有两种;①直接验证法,利用时间尺度、空间位置对应的实测数据直接验证。②间接验证法,以高分辨率影像作为桥梁,采取多尺度逐级验证。

1）经验模型直接验证

首先基于各种植被指数，应用线性、对数、二项式、指数等形式反演结果与对应实测LAI值进行验证分析，得到各决定系数 R^2 和均方根误差 RMSE，从而得出最优经验模型公式如下：

$$R^2 = \frac{\sum_{i=1}^{n}(x_i - \bar{x})^2 \times (y_i - \bar{y})^2}{\sum_{i=1}^{n}(x_i - \bar{x})^2 \times \sum_{i=1}^{n}(y_i - \bar{y})^2} \tag{6.4}$$

$$\mathrm{RMSE} = \sqrt{\frac{\sum_{i=1}^{n}(y_i - x_i)^2}{n}} \tag{6.5}$$

式中，x_i 为实地测量值，$\bar{x}$ 为实地测量值均值，y_i 为模型预测值，$\bar{y}$ 为预测值均值，n 为样本个数。决定系数 R^2 反映模拟值与实测值的拟合程度，R^2 越接近于1，表明模型拟合精度越高。均方根误差 RMSE 用于模型检验，值越小，表明预测值与实测值差异越小，模型预测能力越好。

结果如表 6.4 所示。由表可知，LAI 与各植被指数模型均有良好的相关性，其中，以 NDVI 二项式模型进行 LAI 反演结果拟合的精度最高，决定系数 R^2 和均方根误差 RMSE 分别是 0.87560 和 0.32730。

表 6.4 经验模型反演精度

植被指数	建立模型	R^2	RMSE
NDVI	$y=9.4047x-4.2792$	0.82350	0.36430
	$y=0.2581e^{3.1074x}$	0.84140	0.34780
	$y=7.325\ln x+4.9315$	0.81690	0.38120
	$y=6.6903x^2-1.1492x-0.1746$	0.87560	0.32730
SAVI	$y=3.8393x-1.1088$	0.69650	0.49030
	$y=0.7417e^{1.2618x}$	0.70410	0.43240
	$y=4.0755\ln x+2.8169$	0.67240	0.48190
	$y=0.92071x^2-16.439x+9.6265$	0.75510	0.40350
EVI	$y=1.8451x-2.1572$	0.84080	0.38760
	$y=0.5181e^{0.6088x}$	0.83320	0.37560
	$y=5.5402\ln x-2.646$	0.86830	0.30970
	$y=-1.5886x^2+11.372x-16.111$	0.82300	0.31210

其次对经验模型进行直接验证，首先根据优选的经验模型计算出 GF-4 卫星的 LAI 模拟值，再利用实测数据与相应的 LAI 模拟值进行对比。

由图 6.13 可见，经验模型对 LAI 的反演精度较好。

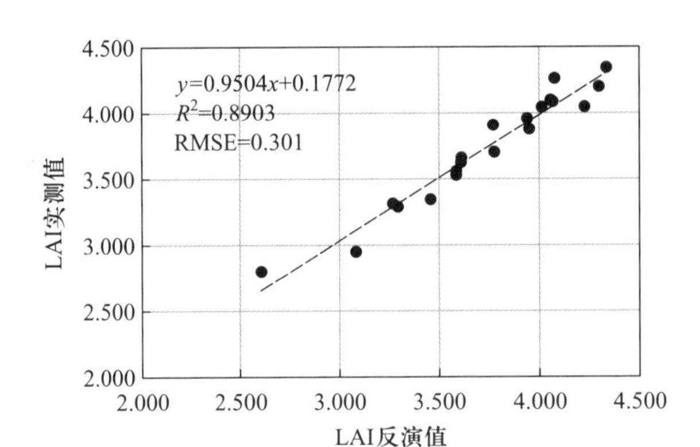

图 6.13 经验模型实测值与反演值散点图

2）物理模型直接验证

采用 PROSAIL 物理模型，所得实测值与反演值的散点图如图 6.14 所示，达到 LAI 要求的反演精度。

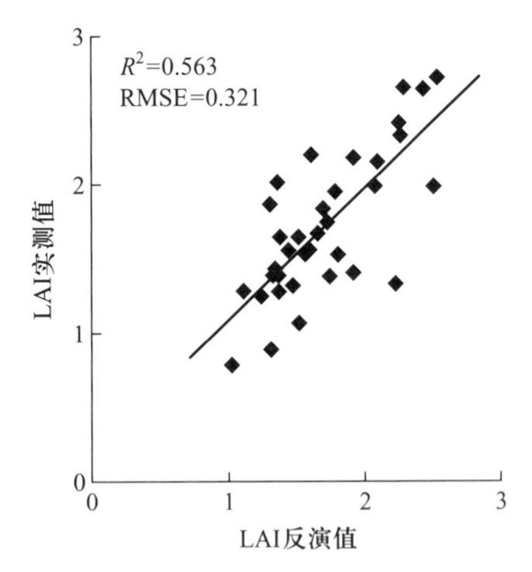

图 6.14 PROSAIL 模型实测值与反演值散点图

3）随机森林模型直接验证

由图 6.15 可见，拔节期和抽穗期 LAI 反演值和实测值之间的线性回归线基本分布在 1∶1 关系线两侧，表明随机森林模型拟合效果较好，其中抽穗期 LAI 反演值与实测值回归线更接近 1∶1 关系线，反演精度较高。拔节期随机森林模型反演 LAI 的平均值偏高，抽穗期偏低。

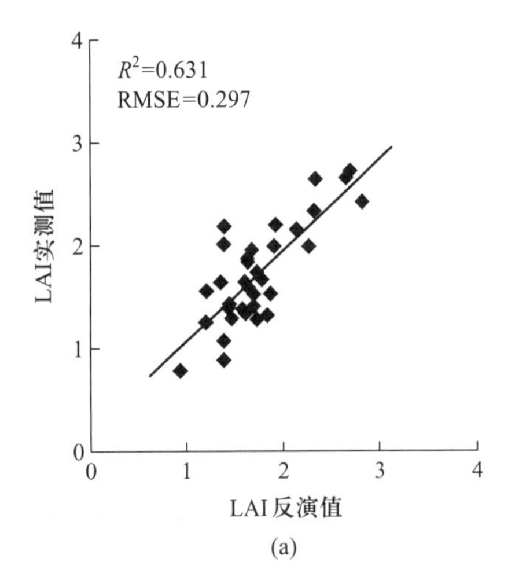

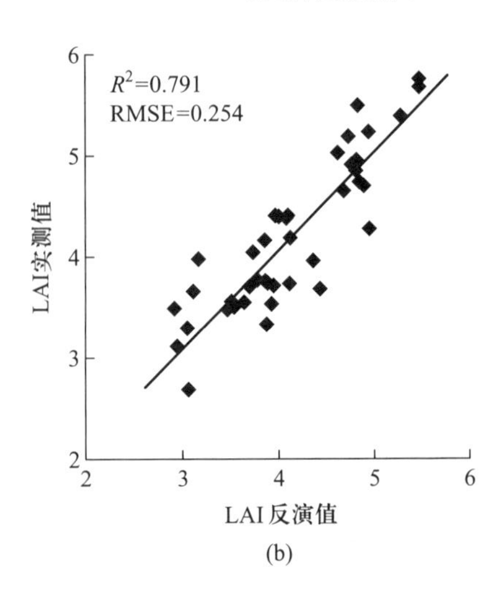

图 6.15 随机森林模型实测值与反演值散点图：(a)拔节期；(b)抽穗期

4)经验模型的多空间尺度验证

本节采用间接验证法进行验证。基于 GF-4 卫星幅宽、分辨率等的影响,本节在尺度转换的基础上,利用 GF-1、GF-2 卫星数据作为尺度转换“桥梁”,采取逐级验证的方法(图 6.16)。

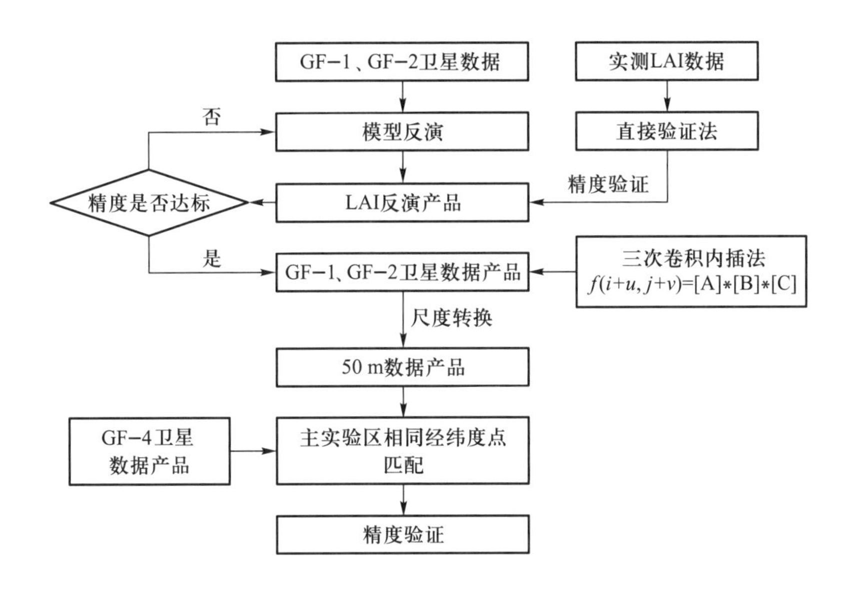

图 6.16 真实性检验流程图

首先,在前期反演实验的基础上优选最佳方法对 GF-1、GF-2 卫星数据进行 LAI 的反演。其次,根据选到的验证数据进行精度评价,将精度达标后的 GF-1、GF-2 LAI 产品采用三次卷积内插法重采样到 50 m。三次卷积内插法是一种精度较高的方法,通过增加参与计算的邻近像元的数目达到最佳的重采样结果。方法与双线性内插相似,先在 Y 方向(或 X 方向)内插四次,再在 X 方向(或 Y 方向)内插四次,最终得到该像元的栅格值。提取 50 m GF-1 卫星数据和 GF-2 卫星数据主实验区部分经纬度点,再提取相同区域 LAI 值,并进行精度验证。

首先,利用实测数据验证 GF-1 卫星数据和 GF-2 卫星数据的反演精度,验证效果如图 6.17 和图 6.18 所示。

然后,以 GF-1、GF-2 卫星数据反演结果作为产品,利用三次卷积内插法对该产品进行重采样,转换为 50 m 数据产品。图 6.19 和图 6.20 分别为 GF-1、GF-2 重采样结果与 GF-4 反演结果的匹配情况,可以看出,匹配情况良好。

最后,在主要实验区,分别提取 GF-1 和 GF-4 以及 GF-2 和 GF-4 相同经纬度点的 LAI 值,并进行精度验证(图 6.21)。

在不同的尺度转换检验中,可以通过不同空间尺度(GF-1、GF-2)对 GF-4 反演进行交叉验证,发现其反演结果的 R^2 值及 RMSE 值均处于良好状态,基本符合遥感影像实际情况。高分系列卫星不同尺度均可完成 LAI 的反演,LAI 经验模型取得均等的效果,尺度效应影响较小。针对不同的反演需求,采用不同的卫星:在小区域内需要得到较为细致的结果,可以采用 GF-1 卫星数据;如需要大尺度的 LAI 提取,可以采取 GF-4 卫星数据,其宏观表现完美且满足精度需求。

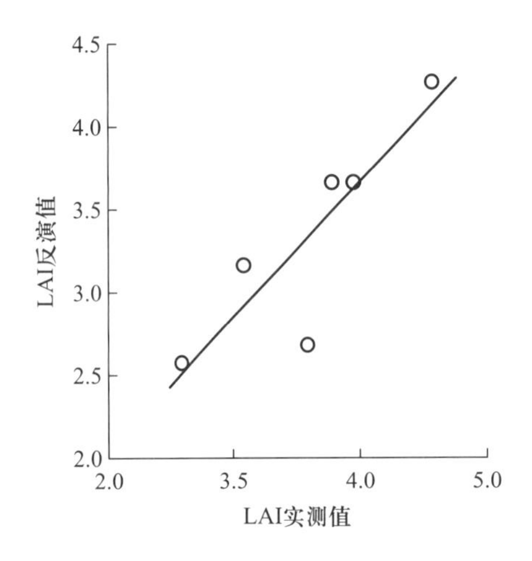

图 6.17 GF-1 卫星数据反演精度验证结果

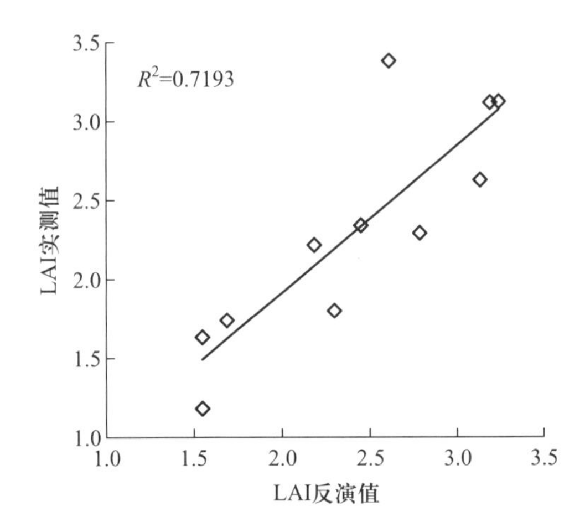

图 6.18 GF-2 卫星数据反演精度验证结果

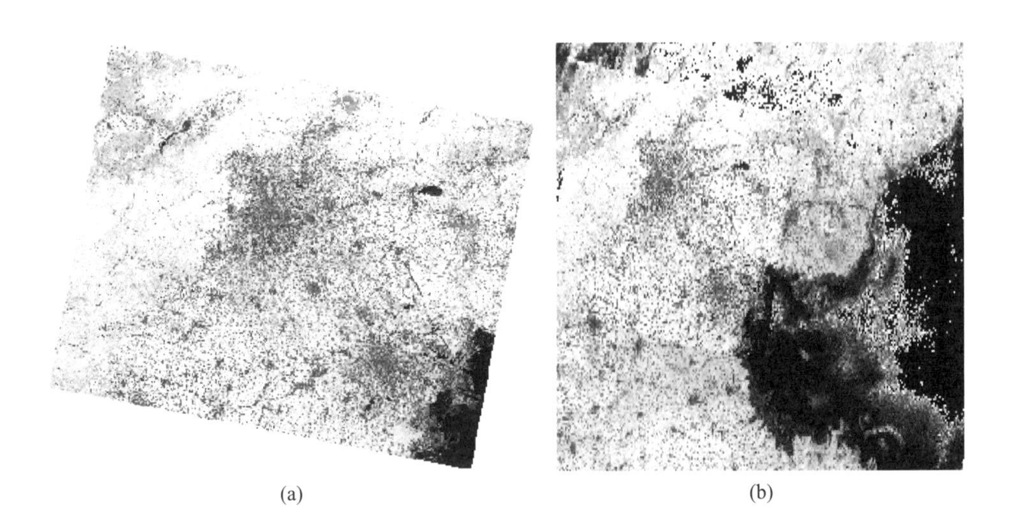

图 6.19 GF-1 与 GF-4 匹配情况:(a)GF-1 重采样结果;(b)GF-1 重采样结果与 GF-4 反演结果匹配

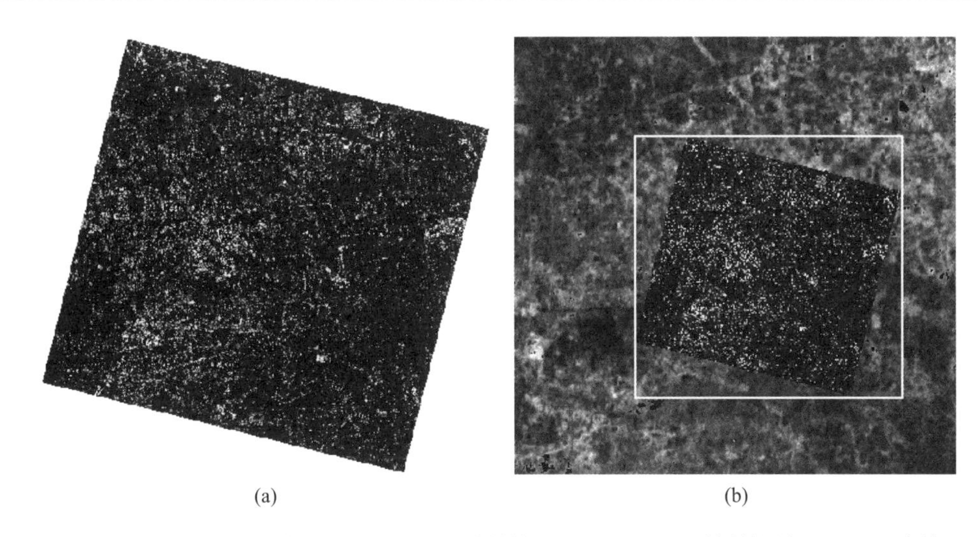

图 6.20 GF-2 与 GF-4 匹配情况:(a)GF-2 重采样结果;(b)GF-2 重采样结果与 GF-4 反演结果匹配

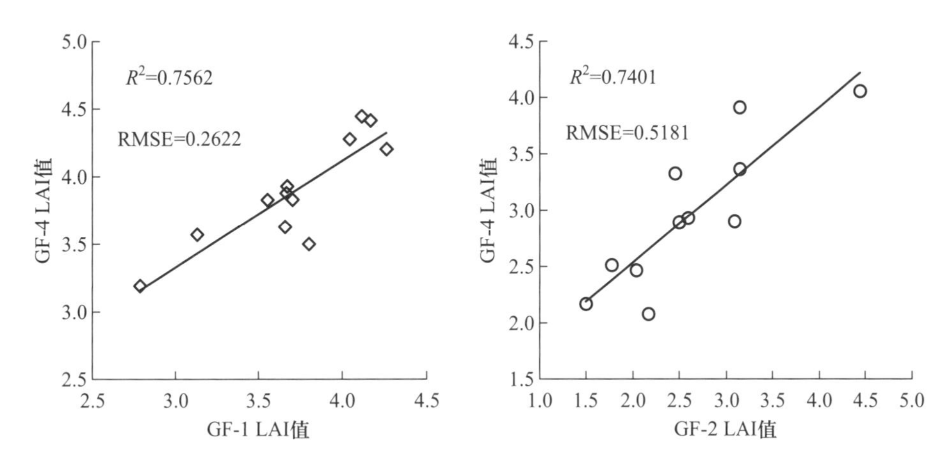

图 6.21 尺度转换后精度验证结果

参 考 文 献

陈艳华,张万昌,雍斌.2007. 基于 TM 的辐射传输模型反演叶面积指数可行性研究. 国土资源遥感,19(2):44-49.

谷成燕,杜华强,周国模,韩凝,徐小军,赵晓,孙晓艳.2013. 基于 PROSAIL 辐射传输模型的毛竹林叶面积指数遥感反演. 应用生态学报,24(8):2248-2256.

黄健熙,吴炳方,曾源,田亦陈.2006. 基于蒙特卡罗方法的森林冠层 BRDF 模拟. 系统仿真学报,18(6):1671-1676.

韩兆迎,朱西存,房贤一,王卓远,王凌,赵庚星,姜远茂.2016. 基于 SVM 与 RF 的苹果树冠 LAI 高光谱估测. 光谱学与光谱分析,36(3):800-805.

姬大彬.2009. 基于 MODIS 数据的高分辨率气溶胶光学厚度反演. 山东科技大学博士研究生学位论文.

李鑫川,徐新刚,鲍艳松,黄文江,罗菊花,董莹莹,宋晓宇,王纪华.2012. 基于分段方式选择敏感植被指数的冬小麦叶面积指数遥感反演. 中国农业科学,45(17):3486-3496.

李小文,王锦地. 1995. 植被光学遥感模型与植被结构参数化. 北京:科学出版社.

梁顺林,范闻捷. 2009. 定量遥感. 北京:科学出版社.

刘佳,范文义. 2008. BRDF 模型及其反演研究的现状及展望. 遥感技术与应用,23(1):104-110.

吕杰. 2012. 基于机器学习和辐射传输模型的农作物叶绿素含量高光谱反演模型. 中国地质大学博士研究生学位论文.

宋金玲,王锦地,帅艳民,肖志强. 2009. 像元尺度林地冠层二向反射特性的模拟研究. 光谱学与光谱分析,29(8):2141-2147.

宋开山,张柏,王宗明,张渊智,刘焕军. 2006. 基于人工神经网络的大豆叶面积高光谱反演研究. 中国农业科学,39(6):1138-1145.

孙华,鞠洪波,张怀清,林辉,凌成星. 2012. 三种回归分析方法在 Hyperion 影像 LAI 反演中的比较. 生态学报,32(24):7781-7790.

王聪,杜华强,周国模,徐小军,孙少波,高国龙. 2015. 基于几何光学模型的毛竹林郁闭度无人机遥感定量反演. 应用生态学报,26(5):1501-1509.

王丽爱,周旭东,朱新开,郭文善. 2016. 基于 HJ-CCD 数据和随机森林算法的小麦叶面积指数反演. 农业工程学报,(3):149-154.

王强,过志峰,孙国清,罗传文,刘丹丹. 2010. 离散植被冠层的解析混合 BRDF 模型——MGEOSAIL. 测绘学报,39(2):195-201.

王希群,马履一,贾忠奎,徐程扬. 2005. 叶面积指数的研究和应用进展. 生态学杂志,24(5):537-541.

张佳华,郭文娟,姚凤梅. 2007. 植被水分遥感监测模型的研究. 应用基础与工程科学学报,15(1):45-53.

赵娟,黄文江,张耀鸿,景元书. 2013. 冬小麦不同生育时期叶面积指数反演方法. 光谱学与光谱分析,33(9):2546-2552.

Archer K J and Kimes R V. 2008. Empirical characterization of random forest variable importance measures. *Computational Statistics and Data Analysis*, 52(4):2249-2260.

Baret F, Jacquemoud S, Guyot G and Leprieur C. 1992. Modeled analysis of the biophysical nature of spectral shifts and comparison with information content of broad bands. *Remote Sensing of Environment*, 41(2):133-142.

Breiman L. 2001. Random Forests. *Machine Learning*, 45(1):5-32.

Chen J M and Cihlar J. 1996. Retrieving leaf area index of boreal conifer forests using Landsat TM images. *Remote Sensing of Environment*, 55(2):153-162.

Li X and Strahler A H. 1985. Geometric - optical modeling of a conifer forest canopy. *IEEE Transactions on Geoscience and Remote Sensing*, 23(5):705-721.

Liang L, Di L P, Zhang L P, Deng M X, Qin Z H, Zhao S H and Lin H. 2015. Estimation of crop LAI using hyperspectral vegetation indices and a hybrid inversion method. *Remote Sensing of Environment: An Interdisciplinary Journal*, 165:123-134.

Liu J G, Pattey E, Jégo G. 2012. Assesment of vegetation indices for regional crop green LAI estimation from Landsat images over multiple growing seasons. *Remote Sensing of Environment*, 123:347-358.

Suits G H. 1971. The calculation of the directional reflectance of a vegetative canopy. *Remote Sensing of Environment*, 2(1):117-125.

Verrelst J, Mu 0o⊘J, Alonso L, Delegido J, Rivera J P, Camps-Valls G and Moreno J. 2012. Machine learning regression algorithms for biophysical parameter retrieval: Opportunities for Sentinel-2 and -3. *Remote Sensing of Environment*, 118:127-139.

Vladimir S, Andy L, Christopher T, Christopher C J, Sheridan Robert P and Feuston B P. 2003. Random forest: A classification and regression tool for compound classification and QSAR modeling. *Journal of Chemical Information and Computer Sciences*, 43(6):1947-1958.

第7章

地表反照率反演

地表反照率(albedo)是重要的地表参数,被广泛地应用于地表能量平衡、中长期天气预测以及大气环流模型中,它是太阳辐射在半球空间的所有地表反射辐射能量与所有入射能量之比(Liang,2004)。地表反照率是地球表面对太阳光辐射反射能力的量度,是地表辐射能量平衡以及地气相互作用中的重要驱动因子之一,是全球环境变化的指示因子(WMO,2010)。

随着卫星遥感技术的发展,利用卫星数据反演地表反照率已成为获取全球地表反照率的主要手段。GF-4卫星是我国首次实现高空间分辨率和高时间分辨率相结合的地球同步轨道卫星,其搭载的传感器具备任意时刻对中国局部区域实现机动观测的能力,能快速地获得大量观测数据,这为地表反照率遥感反演提供了多角度观测数据,同时,由于其高时间分辨率的特点(一景影像的成像时间仅为20 s),更容易获得长时间序列的地表反照率数据,使动态监测区域地表反照率的变化情况成为可能,这对区域土壤湿度、土地覆盖、积雪覆盖等监测具有重要意义。本章主要从研究现状、原理与建模、算法实现及应用与验证几个部分介绍基于GF-4卫星数据的反照率研究。

7.1 研究现状

本节梳理了近年来地表反照率的国内外研究进展,总结了目前国内外常用的地表反照率产品特点与存在的问题,比较研究发现,GF-4卫星与其他静止轨道卫星相比,它具有的高时间、高空间分辨率特性对于反演地表反照率具有明显的优势。

7.1.1 国内外研究进展

国内外学者利用卫星遥感数据对地表反照率反演进行了探索性的研究,Kriebel(1979)基于地面观测第一次提出植被冠层二向性反射因子(bidirectional reflectance factor,

BRF）来进行地表反照率的估算。Kimes 和 Deering（1992）在利用辐射传输模型分析基于天顶反射率估算地表反照率的误差基础上，得出必须利用多角度卫星观测数据才能获得较为精确的地表反照率的结论。Stroeve（1998）等通过对格陵兰岛冰雪覆盖区域地表反照率卫星数据计算值与地表实测值进行对比分析发现，在冰雪融化之前，卫星数据计算值与地表实测值具有较好的一致性。在 1998 年，Liang 提出利用卫星观测值反演地表反照率（Liang，1998）。

随着搭载在 Terra 卫星上的中等分辨率成像光谱仪（Moderate Resolution Imaging Spectroradiometer，MODIS）于 1999 年年末成功发射，地表反照率遥感反演的研究进入了一个新的阶段。根据 MODIS 传感器观测几何的特点，需要一段时间内的连续观测才能获得足够的遥感数据用于反演。Lucht 等在进行地表宽波段反照率的反演时，采用了一种基于半经验线性核驱动模型的方法，随后在半沙漠地区对利用卫星数据计算得到的地表反照率和地面宽波段反照率实测值进行了对比，迈出了对 MODIS 地表反照率产品进行精度验证的第一步（Lucht et al.，2000b）。之后，Barnsley 等（2000）、Liang（2001）的研究，奠定了基于 BRDF 进行地表反照率反演的研究基础。Schaaf 等于 2002 年提出了基于 BRDF 模型的 MODIS 反照率产品的算法和初步结果（Schaaf et al.，2002a，2002b），随后，他将现有的卫星遥感地表反照率产品进行融合，获得全球的地表反照率数据（Schaaf et al.，2008）。

杨华等（2002）提出了一个新的几何光学核——LiTransit 核，利用 RossThick—LiTransit 组合能更好地反映入射反照率随太阳天顶角变化的趋势。Jin 等（2002）通过对 MSIR（Multiangle Imaging Spectroradiometer）和 MODIS 数据进行融合，以弥补多角度数据采样的不足，从而改善 MODIS 地表二向反射分布函数以及地表反照率的精度。王艺等（2011）通过利用 POLDER 数据对 MODIS 的 BRDF 产品进行验证，结果表明了 Ross-Li 模型在模拟地表二向反射率的有效性。

王继燕等（2011）以 TM 影像为数据源提取窄波段地表反照率，并根据亮度、绿度、湿度 3 个特征变量的物理意义，将各波段能量权重作为转换参数实现了从窄波段到宽波段地表反照率的转换，最终得到地表反照率。王红燕于 2012 年采用 NOAA 卫星携带的甚高分辨率辐射仪 AVHRR 数据，经宽带反射率转换、各向异性校正、大气校正、云检测等处理，得到宽带晴空地表反照率产品并进一步对北极反照率的变化进行了研究（王红燕，2013）。

王飞（2013）利用中国静止气象卫星 FY-2D 卫星数据，采用线性 RossThick-LiSparse-R 核驱动 BRDF 模型对中国及周边地区的地表反照率进行反演，其结果与 MODIS 地表反照率产品（MCD43C3）具有较好的一致性。为了解决现有地表反照率产品时间序列短、有效反演比例低的问题，商荣等（2015）假设不同年份同一时期地表状态不变，在构建背景知识库的前提下，将 MODIS 与 AVHRR 观测数据在像元尺度上进行定量融合，得到全球时空连续长时间序列的地表反照率产品，其产品精度能支持气候模型与陆面过程模型进行近 30 年来的地气系统模拟研究。

考虑到地形对地表反照率反演的影响，Wen 等（2009）发展了被国际上认可的高分辨率数据地形和大气综合校正方法，为高精度定量估算山区地表反照率提供了方法。刘俊峰等(2014)采用相机摄影测量技术进行了祁连山十一冰川的正射制图,并在冰川表面开展了不同海拔梯度的反照率观测。王立钊等(2014)利用 Landsat TM 数据和地面观测数据,在遵循"一检两恰"验证流程的基础上对 GLASS 反照率产品进行了验证,结果表明,GLASS 反照率产品具有较高的精度,可以满足大多数应用的精度要求。

7.1.2 反照率产品与问题

随着遥感技术的发展,全球有近 10 种反照率遥感产品对外发布,其中极轨卫星产品包括 MISR(Martonchik et al.,2002)、MODIS(Schaaf et al.,2002a,b;Gao et al.,2005)、POLDER(Hautecoeur and Leroy,1998;Maignan et al.,2004;Bacour and Breon,2005)、CERES(Rutan et al.,2006)、MERIS;静止卫星产品包括 Meteosat(Govaerts et al.,2006;Govaerts and Lattanzio,2007;Govaerts et al.,2010)等。

目前,针对卫星遥感数据以及部分航空遥感数据已经开展了大量的地表反照率反演研究,其中,MODIS、MISR 的地表反照率产品主要运用基于线性核驱动模型的地表 BRDF/Albedo 遥感反演模型算法(齐文栋等,2014);POLDER/PARASOL 系列基于空间分辨率较低的遥感数据,发布了具有特色的全球长时间序列反照率产品。

太阳同步轨道卫星提供单一角度遥感数据,可以采用基于统计模型的方法或者直接反演方法,但是时间分辨率较低;也可以利用太阳同步轨道卫星获得的长时间序列数据进行地表反照率的反演,如 MODIS 提供的地表反照率产品数据,该产品是假定地物在一定时期内地表的各向异性特征保持不变,通过长时间的积累观测,获得对地物的多角度观测数据(Jin et al.,2003a,b;Schaaf et al.,2002a,b),然后采用基于二向反射模型的反演方法获得地表的反照率数据。然而影响地物方向反射特性的因素众多,不同时间内太阳天顶角、下垫面状况及气候条件的改变,都会引起方向反射率产生较大的差异(Strugnell et al.,2001),这为反演带来一定的困难。另外,太阳同步轨道卫星由于其时间分辨率较低,不能实现对地表反照率的短期动态变化监测。

国际上已有的地球同步轨道卫星,由于其定轨位置偏离我国较远,观测范围大多不能覆盖我国全部国土区域;而日本于 2014 年 10 月发射的向日葵 8 号地球同步轨道卫星,虽然能覆盖我国国土,但是观测区域变形较大;我国发射的风云 2 号系列地球同步轨道气象卫星,虽然能覆盖我国国土区域,但是只有全色波段的数据,难以进行地表反照率的反演;另外,已有的地球同步轨道卫星的空间分辨率较低,不能获得较高精度的地表反照率数据。因此,利用遥感影像获取中国区域的地表反照率数据存在空间分辨率不高、时间分辨率不高以及反演精度较低等问题,急需新的卫星遥感数据来获取中国区域范围内精度较高的地表反照率数据产品。GF-4 地球同步轨道卫星数据具有高空间分辨率和高时间分辨率的特点,能快速地获得多时相观测数据,可利用多时相的遥感影像数据获得更为精确的反照率数据,与其他陆地卫星相比,反演结果具有高时间分辨率和高空间分辨率的优势。

7.2 原理与建模

本节详细介绍了核驱动 BRDF 模型的基本原理与建模过程。首先介绍了模型的基本原理,而建模过程主要包括了核系数拟合、窄波段反照率估算及窄波段反照率转宽波段反照率,最终分别得到了可见光和短波波段范围的地表反照率结果。

7.2.1 基本原理

半经验核驱动 BRDF 模型采用各向同性散射核(取值为 1)、体散射核 k_{vol} 和几何光学核 k_{geo} 的线性组合来表示像元的二向反射率 $R(\theta,\vartheta,\phi;\lambda)$,如式(7.1)表示:

$$R(\theta,\vartheta,\phi;\lambda)=f_0(\lambda)+f_1(\lambda)k_{vol}(\theta,\vartheta,\phi)+f_2(\lambda)k_{geo}(\theta,\vartheta,\phi) \tag{7.1}$$

式中,$f_0(\lambda)$,$f_1(\lambda)$,$f_2(\lambda)$分别表示各向同性散射核、体散射核和几何光学散射核的核系数。θ 为太阳天顶角;ϑ 为观测天顶角;ϕ 为相对方位角;$k_{vol}(\theta,\vartheta,\phi)$为体散射核;$k_{geo}(\theta,\vartheta,\phi)$为几何光学核。研究中,体散射核采用 RossThick 核函数(Roujean et al.,1992),几何光学核采用 LiSparse-R 核函数(Wanner et al.,1995),其函数原型如公式(7.2)所示:

$$k_{vol}(\theta,\vartheta,\phi)=\frac{\left(\frac{\pi}{2}-\xi\right)\cos\xi+\sin\xi}{\cos\theta+\cos\vartheta}-\frac{\pi}{4} \tag{7.2}$$

式中,ξ 为散射相位角。

$$\cos\xi=\cos\theta\cos\vartheta+\sin\theta\sin\vartheta\cos\phi \tag{7.3}$$

$$k_{geo}(\theta,\vartheta,\phi)=O(\theta,\vartheta,\phi)-\sec\theta'-\sec\vartheta'+\frac{1}{2}(1+\cos\xi')\sec\theta'\sec\vartheta' \tag{7.4}$$

式中,θ',ϑ'分别为几何光学模型中将树冠椭球体模型三维变换到球体时得到的"等效"太阳天顶角和"等效"观测天顶角,ξ 为变换后的"等效"散射相位角。

$$O(\theta,\vartheta,\phi)=\frac{1}{\pi}(t-\sin t\cos t)(\sec\theta'+\sec\vartheta') \tag{7.5}$$

$$\cos t=\frac{h}{b}\frac{\sqrt{D^2+(\tan\theta'\tan\vartheta'\sin\phi)^2}}{\sec\theta'+\sec\vartheta'} \tag{7.6}$$

$$D = \sqrt{\tan^2\theta' + \tan^2\vartheta' - 2\tan\theta'\tan\vartheta'\cos\phi} \tag{7.7}$$

$$\cos\xi' = \cos\theta'\cos\vartheta' + \sin\theta'\sin\vartheta'\cos\phi \tag{7.8}$$

式(7.8)中,

$$\theta' = \tan^{-1}\left(\frac{b}{r}\tan\theta\right) \tag{7.9}$$

$$\vartheta' = \tan^{-1}\left(\frac{b}{r}\tan\vartheta\right) \tag{7.10}$$

式(7.10)中,b/r 为冠层垂直高度与水平半径之比,h 为冠层球体半径。一般假定:

$$\frac{b}{r} = 1, \frac{h}{b} = 2 \tag{7.11}$$

构建半经验核驱动 BRDF 模型,最关键的是利用足够数量不同角度的遥感反射率和相应的角度值,拟合得到每个像元的核系数。目前,大部分研究采用最小二乘的方法,该方法通过最小化误差的平方和来寻找数据的最佳函数匹配。但是利用最小二乘方法来进行半经验核驱动 BRDF 模型线性拟合存在一定的弊端:模型中 3 个待定的核系数是 3 个核函数的权重,具有一定的物理意义,其取值应该在 0 和 1 之间,但是利用最小二乘法拟合得到的模型系数并不受这一范围的限制,也就是说最终得到的核系数可能会超出这一范围,这与其特定的物理意义不相符;另外,最小二乘拟合得到的解是局部最优解,而真实的解可能落在不同的局部范围内,因此本研究不采用最小二乘方法,而是采用鲍威尔优化迭代算法来进行半经验核驱动 BRDF 模型系数的拟合。

鲍威尔优化迭代算法又称方向加速法,该方法可直接利用函数值来构造共轭方向,通过多轮迭代得到方程系数,拟合得到的解是全局最优解。在每轮迭代中,总有一个初始点和 N 个线性独立的搜索方向。沿这 N 个方向,从初始点出发进行一维搜索得到一个终点,由初始点和终点决定了一个新的搜索方向。将原方向组中的第一个方向去掉,将新方向排在原方向组的最后,从而形成新的搜索方向组。这样就形成算法的循环。

利用鲍威尔优化迭代算法拟合半经验核驱动 BRDF 模型系数,可以在算法中设定核系数的取值范围,当迭代的结果超出这个范围时,放弃该值,开始新的迭代过程。拟合过程中,体散射或几何光学散射核系数可能为没有物理意义的负值,该算法将负值强制设定为 0,然后仅根据另外两个核反演得到核系数(张虎等,2013)。该方法在寻找到数据的最佳函数匹配的同时,还能保证拟合得到的核系数均在 0 到 1 范围内,保证了核系数的物理意义。

鲍威尔优化迭代算法运行之初,需要预先设定每个像元核系数的初值。考虑到不同地表类型具有不同的 BRDF 形状,因此在对每个像元进行核系数初值的设定时,引入地物分类信息,减少线性回归模型的不确定性。

本节采用 GLASS(Global Land Surface Broadband Albedo Product)产品所使用的相对简单的分类方法,即根据遥感像元值,将陆地像元分为植被、裸地、水体和冰雪 4 个类型,分类准则如下:

(1)如果像元的 NDVI 值大于 0.2,则判定为植被;

(2)如果像元的 NDVI 值小于 0,则判定为水体;

(3)剩下的像元中,如果蓝光波段反射率大于 0.3,或者红光波段反射率大于 0.3,则判定为冰雪;

(4)剩下的像元判定为裸地。

本节利用遥感卫星相关反照率产品来获得各类像元的初始值。对于水体、裸地、冰雪像元来说,核系数的值分布集中,因而取各个波段 3 个核系数的均值作为初值,而对于植被来说,核系数的值随 NDVI 的变化而发生显著改变。为此,本文选取该区多景遥感卫星相关反照率产品,设置 NDVI 范围为 0.2~0.9,并以 0.1 作为间隔,每一区间内随机筛选出 500 个像元核系数,统计相应的方差分布,取其均值,来确定其初值。

为了验证鲍威尔优化迭代法的优势,本研究同时采用鲍威尔优化迭代与最小二乘法进行了核系数的拟合。随机选取研究区图像中 500 个像元,利用两种方法得到各向同性散射核系数 f_{iso}、体散射核系数 f_{vol} 和几何光学散射核系数 f_{geo}。两种方法得到的结果,最小二乘法相比于鲍威尔优化迭代法,系数溢出情况较多。拟合过程中,核系数可能为没有物理意义的负值,此时将负值强制设定为 0,然后仅根据另外两个核拟合得到核系数。通过这种方法,最小二乘法能够将系数约束在 0 到 1 范围内,但这种情况仅考虑两种核函数,核系数不够稳定,会直接带来窄波段反照率的更大误差。与最小二乘法相比,鲍威尔迭代通过赋初值的方法,核系数可以更好、更快地收敛在 0 到 1 范围内,充分利用 3 种核函数,保证核系数的物理意义与稳定性。这说明鲍威尔优化迭代法更适于核系数拟合的工作。本研究进行的鲍威尔优化迭代方法与最小二乘法的比较实验,仅仅说明鲍威尔优化迭代法更适用于 GF-4 卫星数据的反照率反演,而鲍威尔优化迭代法在其他卫星数据上的应用情况有待进一步研究。

7.2.2 反照率反演建模

1)窄波段反演建模

利用鲍威尔优化迭代算法拟合得到各像元观测数据最优的核系数,通过核外推,就可求出任意太阳角度、任意观测角度的方向反射率值。

自然状态下,下行辐射通量可分为直射光和散射光两个部分,地面对这两部分的反射特性有所不同。本研究拟用黑空反照率(black-sky albedo)和白空反照率(white-sky albedo)两个参数来描述地表反照率特性。

黑空反照率,又称直射反照率,是地表直射光部分的反照率,这里采用地表半经验核驱动二向性反射分布函数在出射半球空间的积分来获得黑空反照率,如式(7.12)所示。

$$\alpha_{bs}(\theta,\lambda)=\int_0^{2\pi}\int_0^{\frac{\pi}{2}}R(\theta,\vartheta,\phi;\lambda)\sin(\vartheta)\cos(\vartheta)\,d\vartheta d\phi \tag{7.12}$$

式中,$\alpha_{bs}(\theta,\lambda)$为 λ 波长范围内太阳天顶角为 θ 时的黑空反照率,$R(\theta,\vartheta,\phi;\lambda)$为每个像元通过鲍威尔优化迭代算法拟合得到的半经验核驱动二向性反射分布函数。θ 为入射方向上的太阳天顶角;ϑ 为出射方向上的观测天顶角;ϕ 为出射方向和入射方向之间的相对方位角;λ 为波长。

白空反照率,又称漫射反照率,是地表散射光部分的反照率,可以采用对黑空反照率在入射半球的积分来获得,这里采用地表半经验核驱动二向性反射函数在入射半球和出射半球的双重积分,如式(7.13)所示。

$$\alpha_{ws}(\lambda)=\int_0^{2\pi}\int_0^{\frac{\pi}{2}}\alpha_{bs}(\theta,\lambda)\sin(\theta)\cos(\theta)\,d\theta d\phi \tag{7.13}$$

式中,$\alpha_{ws}(\lambda)$表示白空反照率,$\alpha_{bs}(\theta,\lambda)$为太阳天顶角为 θ 时 λ 为波长的黑空反照率。θ 为入射方向上的太阳天顶角;ϑ 为出射方向上的观测天顶角;ϕ 为出射方向和入射方向之间的相对方位角。

由于体散射核函数、几何光学核函数以及前向散射核函数与 f_0、f_1、f_2、f_3 四个核系数值无关,因此在进行半经验核驱动 BRDF 模型积分时,可预先将三个核函数的积分求解出来,如下所示。

$$h_{vol}(\theta)=\int_0^{2\pi}\int_0^{\frac{\pi}{2}}k_{vol}(\theta,\vartheta,\phi)\sin(\vartheta)\cos(\vartheta)\,d\vartheta d\phi \tag{7.14}$$

$$h_{geo}(\theta)=\int_0^{2\pi}\int_0^{\frac{\pi}{2}}k_{geo}(\theta,\vartheta,\phi)\sin(\vartheta)\cos(\vartheta)\,d\vartheta d\phi \tag{7.15}$$

$$h_{fwd}(\theta)=\int_0^{2\pi}\int_0^{\frac{\pi}{2}}k_{fwd}(\theta,\vartheta,\phi)\sin(\vartheta)\cos(\vartheta)\,d\vartheta d\phi \tag{7.16}$$

$$H_{vol}=2\int_0^{\frac{\pi}{2}}h_{vol}(\theta)\sin(\theta)\cos(\theta)\,d\theta \tag{7.17}$$

$$H_{geo}=2\int_0^{\frac{\pi}{2}}h_{geo}(\theta)\sin(\theta)\cos(\theta)\,d\theta \tag{7.18}$$

$$H_{fwd}=2\int_0^{\frac{\pi}{2}}h_{fwd}(\theta)\sin(\theta)\cos(\theta)\,d\theta \tag{7.19}$$

最后将核的积分以核系数为权重相加,就得到相应的黑空反照率和白空反照率。对于非冰雪像元,其黑空反照率、白空反照率分别如式(7.20)和式(7.21)所示 。

$$\alpha_{bs}(\theta,\lambda)=f_o+f_1h_{vol}(\theta)+f_2h_{geo}(\theta) \tag{7.20}$$

$$\alpha_{ws}(\lambda)=f_o+f_1H_{vol}+f_2H_{geo} \tag{7.21}$$

太阳高度角 θ 随着 RossThick 核、LiSparse-R 核以及前向散射核在出射半球积分

$h_{vol}(\theta)$、$h_{geo}(\theta)$的变化比较平缓(Strahler et al.,1999)。因此,可以考虑利用一个简单的数学表达式来代替式(7.16)~式(7.21)。

目前,国内外学者提出了多个采用简单函数表达式来代替核函数积分的可行性方案,这些简单的函数表达式中包括θ、$\cos(\theta)$、$\sin(\theta)$、θ^2、$\cos^2(\theta)$、$\sin^2(\theta)$以及它们的多种组合形式,如$g_0+g_1\theta^2+g_2\theta^3$的多项表达式与体散射核函数、几何光学核函数以及前向散射核函数具有较好的拟合效果,如公式(7.22)所示:

$$h_i(\theta) = g_{0i} + g_{1i}\theta^2 + g_{2i}\theta^3 \tag{7.22}$$

该多项表达式是太阳高度角θ的函数,采用该表达式进行核函数积分数值计算的卡方值仅为0.013。研究采用MODIS BRDF/地表反照率产品算法(Strahler et al.,1997)中采用的多项表达式(表7.1)以及GLASS地表反照率产品算法中采用的前向散射核的近似多项表达式来近似代替体散射核积分值、几何光学核积分值以及前向散射核积分。Strahler等在文中指出,替代RossThick核与LiSparse-R核黑空反照率积分的多项式的精度高达80%以上,其中,对于LiSparse-R核来说,其精度高达90%,而替代RossThick核黑空反照率积分的多项式的精度在80%到90%之间。

表7.1 多项式 $h_i(\theta)= g_{0i}+g_{1i}\theta^2+ g_{2i}\theta^3$系数值

g_{ki}	i=Isotropic	i=RossThick	i=LiSparse-R	i=RPV
g_{0i}	1.0	-0.007574	-1.284909	0.150770
g_{1i}	0.0	-0.070987	-0.166314	0.0438236
g_{2i}	0.0	0.307588	0.041840	0.156954

注:Isotropic代表各项同性核;RPV代表前向散射核。

根据表7.1,可得到非冰雪像元黑空反照率的表达式[式7.23)]和白空反照率的表达式[式(7.24)]以及冰雪像元黑空反照率的表达式[式(7.25)]和白空反照率的表达式[式(7.26)]。

$$\alpha_{bs}(\theta,\lambda)=f_0(\lambda)+f_1(\lambda)(-0.007574-0.070987\theta^2+0.307588)+ \\ f_2(\lambda)(-1.284909-0.166314\theta^2+0.041840\theta^3) \tag{7.23}$$

$$\alpha_{ws}(\lambda)=f_0(\lambda)+0.189184f_1(\lambda)-1.377622f_2(\lambda) \tag{7.24}$$

$$\alpha_{bs}(\theta,\lambda)=f_0(\lambda)+f_1(\lambda)(-0.007574-0.070987\theta^2+0.307588\theta^3)+ \\ f_2(\lambda)(-1.284909-0.166314\theta^2+0.041840\theta^3)+ \\ f_3(\lambda)(0.15077-0.0438236\theta^2+0.156954\theta^3) \tag{7.25}$$

$$\alpha_{ws}(\lambda)=f_0(\lambda)+0.189184f_1(\lambda)-1.377622f_2(\lambda)+0.3070557f_3 \tag{7.26}$$

地表蓝空反照率近似等于白空反照率和黑空反照率的加权组合,如公式(7.27)所示:

$$\alpha(\theta,\lambda) = (1 - S)\alpha_{bs}(\theta,\lambda) + S\alpha_{ws}(\lambda) \tag{7.27}$$

式中,S 是散射光在总入射光中所占的比例,其大小由大气校正后的参数估算得到。

2)宽波段反照率反演建模

地表宽波段反照率定量地反映了照射到地球上的太阳能在地-气之间的再分配比例,其广泛地应用于地表能量平衡、中长期天气预报以及全球变换研究(Dickinsonre,1983)。宽波段反照率定义为在一定波长范围内地表上行辐射通量与下行辐射通量的比值,此处宽波段区间范围为0.3~3 μm,如公式(7.28)所示:

$$\alpha(\theta,\Lambda) = \frac{F_u(\theta,\Lambda)}{F_d(\theta,\Lambda)} = \frac{\int_{\lambda_1}^{\lambda_2}\alpha(\theta,\lambda)F_d(\theta,\lambda)\mathrm{d}\lambda}{\int_{\lambda_1}^{\lambda_2}F_d(\theta,\lambda)\mathrm{d}\lambda} \tag{7.28}$$

式中,θ 为太阳天顶角,Λ 是波长 λ_1 到 λ_2 的波段范围,$F_u(\theta,\Lambda)$ 为地表上行辐射通量,$F_d(\theta,\Lambda)$ 为地表下行辐射通量,$\alpha(\theta,\lambda)$ 是波段为 λ 的窄波段反照率,$F_d(\theta,\lambda)$ 为波段为 λ 的窄波段范围内的地表下行辐射通量。因此,对于利用GF-4卫星传感器数据计算得到的窄波段反照率还要通过波段积分来得到宽波段的反照率。

在自然条件下,下行辐射通量是太阳散射辐射和太阳直射辐射之和。太阳散射辐射为天空散射在所有入射方向上的积分。在天空散射可以忽略的情况下,下行辐射通量可以近似等于太阳直射辐射通量。

宽波段反照率不仅与地表属性信息密切相关,也取决于太阳下行辐射通量在到达地球下垫面时的大气条件,它是从窄波段反照率向宽波段反照率转换时的权重函数。已有研究表明,太阳光谱的下行辐射通量随太阳天顶角和大气能见度的变化而变化,例如,随着大气能见度的提高,直射辐射通量相应增加而散射辐射通量相对减少。因此在计算地表宽波段反照率时,需要考虑大气状况条件。但是,除非太阳天顶角和大气能见度范围跨度很大,宽波段反照率都相对稳定,这也是本研究进行窄波段反照率向宽波段反照率的前提与基础。

GF-4卫星传感器在可见光波段范围内设置了三个波段(蓝光波段0.45~0.52 μm、绿光波段0.52~0.60 μm和红光波段0.63~0.69 μm),在近红外波段范围内设置了一个波段(近红外波段0.76~0.90 μm),通过对这四个波段的窄波段反照率进行窄波段反照率向宽波段反照率的转换,才能够得到宽波段的反照率数据。根据各个波段的辐射通量在总辐射通量中所占的比重,进一步推导出GF-4卫星传感器设置的四个波段在宽波段反照率的权重,从而计算宽波段的地表反照率,如公式(7.29)所示:

$$A = c_0 + \sum_i c_i\alpha_i \tag{7.29}$$

式中,A 为地表宽波段反照率;针对 GF-4 卫星数据而言,α_i代表各个窄波段的反照率,c_0为线性回归方程的常数项,c_i分别为对应的各个波段的权重系数。

本节在计算不同大气条件下地表下行辐射通量以及上行辐射通量时采用了 SBDART 大气辐射传输模型来完成。Ricchiazzi 等(1998)构建的 SBDART 模型,包含了紫外线、可见光以及近红外波段范围内辐射传输过程模拟,根据该模型,Ricchiazzi 等开发了同名程序。SBDART 程序是一款用来计算地球大气层和地球表面在晴朗以及多云天气条件下的地表下行辐射传输通量以及上行辐射传输通量的软件,由复杂的离散坐标系下的辐射传输模块、低分辨率的大气辐射传输模块以及大气中水滴和冰晶的米氏散射过程模块所组成。SBDART 模型的设计思想使它可适用于不同大气辐射能量平衡模拟计算研究以及灵敏度分析。

SBDART 大气辐射传输模型模拟的关键是选取尽可能多的具有代表性的地表反射率光谱数据,本研究选取了 195 种地物地表反射率光谱曲线,包括土壤、水体、沙滩、城市、植被、湿地、冰雪、道路及岩石等多种具有代表性的地物类型,从低反照率的水体到高反照率的冰雪,每一种地物类型都有相对应的光谱曲线。这些光谱数据除了从已有的 USGS Spectroscopy Lab① 中获取之外,还包括了利用 ASD Field Spectral FR 光谱仪在北京市房山区、大兴区等地实际测量的地物光谱数据。

本研究中太阳天顶角设置范围从 0°到 60°,每 10°为一个间隔,分别为 0°、10°、20°、30°、40°、50°、60°共 7 个天顶角。

大气气溶胶能改变云的粒子组成,影响云对短波辐射的散射和吸收作用,进而影响地球的能量平衡。例如,浓密的气溶胶光学厚度能增强云对短波辐射的反射率。本文采用 11 种大气能见度值(2 km、4 km、6 km、8 km、10 km、12 km、14 km、16 km、20 km、25 km、50 km)来简单描述大气气溶胶状况。

考虑到 GF-4 卫星在赤道上空定轨的空间位置以及覆盖中国主要区域的要求,大气模式的设置分为热带雨林、中纬度夏季和中纬度冬季三个大气模式。

地表宽波段反照率不仅与地表地物的反射特性有关,也与大气条件有关。大气层顶的下行辐射通量是窄波段反照率向宽波段反照率转换的权重函数,不同的大气状况条件下具有不同的地表下行辐射通量。因此在特定大气条件下获得的地表宽波段反照率转换系数可能不适用于反演其他的大气条件下的地表宽波段反照率(邵东航等,2017)。所以本研究通过利用足够多的大气状况条件下的宽波段和窄波段反照率数据来获得在不同大气状况条件下的窄波段向宽波段的转换系数,作为宽波段反照率转换时可供选择的权重。

基于 SBDART 模型参数不同设置,采用 SBDART 大气辐射传输模型,分别完成地表下行辐射传输通量以及上行辐射传输通量在晴朗以及多云天气条件下的模拟计算。

① http://speclab.cr.usgs.gov

7.3 算法实现

本节主要从计算机编程的角度，具体介绍核驱动 BRDF 算法实现过程。第 7.3.1 节主要介绍算法的编程思路及实现步骤，第 7.3.2 节依据第 7.3.1 节的步骤，给出了具体的伪代码过程。

7.3.1 算法的基本流程

采用核驱动 BRDF 模型，基于 GF-4 卫星数据反演地表反照率，其算法实现主要包括以下三个部分：首先，实验利用鲍威尔优化迭代算法拟合 BRDF 核系数，该过程通过输入多景的 GF-4 卫星反射率影像，来拟合核系数的值；之后，利用已经获取的核系数，初步计算得到黑空反照率和白空反照率，并利用天空散射光比例，得出窄波段蓝空反照率；最后，基于 SBDART 模型得到的窄波段转宽波段系数，分别将可见光范围和短波范围内反照率纳入窄波段向宽波段的转换公式，得到宽波段反照率。算法流程如图 7.1 所示。

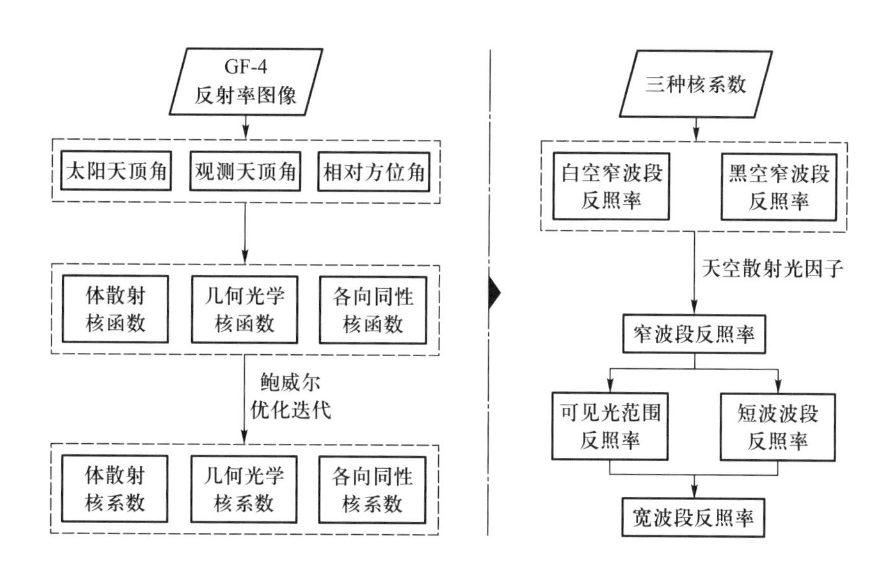

图 7.1 算法流程图

算法的基本流程步骤介绍如下。

(1) 拟合 BRDF 核系数

数据输入：算法中输入数据不仅包括同一地区、多时相的高分四号反射率影像，还包括基于观测时间、经纬度信息得到的太阳天顶角、观测天顶角、相对方位角等信息。

(2)核函数计算

实验中的二向性反射率可以表示为各向同性核、体散射核和几何光学核的加权形式。其中,各向同性核为数值1,体散射核与几何光学核是与太阳天顶角、观测天顶角、相对方位角相关的函数。对于每一个遥感像元,通过输入上述角度信息,得到体散射核函数、几何光学核函数的值。

(3)核系数拟合

采用的二向性反射率可以表达为

$$R = f_0 + f_1 \times k_1 + f_2 \times k_2 \tag{7.30}$$

式中,R 为二向性反射率,f_0,f_1,f_2为核系数,k_1,k_2 为核函数。对于上述公式,每一景影像可以提供一组 R,k_1,k_2。输入多景影像后,利用鲍威尔优化迭代算法,拟合得到该公式中的核系数。

(4)计算窄波段反照率

对于每一个像元,利用从上一步获取的核系数的值,可以通过关于核系数、太阳天顶角以及积分表的公式计算每个像元的窄波段黑空反照率与窄波段白空反照率。而窄波段蓝空反照率需要通过窄波段黑空反照率与窄波段白空反照率加权得到。实验中,加权系数即天空散射光比例因子,它由关于太阳天顶角的经验公式得到。通过天空散射光比例,得到影像中每一个波段的窄波段蓝空反照率,以下简称窄波段反照率。

(5)计算宽波段反照率

实验前,通过 SBDART 模型模拟得到了两种波段范围下的窄波段转宽波段反照率的公式:

$$\alpha_{vis} = 0.20149 + 0.32831\alpha_B + 0.41008\alpha_G + 0.25008\alpha_R \tag{7.31}$$

$$\alpha_{sw} = 0.065839 + 0.28561\alpha_B + 0.30288\alpha_G + 0.16418\alpha_R + 0.12505\alpha_{NIR} \tag{7.32}$$

式中,α_{vis}和 α_{sw}分别表示可见光和短波范围波段的反照率,α_B、α_G、α_R、α_{NIR}分别表示蓝光波段、绿光波段、红光波段、近红外波段的窄波段反照率。实验通过输入各波段的窄波段反照率,最终得到太阳光(0.3~3.0 μm)范围内的宽波段反照率。

7.3.2 算法的伪代码实现

地表反照率反演算法的伪代码实现具体如下。

算法 计算地表反照率 albedo-BRDF 法

输入:高分四号反射率影像路径($m*n$),影像角度信息

输出:ALBEDO 计算结果($m*n$)

```
Function Get_coefficient (images,sza,oza,raa)
  //计算核系数,images 为 GF-4/PMS 图像组
  //sza 为太阳天顶角
  //oza 为观测天顶角
  //raa 为相对方位角
  num←Count(images) //图像组数量
  image[k]←GetImage(images[k]) //分别读取每个图像
  sza[k],oza[k],raa[k]←GetData(data) //分别读取每个图像对应角度信息
  for (k=1; k<=num; k++) do //计算核函数
    brratio←1
    hbratio←2
    a0←arctan(brratio*tan(sza))
    b0←arctan(brratio*tan(oza))
    c0←arccos(cos(a0)*cos(b0)+sin(a0)*sin(b0)*cos(raa))
    d0←sqrt(tan(a0)*tan(a0)+tan(b0)*tan(b0)-2*tan(a0)*tan(b0)*cos
(raa))
    temp←hbratio*sqrt(d0*d0+(tan(a0)*tan(b0)*sin(raa))*
      (tan(a0)*tan(b0)*sin(raa)))/(1/cos(a0)+1/cos(b0))
    if temp>1 then
       t←arccos(1)
    else
       t←arccos(temp)
    end if
    o←(t-sin(t)*cos(t))*(1/cos(a0)+1/cos(b0))/pi
    c←acos(cos(sza)*cos(oza)+sin(sza)*sin(oza)*cos(raa))
    k1[k] ←o-(1/cos(a0)+1/cos(b0))+(1+cos(c0))/(2*cos(a0)*
      cos(b0)) //几何光学核
    k2[k]←((pi/2-c)*cos(c)+sin(c)/cos(sza)+cos(oza))*
      4*(1+1/(1+c/(1.5*pi/180)))/(3*pi)-1/3 //体散射核
  end for
```

```
//Powell 拟合核系数
f←x1 * k1+x2 * k2+x3
for each pixel in image do
    img_coe←Mypowell(f,pixel[m,n],k1,k2)
end for
End function
Function CalcALBEDO(img_coe,sza)
  //计算地表反照率,img_coe 为核系数,sza 为太阳天顶角
  For each pixel in img_ang do
    ALBEDO_B←img_coe[0,m,n]+ img_coe[1,m,n] *
    (-0.007574-0.070987 * sza[m,n]^2+0.307588 * sza[m,n]^3+
    img_coe[2,m,n] * (-1.284909-0.166314 * sza[m,n]+
    0.04184 * sza[m,n]^3)
    //利用核系数和核函数,计算得到每个像元的窄波段黑空反照率
    ALBEDO_W ← img_coe[0,m,n]+0.189184 * img_coe[1,m,n]-
    1.377622 * img_coe[2,m,n]
    //利用核系数和核函数,计算得到每个像元的窄波段黑空反照率
    S←0.1 * cos(sza(m,n))^(-0.8)
    //利用中纬度地区的经验公式计算得到天空光散射比例
    ALBEDO_Zhai←(1-S) * ALBEDO_B+S * ALBEDO_W
    //利用天空散射光比例计算得到窄波段蓝空反照率
  End for
  ALEBDO_Blue←Albedo_Zhai[band1]
  ALEBDO_Green←Albedo_Zhai[band2]
  ALEBDO_Red←Albedo_Zhai[band3]
  ALEBDO_Nir←Albedo_Zhai[band4]
  For each pixel in ALBEDO_Blue
    ALBEDO_VIS←0.20149+0.32831 * ALBEDO_Blue+0.41008 *
      ALBEDO_Green+0.25008 * ALBEDO_Red
    //计算可见光范围内的蓝空反照率
    ALBEDO_SW←0.065839+0.28561 * ALBEDO_Blue+
      0.320288 * ALBEDO_Green+0.16418 * ALBEDO_Red+0.12505 *
      ALBEDO_Nir
  End for
  //计算短波范围内的蓝空反照率
  ALBEDO[1]←ALBEDO_VIS
  ALBEDO[2]←ALBEDO_SW
  Return ALBEDO
End Function
```

7.4 应用与验证

本节选取内蒙古局部区域应用来介绍 GF-4 卫星数据的地表反照率验证情况。

7.4.1 研究区数据预处理

1）研究区概况

选取内蒙古部分地区作为研究区，如图 7.2 所示。研究区域包括植被、水体、裸地等多种地物类型，地物覆盖类型丰富。数据拍摄于 2016 年 8 月 3 日 10:33，影像的中心像元对应的太阳天顶角为 33.02°。

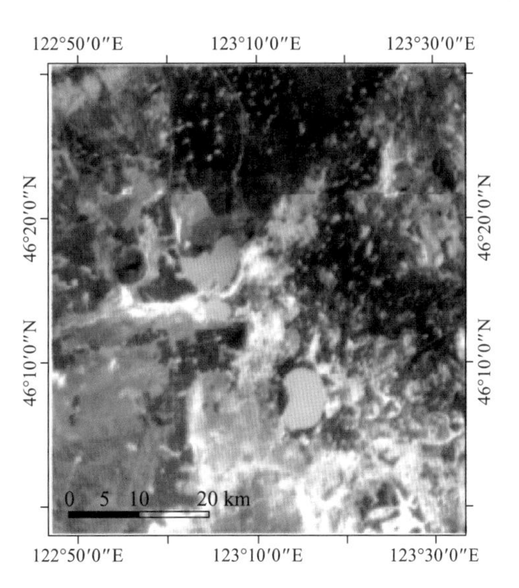

图 7.2 内蒙古研究区

2）数据预处理

采用 Landsat 8 数据交叉验证。首先利用中国资源卫星应用中心①提供的定标系数进行计算，获得 GF-4 卫星影像的表观辐亮度。之后，采用 6S 模型对 GF-4 卫星影像进行大气校正。在配准之前，为了保证影像空间分辨率一致，将 Landsat 8 数据重采样至 50 m×50 m 空间分辨率。几何配准部分采用 ENVI 软件自带的配准功能，以 GF-4 卫星影像作为基础影像，选取足够多的特征点作为配准时的地面控制点，并将控制点的 RMSE 控制在 0.1 左右，以确保配准的精度。

7.4.2 交叉验证

利用 GF-4 卫星数据拟合核驱动 BRDF 模型，计算得到窄波段黑空反照率与窄波段白空反照率，其中黑空反照率是关于太阳天顶角的函数，白空反照率是与太阳角度无关的常量，因此波段 λ 的地表反照率是关于太阳天顶角和天空散射光比例的函数，如式(7.12)、式(7.13)和式(7.27)所示。即输入任意时刻的太阳天顶角和天空散射光比例可以得到任意时刻的地表反照率。

---

① www.cresda.com

本实验在计算 GF-4 数据的反照率时，均输入当日上午 11:00 的太阳角度与天空散射光比例。由于 Landsat 8 反射率数据分辨率较高，反照率经验公式可以计算过境时刻上午 11:00 左右的反照率，因此可采用 Landsat 8 反照率结果进行比较验证。

Landsat 8 卫星数据的反照率参照 Liang(2001)建立的窄波段反射率向宽波段反照率的方法求得。GF-4 与 Landsat 8 的反演结果分别如图 7.3 和图 7.4 所示。

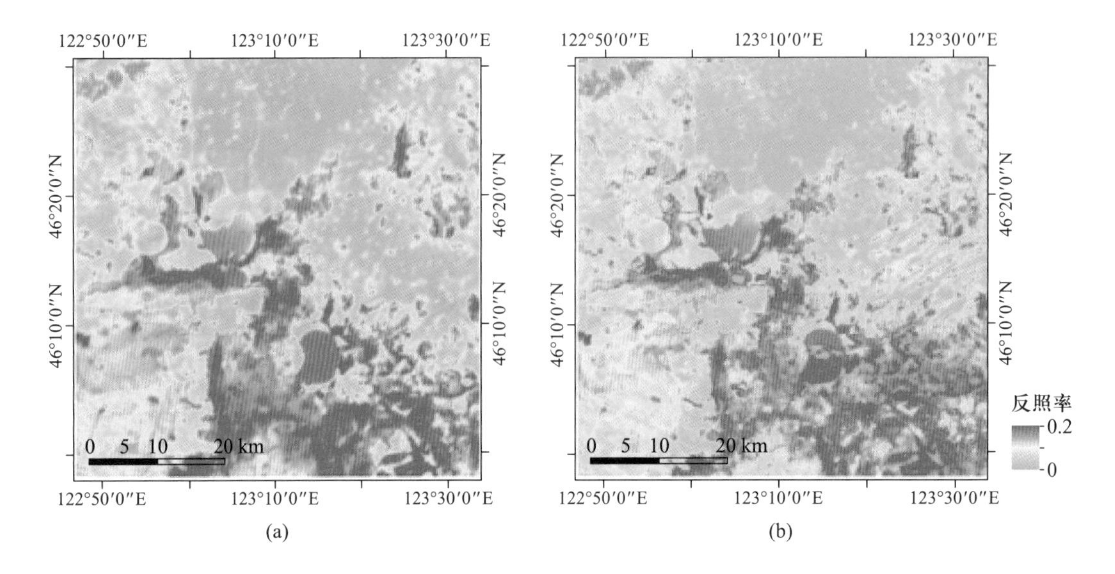

图 7.3 可见光波段反照率结果对比：(a) GF-4；(b) Landsat 8

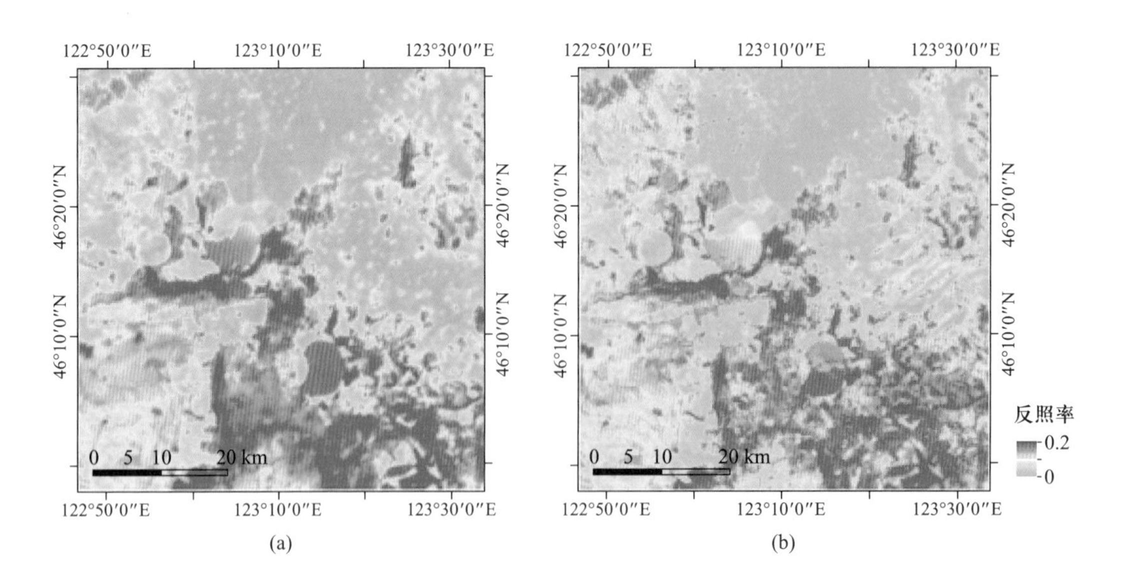

图 7.4 短波波段反照率结果对比：(a) GF-4；(b) Landsat 8

观察图 7.3 与图 7.4 可以发现,GF-4 与 Landsat 8 的反照率分布趋势基本一致。从可见光范围的反照率反演结果来看,研究区东部存在差异,主要表现为绿色和黄色混合的低值区域,该区域内的 GF-4 反演结果低于 Landsat 8 的反演结果。这可能是由于该区域高程变化明显,而地表二向反射特性受地形影响较大(闻建光等,2015)。短波范围的反照率,除了东部的差异之外,在研究区的北部与南部,GF-4 反照率都要略高于 Landsat 8 反照率。这可能是由于窄波段转宽波段反照率转换系数的误差导致。在图 7.3 和图 7.4 所示研究区域内随机挑选 500 个点,统计 500 个点的 GF-4 反照率与 Landsat 8 反照率结果,图中可见光范围内的反照率命名为 Vis-Albedo,短波范围内的反照率称为 SW-Albedo,如图 7.5 所示。

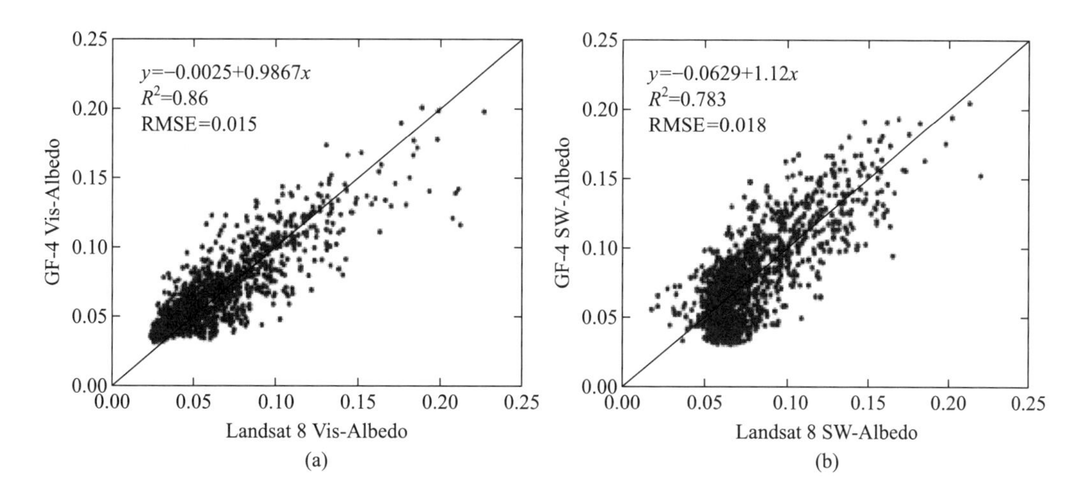

图 7.5　GF-4 与 Landsat 8 反照率对比情况:(a)可见光范围;(b)短波范围

可见光范围内,GF-4 与 Landsat 8 的回归系数为 0.9867,RMSE 为 0.015,说明两者的结果比较一致。在短波范围内,RMSE 达到 0.018,GF-4 与 Landsat 8 的回归系数略大于 1,说明 GF-4 的反演结果要略大于 Landsat 8 反演结果,这一点与图 7.4 的结论也基本一致。

在此基础上,分别可以求得 GF-4 卫星宽波段反照率结果和 Landsat 8 反照率宽波段反演结果。以 Landsat 8 反演结果为相对真值分别计算每个样本点的相对误差,对这些样本点的相对误差求平均值,用数值 1 减去相对误差的平均值作为 GF-4 卫星反照率反演的精度。经计算,地表反照率精度达到 86.8%,而 GF-4 卫星数据的反照率反演参数精度要求为 80%。综合以上研究区的交叉验证结果,可以认为 GF-4 卫星的反照率反演结果精度已经满足用户需求。

参考文献

刘俊峰,陈仁升,宋耀选,何晓波,王岗.2014.基于相机摄影测量的冰面反照率反演方法研究.冰川冻土,36(2):259-267.

齐文栋,刘强,洪友堂. 2014. 3种反演算法的地表反照率遥感产品对比分析. 遥感学报,18(3):559-572.

商荣,刘荣高,刘洋.2015.基于背景知识的全球长时间序列反照率反演.地球信息科学学报,17(11):1313-1322.

邵东航,李弘毅,王建,郝晓华,王润科,马媛. 2017.基于多源遥感数据的积雪反照率反演研究.遥感技术与应用,32(1):71-77.

孙越君,汪子豪,秦其明,韩谷怀,任华忠,黄敬峰.2018.高分四号静止卫星数据的地表反照率反演. 遥感学报, 22(2):220-233.

王飞.2013.应用FY-2D资料反演地表反照率的初步研究.南京信息工程大学硕士研究生学位论文.

王立钊,郑学昌,孙林,刘强,刘素红.2014.利用Landsat TM数据和地面观测数据验证GLASS反照率产品.遥感学报,18(3): 547-558.

王红燕,管磊,康立廷.2013.基于NOAA/AVHRR数据的北极反照率反演及其变化研究.遥感学报,17(3):541-552.

王继燕,罗格平,严坤,鲁蕾. 2011. 基于TM影像天山北坡地表反照率反演方法的研究. 遥感信息,(2):63-68.

王艺,朱彬,刘煜,李维亮. 2011. 中国地区近10年地表反照率变化趋势. 气象科技,39(2):147-155.

闻建光,刘强,柳钦火,肖青,李小文.2015.陆表二向反射特性遥感建模及反照率反演. 北京:科学出版社.

杨华,李小文,高峰.2002.新几何光学核驱动BRDF模型反演地表反照率的算法.遥感学报,(4):246-251.

张虎,焦子锑,董亚冬,黄兴英,李佳悦,李小文.2013.基于BRDF原型反演地表反照率.遥感学报,17(6):1475-1491.

Bacour C and Breon F M.2005.Variability of biome reflectance directional signatures as seen by POLDER.*Remote Sensing of Environment*,98(1):80-95.

Barnsley M J,Hobson P D,Hyman A H,Lucht W,Muller J P and Strahler A H.2000.Characterizing the spatial variability of broadband albedo in a semidesert environment for MODIS validation. *Remote Sensing of Environment*,74(1):58-68.

Dickinson R E. 1983. Land surface processes and climate - surface albedos and energy balance. *Advances in Geophysics*,25(12):305-353.

Gao F,Schaaf C B,Strahler A H,Roesch A,Lucht W and Dickinson R.2005.MODIS bidirectional reflectance distribution function and albedo Climate Modeling Grid products and the variability of albedo for major global vegetation types. *Journal of Geophysical Research-Atmospheres*,110:110(D1).

Govaerts Y M,Pinty B,Taberner M and Lattanzio A.2006.Spectral conversion of surface albedo derived from meteosat first generation observations. *IEEE Geoscience and Remote Sensing Letters*,3(1):23-27.

Govaerts Y M and Lattanzio A.2007.Retrieval error estimation of surface albedo derived from geostationary large band satellite observations: Application to Meteosat-2 and Meteosat-7 data. *Journal of Geophysical Research-Atmospheres*,112(D5):doi:10. 1029/2006 JD007313.

Govaerts Y M,Wagner S,Lattanzio A and Watts P.2010.Joint retrieval of surface reflectance and aerosol optical depth from MSG/SEVIRI observations with an optimal estimation approach: 1.Theory.*Journal of Geophysical Research-Atmospheres*,115(D2):doi:10. 1029/2009Jd0 11779.

Hautecoeur O and Leroy M M.1998.Surface Bidirectional Reflectance Distribution Function observed at global scale by POLDER/ADEOS. *Geophysical Research Letters*,25(22):4197-4200.

Jin Y F,Gao F,Schaaf C B,Li X W,Strahler A H,Bruegge C J and Martonchik J V.2002.Improving MODIS surface BRDF/Albedo retrieval with MISR multiangle observations. *IEEE Transactions on Geoscience and*

Remote Sensing, 40(7): 1593-1604.

Jin Y F, Schaaf C B, Gao F, Li X W, Strahler A H, Lucht W and Liang S L. 2003a. Consistency of MODIS surface bidirectional reflectance distribution function and albedo retrievals: 1. Algorithm performance. *Journal of Geophysical Research-Atmospheres*, 108(D5): doi: 10. 1029/2002JD002803.

Jin Y F, Schaaf C B, Woodcock C E, Gao F, Li X W, Strahler A H, Lucht W and Liang S L. 2003b. Consistency of MODIS surface bidirectional reflectance distribution function and albedo retrievals: 2. Validation. *Journal of Geophysical Research-Atmospheres*, 108(D5): doi: 10. 1029/2002JD002804.

Kimes D S and Deering D W. 1992. Remote-sensing of surface hemispherical reflectance (albedo) using pointable multispectral imaging spectroradiometers. *Remote Sensing of Environment*, 39(2): 85-94.

Knapp K R, Frouin R, Kondragunta S and Prados A. 2005. Toward aerosol optical depth retrievals over land from GOES visible radiances: Determining surface reflectance. *International Journal of Remote Sensing*, 26(18): 4097-4116.

Kriebel K T. 1979. Albedo of vegetated surfaces—Its variability with differing irradiances. *Remote Sensing of Environment*, 8(4): 283-290.

Kneizys F X, Shetyle E P, Gallery W O, Chetwynd J H, Abreu L W, Selby J E A, Clough S A and Fenn R W. 1983. Atmospheric transmittance/radiance: Computer code LOWTRAN 6. Supplement: Program listings. Air force geophysics lab hanscom air force base, MA 01731-5000.

Liang S L, Strahler A H and Walthall C. 1999. Retrieval of Land Surface Albedo from Satellite Observations: A Simulation Study. *Journal of Applied Meteorology*, 38(6): 712-725.

Liang S L. 2001. Narrowband to broadband conversions of land surface albedo: I. Algorithms. *Remote Sensing of Environment*, 76(2): 213-238.

Liang S L. 2004. *Quantitative Remote Sensing of Land Surfaces*. Hoboken: John Wiley & Sons.

Liang S L, Strahler A and Walthall C. 1998. Retrieval of land surface albedo from satellite observations: A simulation study. *Journal of Applied Meteorology*, 38(6): 1286-1288.

Lucht W, Hyman A H, Strahler A H, Barnsley M J, Hobson P and Muller J P. 2000a. A comparison of satellite-derived spectral albedos to ground-based broadband albedo measurements modeled to satellite spatial scale for a semidesert landscape. *Remote Sensing of Environment*, 74(1): 85-98.

Lucht W, Schaaf C B and Strahler A H. 2000b. An algorithm for the retrieval of albedo from space using semiempirical BRDF models. *IEEE Transactions on Geoscience and Remote Sensing*, 38(2): 977-998.

Maignan F, Breon F M and Lacaze R. 2004. Bidirectional reflectance of Earth targets: Evaluation of analytical models using a large set of spaceborne measurements with emphasis on the Hot Spot. *Remote Sensing of Environment*, 90(2): 210-220.

Martonchik J V, Pinty B and Verstraete M M. 2002. Note on "an improved model of surface BRDF-atmospheric coupled radiation". *IEEE Transactions on Geoscience and Remote Sensing*, 40(7): 1637-1639.

Ricchiazzi P, Yang S R, Gautier C and Sowle D. 1998. SBDART: A research and teaching software tool for plane-parallell radiative transfer in the Earth's atmosphere. *Bulletin of the American Meteorological Society*, 79(10): 2101-2114.

Roujean J L, Leroy M and Deschamps P Y. 1992. A bidirectional reflectance model of the earths surface for the correction of remote-sensing data. *Journal of Geophysical Research-Atmospheres*, 972(D18): 20455-20468.

Rutan D, Charlock T P, Rose Fred, Kato S, Zentz S and Cleman L. 2006. Global surface albedo from CERES/TERRA surface and atmospheric radiation budget (SARB) data product. Proceedings of 12th Conference on

Atmospheric Radiation (AMS), 10-14.

Schaaf C, Martonchik J, Pinty B, Govaerts Y, Gao F, Lattanzio A, Liu J, Strahler A and Taberner M. 2008. Retrieval of surface albedo from satellite sensors. In: Liang S L (ed.). *Advances in Land Remote Sensing*. Dordrecht: Springer.

Schaaf C, Strahler A, Gao F, Lucht W, Jin Y F, Li X W, Zhang X Y, Tsvetsinskaya E, Muller J P, Lewis P, Barnsley M, Roberts G, Doll C, Liang S L, Roy D and Privette J. 2002a. Global albedo, BRDF and nadir BRDF-Adjusted reflectance products from MODIS. IEEE International Geoscience and Remote Sensing Symposium, DOI: 10.1109/IGARSS.2002.1025877.

Schaaf C B, Gao F, Strahler A H, Lucht W, Li X W, Tsang T, Strugnell N C, Zhang X Y, Jin Y F, Muller J P, Lewis P, Barnsley M, Hobson P, Disney M, Roberts G, Dunderdale M, Doll C, d'Entremont R P, Hu B X, Liang S L, Privette J L and Roy D. 2002b. First operational BRDF, albedo nadir reflectance products from MODIS. *Remote Sensing of Environment*, 83(1-2): 135-148.

Strugnell N C, Lucht W and Schaaf C. 2001. A global albedo data set derived from avhrr data for use in climate simulations. *Geophysical Research Letters*, 28(1): 191-194.

Stroeve J and Steffen K. 1998. Variability of avhrr-derived clear-sky surface temperature over the greenland ice sheet. *Journal of Applied Meteorology*, 37(1): 23-31.

Wanner W, Li X and Strahler A H. 1995. On the derivation of kernels for kernel-driven models of bidirectional reflectance. *Journal of Geophysical Research-Atmospheres*, 100(D10): 21077-21089.

Wen J G, Liu Q H, Liu Q, Xiao Q and Li X W. 2009. Parametrized BRDF for atmospheric and topographic correction and albedo estimation in Jiangxi rugged terrain, China. *International Journal of Remote Sensing*, 30(11): 2875-2896.

World Meteorological Organization (WMO). 2010. Implementation plan for the global observing system for climate in support of the UNFCCC (2010 update). Geneva, Switzerland: World Meteorological Organization.

第8章

水体指数的构建与反演

水资源作为人类繁衍生息所不可或缺的资源之一，既是人类文明得以维系的前提，又是地球生态环境良性循环的保障（朱鹤，2013），其空间分布不均、季节变化幅度大、资源总量稀缺等特征决定了对其进行长期监测的必要性（Feyisa et al.，2014）。通过对遥感影像的分析，构建水体识别模型，对水体信息进行自动检测，可以准确、实时、快捷地掌控水资源的变化信息，及时发现洪涝、干旱等与水资源息息相关的自然灾害并制定对策，对合理规划、合理保护、合理利用水资源具有深远意义（江晖，2006）。利用水体遥感技术方法，提取水体面积、空间方位等要素信息，为我国科研工作者、生产单位以及政府部门提供原始数据与决策依据（梅安新等，2001），有益于促进我国水资源环境的改善、保障我国水资源安全。

8.1 研究概述

8.1.1 研究背景

传统的水资源监测手段主要是从水系特点与实际需求出发，建立地面监测站点，并通过测量人员或监测仪器获取实测数据，从而实现水资源监测的常态化（朱鹤，2013）。此种方法的优势在于所获得的实测数据精度较高，但也存在以下不足：①受监测站数量限制，无实测数据地点的水体信息需要利用插值方法或根据经验推断得出，精度较低。②原始数据仅为点数据，不能一次性提取大面积水体信息，效率低下。③受地形限制与社会因素影响，监测站布置存在空白区域，导致部分区域的水体信息缺失。④出于维护与检修的需要，地面监测站长期运营的成本较高，且耗费大量人力与时间。

随着遥感技术的快速发展，特别是航天遥感技术的迅速成熟，出现了许多以自动识别水体、定量计算水体面积、模拟水体动态变化等为典型功能特征的水体遥感方法（蒋建军，

2010),为传统的水资源监测方法提供了全新的技术手段。在获取水体信息方面,遥感技术具有以下特点:

- 可以实现大面积的同步观测。遥感技术因其平台高度高、视场角宽广、观测范围大的技术特点(梅安新等,2001),在获取地表宏观信息上具有先天优势。以1982年发射升空的Landsat 4卫星上所搭载的专题成像仪(Thematic Mapper,TM)为例,其所获取的一幅遥感数据即可覆盖地表170 km×183 km的区域(日本遥感研究会,2011),使大尺度的水体信息提取得以实现。
- 较高的时、空分辨率。以EOS(Earth Observation System)卫星上的MODIS传感器为例,其空间分辨率为250 m,每日过境两次(日本遥感研究会,2011),可用于获取地表水体信息的精细数据,监测水体信息的动态变化。
- 成本低。相较于布设地面监测站点,水体遥感技术不需要大量的资源投入与后期维护,其成本得以降低。以美国Landsat系列卫星为例,其前期投入仅为后期收益的八十分之一(梅安新等,2001)。

综上所述,水体遥感技术在获取水体信息方面具有诸多优势。而遥感卫星作为获取高分辨率对地观测数据的重要来源,已成为各个大国垄断的战略资源与技术壁垒。当前,国际上呈现遥感卫星研发成本日益高涨、更新换代速度日益加快的趋势,而国内的遥感数据市场则被国外卫星数据产品抢占。在此背景下,我国自主研发的GF-4卫星应运而生。然而,由于GF-4卫星载荷的波段设置和性能参数与国外卫星不同,现有的水体指数反演模型并不能直接应用于GF-4卫星。因此,针对GF-4卫星遥感数据的特点,构建适用于GF-4卫星数据的水体指数模型,并有针对性地优化改进模型,有助于增强我国GF-4卫星的实用性与竞争力,满足我国人民对获取水体专题信息数据的需求。

8.1.2 研究现状

1)遥感影像识别水体方法

利用遥感影像数据识别水体信息的关键问题在于如何突出水体信息、抑制背景地物信息、增大水体与背景地物的反差,从而自动提取水体。多年来,研究者提出了多种从遥感影像中自动识别水体的方法。识别方法主要有三种,分别介绍如下。

(1)单波段亮度阈值法

该方法利用水体与背景地物的反射率存在较大差异的波段,通过设定一绝对阈值来自动识别水体。水体在0.75 μm以后的波段上近似于黑体,而背景地物的反射率较高,因此通过对相应波段设定阈值,可以达到较好的识别水体效果(Work et al.,1976; Jain et al.,2005)。

此方法简便易行,但也存在许多缺点。首先,阈值的选取存在较大的人为因素,且不同景影像适用的阈值往往不同,通用性较差(Otsu,1979; Zhang et al.,2017);其次,此方法受地形影响较大,分类得到的水体中混淆有部分阴影。为解决上述问题,研究者提出了多波段谱间分析法。

(2)多波段谱间分析法

该方法通过引入更多的波段数据,根据水体及其他典型地表覆盖类型光谱曲线的变化规律,建立逻辑判别式以识别水体。如适用于 Landsat 4 TM 数据的逻辑判别式:TM2+TM3>TM4+TM5;或适用于 MODIS 数据的逻辑判别式:CH1+CH4>CH2+CH6(丁莉东等,2006)。

此方法提取水体信息的精度优于单波段阈值法,但判定过程较为烦琐,且针对不同时间、不同地点的遥感影像,所选用的波段组合与逻辑判别式往往不同,通用性差,不利于大面积快速自动提取水体信息。

(3)水体指数模型法

该方法通过波段间加减、波段比值、波段变换等运算,构建数学模型,并对模型的计算结果划定范围以判别水体。此类方法的原型为归一化差异水体指数(normalized difference water index,NDWI),由 McFeeters(1996)提出,该模型计算过程简便,且分类结果具有较高的精度。

2)水体指数模型概述

NDWI 主要考虑了植被对于水体信息的干扰,并未充分挖掘水体的光谱特征,容易受建筑用地等地表覆盖类型干扰。针对 NDWI 的不足之处,研究者提出了多种水体指数以解决上述问题。

2005 年提出的改进归一化差异水体指数(modified normalized difference water index,MNDWI)利用短波红外波段替换近红外波段,在抑制建筑用地噪声与阴影影响方面效果较好(徐涵秋,2005;Xu,2006)。2007 年提出的混合水体指数(combined index of NDVI and NIR for water body identification,CIWI)在 MNDWI 的基础上,优化了水体与建筑用地及土壤的区分度,提取的水体层次分明(莫伟华等,2007)。2009 年提出的新型水体指数(new water index,NWI)加强了对裸地、阴影、植被信息的抑制,普适性较好(丁凤,2009)。2010 年提出的 NEW 水体指数在城市水体信息检测方面表现突出(肖艳芳等,2010)。2013 年提出的综合水体指数(synthetical water index,SWI)能滤除山体阴影噪声,识别出的水体边界平滑、内部完整(孟伟灿等,2013)。2014 年提出的简单比值型水体指数(simple ratio of water index,SRWI)有效解决了提取城区水体时将建筑用地误提取为水体的问题(王晴晴,2014)。

除普适性较好的改进方法以外,部分研究者在解决特定的应用问题时提出了不同的改进水体指数。Ouma 和 Tateishi(2006)利用 NDWI 和湿度指数构建规则集,综合判断提取水体信息，解决海岸线变化的快速制图问题，但普适性有待验证。2008年提出的增强型水体指数(enhanced water index，EWI)解决了其他水体提取方法应用于半干旱流域时对河道与非水体区分效果较差的问题(闫霈等，2007)。同时期提出的修订型归一化差异水体指数(revised normalized difference water index，RNDWI)在提取密云水库面积时能够有效区分植被、土壤和水体，取得了比传统水体指数更高的精度(曹荣龙等，2008)。

水体信息提取的研究已经开展了多年，水体指数的研究正在往多波段融合的方向发展，构建综合水体指数，能够减少水体与植被、土壤、阴影、建筑等目标的混淆情况，有效提高水体信息提取精度。

8.2 原理与模型

8.2.1 水体光谱特征

不同类型的典型地物，因其构成元素、物质形态、表面粗糙度等性质不同而表现出不同的光谱特征。分析典型地物的辐射传输过程与机理，明确典型地物的光谱特征，是利用遥感数据构建数学模型识别地物的主要方法。

水体作为典型地表覆盖类型之一，其辐射传输过程较为复杂，且具有明显区别于其他地表覆盖类型的光谱特征，现分析如下。

1)水体的遥感成像过程

电磁波在水体中的传输过程比较复杂，包括在水面、水体中、水底等处发生的折射、反射、散射、吸收等多个过程(孟伟灿，2012)。

当电磁波入射水体时，首先一部分电磁波在水体表面处发生反射，返回空中，称为水面反射辐射；其余部分在水体表面交界处发生折射，进入水体，很大比例的电磁波被吸收，未被吸收的电磁波中一部分经水中悬浮物质散射，返回水体表面，称为后向散射辐射，另一部分到达水体底部，经反射后返回水体表面，称为水底反射辐射。水底反射辐射与后向散射辐射经水面折射后返回空中，共同构成了水中辐射(蒋建军，2010)。因此，遥感平台载荷所记录的对应于水体的像元信息共包括三部分，分别为水面反射辐射、水中辐射和大气散射辐射。其中，水面反射辐射与水中辐射携带了水体信息，而大气散射辐射则经由大气校正等环节去除。

2)水体的典型光谱特征

依赖光谱特征辨别地表覆盖类型需从典型地物的不同光谱特征出发，主要考虑以下三方面特性(Zeng，2007a，b)：①地表覆盖类型光谱特征曲线的整体高低水平；②地表覆盖类型光谱特征曲线的整体趋势，即可见光波段与红外波段的强弱关系；③地表覆盖类型光谱曲线波段间走势与强弱关系(Borak,1999)。

水体作为常见地表覆盖类型的一种,其光谱特征同样具有上述三方面特性,具体表现如下:

- 水体在可见光波段的反射率很低,在近红外波段及之后波段的吸收特性很强,因此光谱曲线大体上低于其他地表覆盖类型,在遥感图像中呈现出暗色调;
- 水体的反射率大体上随波长增加而降低,光谱曲线整体呈递减趋势,与植被等地表覆盖类型的光谱曲线趋势相反,易于区分;
- 对于清澈水体,其在 0.4~0.5 μm 波长处的反射率为 4%~5%,在 0.6 μm 波长处进一步降至 2%~3%,在之后波段,反射率进一步下降,水体近似为全吸收体(江晖,2006)。

ENVI5.1 中内置了不同地表覆盖类型的典型光谱曲线,利用导出光谱曲线(Display-Spectral Library Viewer-Export-ASCII)功能导出的水体光谱曲线见图 8.1。

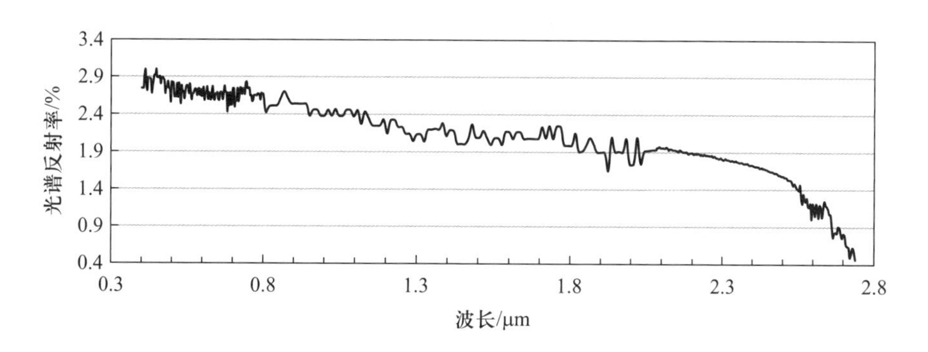

图 8.1 水体光谱反射率曲线图

由图 8.1 可知,水体的实际光谱特征与上文描述大体相符。在可见光与近红外、短波红外、中红外波段内,水体光谱反射率整体较低,分布在 0.4%~3.4%范围内,且随波长增大,反射率进一步降低,整体呈递减趋势。

水体被传感器记录的光谱特征受到诸多因素的影响,如水体表面积、水体深度、水生植物数量等。因此,为构建适用于 GF-4 卫星数据的水体指数模型,同时保证所构建的模型具有较好的普适性与鲁棒性,还应分析不同类别的水体在 GF-4 卫星各波段上的光谱特征的相同点与不同点,使其尽可能对不同类别的水体均有较好的识别效果。

8.2.2 模型构建

构建适用于 GF-4 卫星遥感数据的水体指数模型的关键问题在于如何突出水体信息、抑制背景地物信息、增大水体与背景地物的反差,从而达到利用 GF-4 卫星遥感数据提取水体信息的目的。应从典型水体的光谱反射特性出发,通过分析水体的特有光谱反射特征以及其与背景地物光谱反射特征的差异,并结合 GF-4 卫星传感器的光谱响应函数和波段设置特点,构建适用于 GF-4 卫星遥感数据的水体指数模型。

为分析典型水体与背景地物的实际反射光谱特性,于 2016 年 4 月 9 日赴中国科学院遥感与数字地球研究所怀来遥感综合试验场进行了为期两天的野外实验。该遥感综合试验场位于河北省与北京市交界的怀延盆地中部(40.348810° N,115.784500° E),占地25亩[①],场址周边10 km范围内地表类型丰富,有农田、水域、山地、草场和湿地滩涂,斑块内地表覆盖均质性程度较高,并且临近河北省张家口市怀来县和北京市延庆区交界处的官厅水库(水库面积达280 km^2,常年水面面积为130 km^2),可作为水体光谱反射率测量的试验场。

于2016年4月9日和4月10日分别采集了共425条不同种类地物的光谱反射率曲线,并采取重复测量5次取平均的方法对采集得到的光谱反射率曲线进行后期处理,得到了85条不同种类地物的光谱反射率曲线。测量结果涵盖了水体、裸地、石子路、针叶林、柏树林、水泥路面、松树林、杨柳林等典型地物类别,以供后续分析水体与背景地物的实际反射光谱特性。实验测得不同种类地物的典型光谱反射率曲线如图8.2所示。

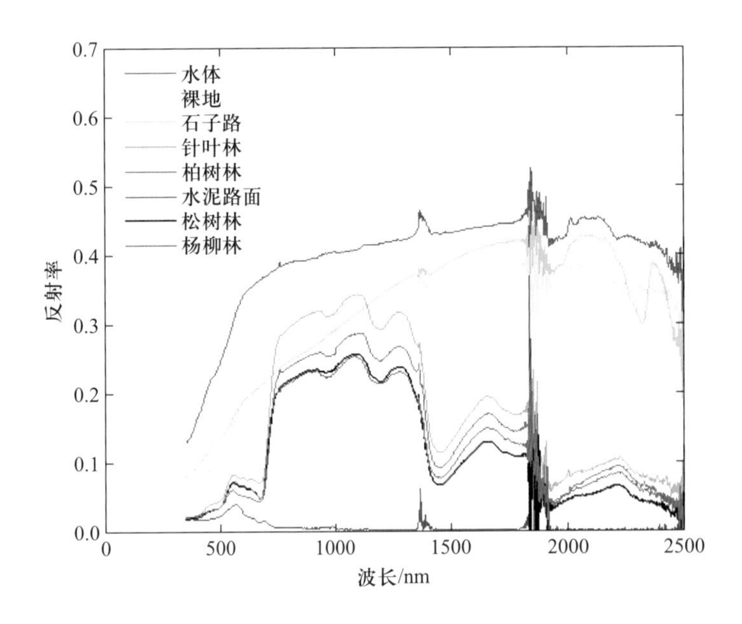

图8.2 不同种类典型地物的实测光谱反射率曲线

从图8.2中可以看出,水体在可见光波段的反射率很低,在近红外波段及之后波段的吸收特性很强,因此光谱反射率曲线大体上低于其他种类地物;水体的反射率大体上随波长增加而降低,光谱曲线整体呈递减趋势,与裸地等其他种类地物的光谱反射率曲线随波长变化趋势相反,易于区分。为研究水体在GF-4卫星遥感图像中的光谱特征,结合GF-4卫星传感器的光谱响应函数与实测光谱反射率曲线,模拟出水体、裸地等不同种类地物在GF-4卫星遥感图像各波段的光谱反射率值,如图8.3所示。

在图8.3中,模拟得到的水体在GF-4卫星遥感图像的各个波段上的光谱反射率均低于其他种类地物,且模拟得到的水体在GF-4卫星遥感图像绿光波段上的光谱反射率大于其在近红外波段上的光谱反射率,而其他种类地物均不具备这一光谱特征,因此将利用这一水体独有的反射光谱特性构建适用于GF-4卫星数据的水体指数模型。

---

① 1亩≈667 m^2。

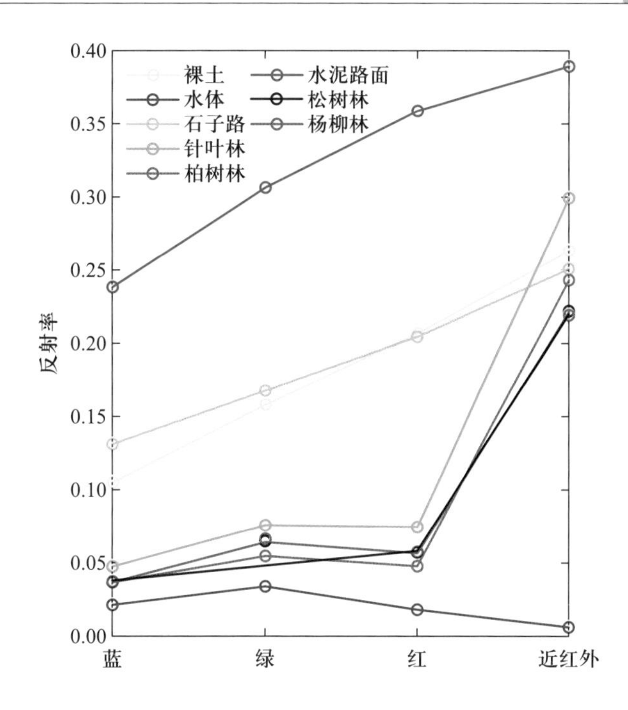

图 8.3 模拟得到的不同种类典型地物在 GF-4 卫星数据各波段上的光谱反射率

现有的常用水体指数模型包括 NDWI、MNDWI、AWEI(automated water extraction index)、EWI、RNDWI 和 NWI 等。其中,除 NDWI 外,其余水体指数模型在反演过程中均利用了水体在短波红外波段的反射率数据,由于 GF-4 卫星传感器波段设置中并未包含短波红外波段,因而此类水体指数并不适用于 GF-4 卫星遥感数据。NDWI 的计算公式如下:

$$\mathrm{NDWI}=\frac{\rho_{\mathrm{Green}}-\rho_{\mathrm{NIR}}}{\rho_{\mathrm{Green}}+\rho_{\mathrm{NIR}}} \tag{8.1}$$

式中,ρ_{Green}指遥感图像中绿光波段的反射率,ρ_{NIR}指近红外波段的反射率。由 NDWI 的计算公式可知, NDWI 利用了水体在绿光波段的反射率大于近红外波段这一特点,通过归一化比值的形式,突出水体信息、抑制背景地物信息、增大水体与背景地物的反差,从而提取水体信息。通过前面的实验与分析可知,水体在 GF-4 卫星图像的绿光波段和近红外波段的反射率符合上述规律,因此理论上,NDWI 适用于 GF-4 卫星遥感数据。其中,绿光波段对应 GF-4 卫星 PMS 传感器数据中第三波段,近红外为第五波段。

NDWI 最终结果为单波段产品,其相关元数据字段的完整列表如表 8.1 所示。

表 8.1 NDWI 产品规格

属性	值	属性	值
长名称	Normalized Difference Water Index	有效范围	-10000~10000
短名称	NDWI	无效值	-32768
数据类型	Signed Int32	比例因子	0.0001
单位	光谱指数(波段比值)		

8.3 算 法 实 现

8.3.1 算法流程介绍

适用于GF-4卫星PMS传感器数据的水体指数模型算法以GF-4卫星PMS传感器数据为输入数据,输出为GF-4 NDWI水体指数影像文件、XML说明文件与RPB地理信息文件。

算法流程图如图8.4所示。

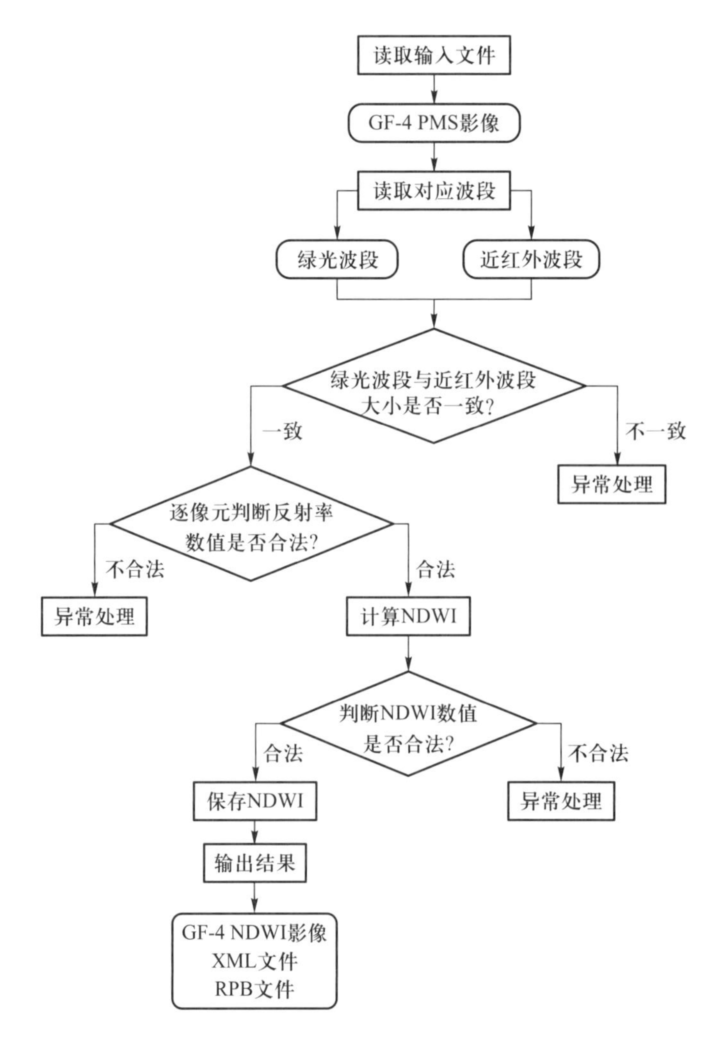

图8.4 算法流程图

(1)算法以 GF-4 卫星 PMS 传感器反射率数据文件路径为输入,通过读取影像文件,得到绿光波段反射率矩阵($m×n$)与近红外波段反射率矩阵($m×n$);

(2)判断绿光波段反射率矩阵与近红外波段反射率矩阵的大小是否一致,若一致,则进行后续计算;若不一致,则进行异常处理。

(3)逐像元(即矩阵中的元素)判断反射率数值是否在合理范围内,若反射率数值在合理范围内,则进行后续计算;若超出合法范围,则将该像元的输出结果设为无效值。

(4)根据 NDWI 水体指数模型计算 NDWI 水体指数数值,判断数值是否在合理范围内,若计算结果数值不在合理范围内,则进行异常处理;若在合理范围内,则保存计算结果。

(5)输出 GF-4 NDWI 水体指数影像文件、XML 说明文件与 RPB 地理信息文件。

8.3.2 伪代码

算法 计算 NDWI 水体指数

输入:GF-4 多光谱影像路径($m*n$)

输出:NDWI 计算结果($m*n$)

```
Function CalcNDWI(inputpath)
  img ← GetImg(inputpath)//inputpath 为 GF-4/PMS 影像路径
  [green,nir] ← GetBand(img)
  status ← 0
  if sizeof(green) ! = sizeof(nir) then //绿光和近红外波段大小不一致
     status ← -1 //状态失败
     return 0
  end if
  for each pixel in img do
    if (green[m,n] > 0) && (green[m,n] < 10000) && (nir[m,n] > 0) && (nir[m,n] <
10000) then //像元值在合理范围之内
       ndwi ← (green[m,n] - nir[m,n]) /(green[m,n] + nir[m,n]) * 10000 //乘以
系数 10000 转换为整型
       output[m,n] ← ndwi
       if (ndwi < -10000) then //极小值异常处理
         output[m,n] ← -10000
       end if
       if (ndvi > 10000) then//极大值异常处理
         output[m,n] ← 10000
       end if
    else
```

```
      output[m,n] ← -32768 //无效值异常处理
    end if
  end for
  exportfile(outputpath,output,outputparas)//输出影像文件
  exportXML(inputpath,outputpath,outputparas) //输出影像 xml 文件
  exportRPB(inputpath,outputpath,outputparas) //输出影像 rpb 地理信息文件
  status ← 1 //状态成功
  return 0
End Function
```

8.4 应用与验证

8.4.1 光谱数据结果

为分析 NDWI 在 GF-4 卫星遥感数据中的适用性,利用采集到的典型地物光谱反射率曲线,结合 GF-4 卫星传感器光谱响应函数,模拟了不同种类地物在 GF-4 卫星遥感数据中各波段的光谱反射率。在此基础上,分别计算了各类地物的 NDWI 值,计算结果见表 8.2。

表 8.2 基于各类典型地物的模拟 GF-4 卫星波段反射率计算得到的 NDWI 值

地物类型	NDWI	地物类型	NDWI
水体	0.68784	柏树林	-0.62826
裸地	-0.24946	水泥路面	-0.12023
石子路	-0.19943	松树林	-0.54804
针叶林	-0.59535	杨柳林	-0.53440

从表 8.2 中可以看出,GF-4 卫星遥感数据中,水体的 NDWI 值远大于 0;裸地、石子路、水泥路面的 NDWI 值小于 0;针叶林、柏树林、松树林、杨柳林等植被的 NDWI 值远小于 0。这是由于水体的反射率随波长增大而减小;裸地、石子路、水泥路面的反射率随波长增大而缓慢增大;针叶林、柏树林、松树林、杨柳林等植被受"红边"现象影响,在近红外波段的反射率远大于绿光波段。由此可知,采用 NDWI 作为适用于 GF-4 卫星数据的水体指数模型,可以有效提取水体信息,增大水体与其他种类背景地物的反差。

GF-4 卫星位于地球同步轨道,一天内可以连续对同一地区进行多次观测,相同地理位置遥感数据的成像时间可能不同。考虑这一特点,GF-4 卫星遥感图像的外部光照环境可能存在着较为明显的变化。这就意味着同一地理位置的水体,在一天的不同时间中,可

能会受到附近山体等地形的遮挡,处于阴影之中。为了验证 NDWI 是否适用于 GF-4 卫星遥感影像中位于阴影处的水体,在野外实验中采集了多条阴影处水体的光谱反射率曲线。此外,考虑到自然界中的水体会受风以及人为因素的影响而形成波浪,并不是处于平静状态,因此同时采集了平静水体以及波浪的光谱反射率曲线,以分析 NDWI 对平静水体以及波浪的适用性。阴影处水体、非阴影处水体、平静水体以及波浪的 NDWI 值的分布情况如图 8.5 所示。

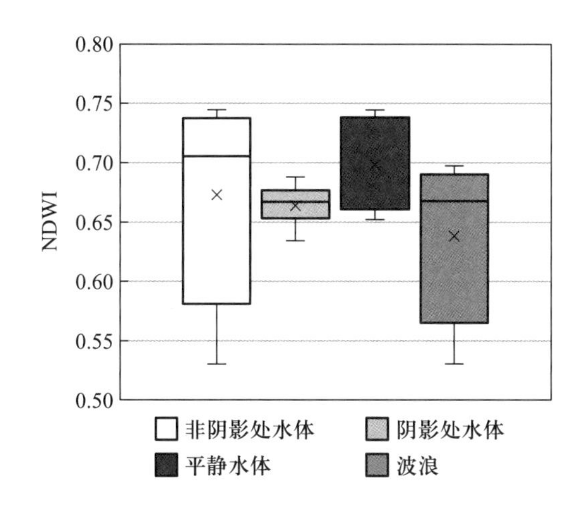

图 8.5 阴影处水体、非阴影处水体、平静水体以及波浪的 NDWI 值的分布情况

从图 8.5 中可以看出,阴影处水体以及非阴影处水体的 NDWI 值均在 0.5 以上,远大于 0,非阴影处水体的 NDWI 值的分布更为分散,通过归一化差异水体指数 NDWI 可有效提取阴影处以及非阴影处的水体信息。平静水体的 NDWI 值在总体上略大于波浪的 NDWI 值,但两者的 NDWI 值均在 0.5 以上,远大于 0,波浪的 NDWI 值分布更为分散,通过 NDWI 可有效提取平静水体以及波浪的水体信息。因此,NDWI 应用于 GF-4 卫星遥感数据可有效提取阴影处水体、非阴影处水体、平静水体以及波浪等水体信息。

8.4.2 影像数据结果

为分析本项目所构建的 GF-4 卫星水体指数的实际效果,选择覆盖内蒙古东北部以及长江中下游地区、成像时间相近、空间分辨率与 GF-4 卫星数据相近的 Landsat 8 数据进行对比分析。

通过对 Landsat 8 OLI 数据以及对应的 GF-4 卫星 PMS 传感器数据进行辐射定标、大气校正处理,获取了 Landsat 8 与 GF-4 卫星的地表反射率数据。再对地表反射率数据通过手工选取控制点的方法,进行几何精校正,建立对应的 GF-4 卫星数据与 Landsat 8 数据的影像对之间的地理关联,以便后续进行对比分析。经过数据预处理的 GF-4 与 Landsat 8 地表反射率数据假彩色合成图如图 8.6 所示。

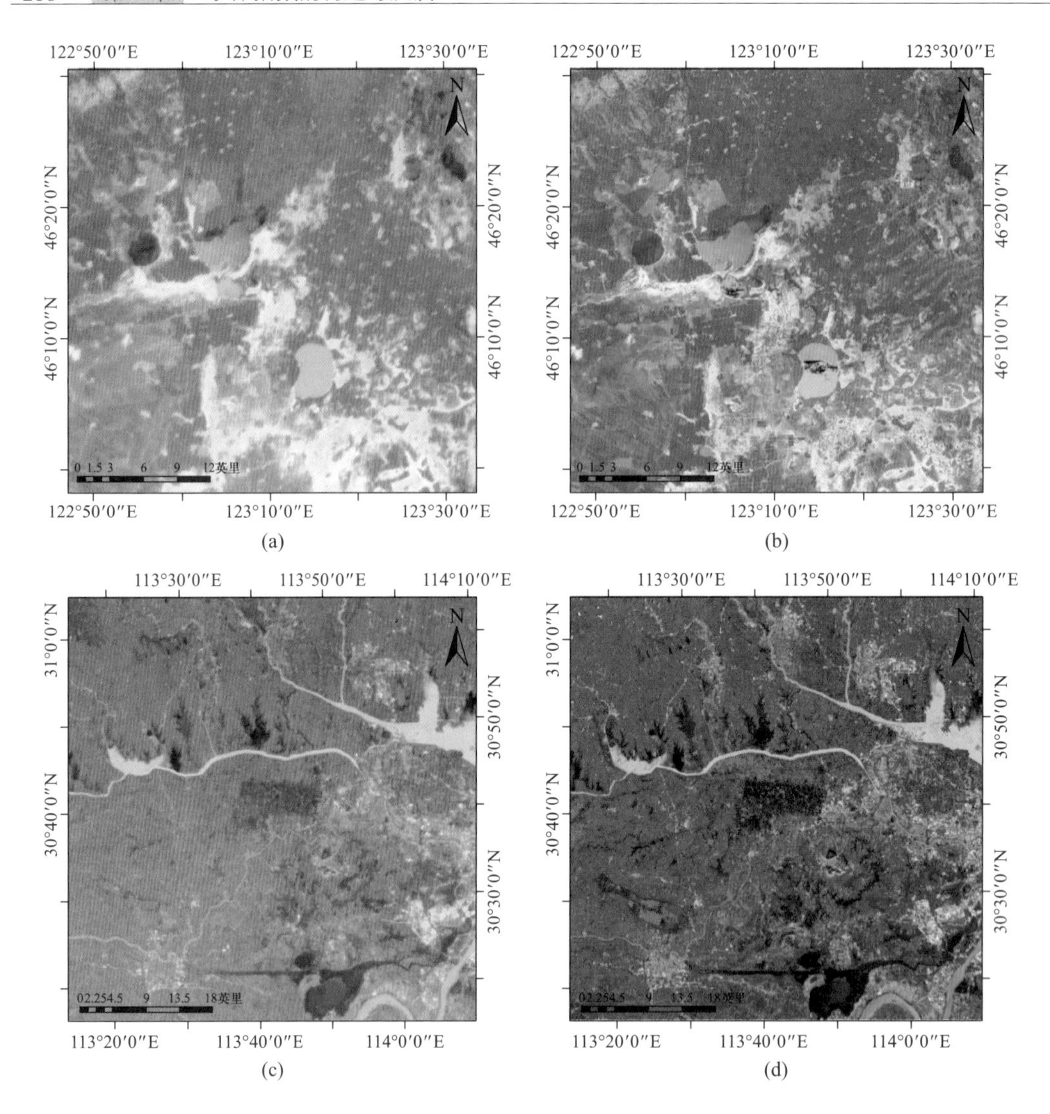

图 8.6 GF-4 与 Landsat 8 地表反射率数据假彩色合成图:(a) 内蒙古东北部 GF-4;(b) 内蒙古东北部 Landsat 8;(c) 长江中下游 GF-4;(d) 长江中下游 Landsat 8

从图中可以看出,GF-4 卫星地表反射率假彩色合成的效果与 Landsat 8 较为接近,图像质量较好。为利用 Landsat 8 数据与 GF-4 数据进行水体指数模型的对比分析,分别利用 GF-4 与 Landsat 8 地表反射率数据计算了 NDWI 值,计算结果如图 8.7 所示。

从图中可以看出,利用 GF-4 卫星地表反射率数据计算得到的 NDWI 结果与利用 Landsat 8 地表反射率计算得到的结果较为接近。水体在两者计算结果中均呈现出亮色调,背景地物则为暗色调,表明水体在两者计算结果中均为较大的正值,背景地物均为较小的负值。为定量分析利用 GF-4 卫星数据计算归一化差异水体指数的效果,在内蒙古东北部以及长江中下游两个研究区内各随机选取了 5000 个样本点,对样本点的 GF-4 和

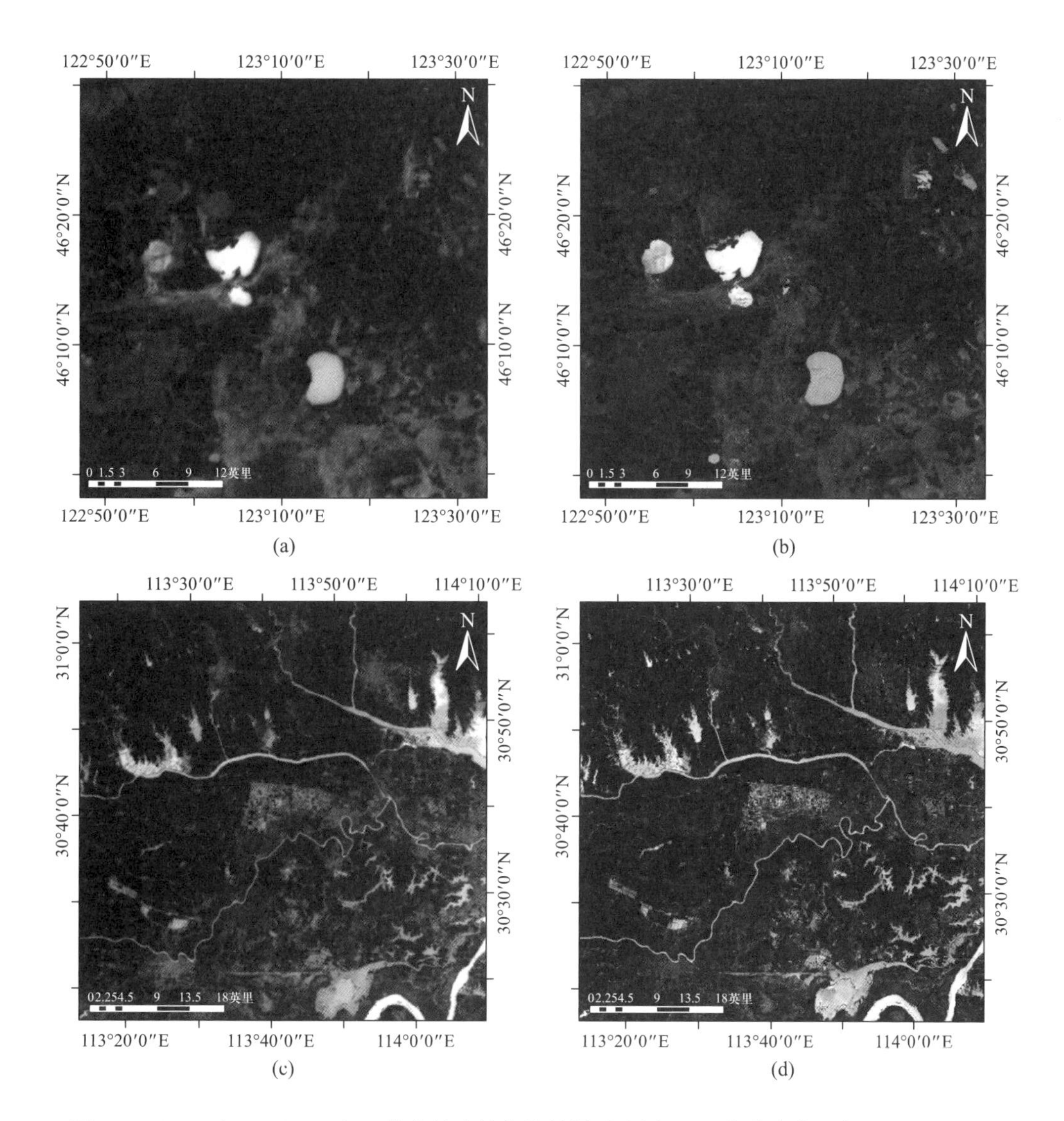

图 8.7 GF-4 与 Landsat 8 归一化差异水体指数结果示意图：(a) 内蒙古东北部 GF-4；(b) 内蒙古东北部 Landsat 8；(c) 长江中下游 GF-4；(d) 长江中下游 Landsat 8

Landsat 8 计算得到的 NDWI 值进行相关分析，分析结果如图 8.8 所示。

从图中可以看出，利用 GF-4 地表反射率数据计算得到的 NDWI 值与利用 Landsat 8 地表反射率数据计算得到的 NDWI 值之间具有显著的相关关系。在内蒙古东北部研究区，两者之间的相关系数为 0.88；在长江中下游研究区，两者之间的相关系数为 0.77。由此可知，GF-4 卫星数据可用于计算归一化差异水体指数，归一化差异水体指数作为适用于 GF-4 卫星数据的水体指数模型，可有效突出水体信息、抑制背景地物信息、增大水体与背景地物的反差，从而实现利用 GF-4 卫星数据提取水体信息的目的。

综上所述，NDWI 应用于 GF-4 卫星遥感数据的整体效果良好。基于地面采集光谱与

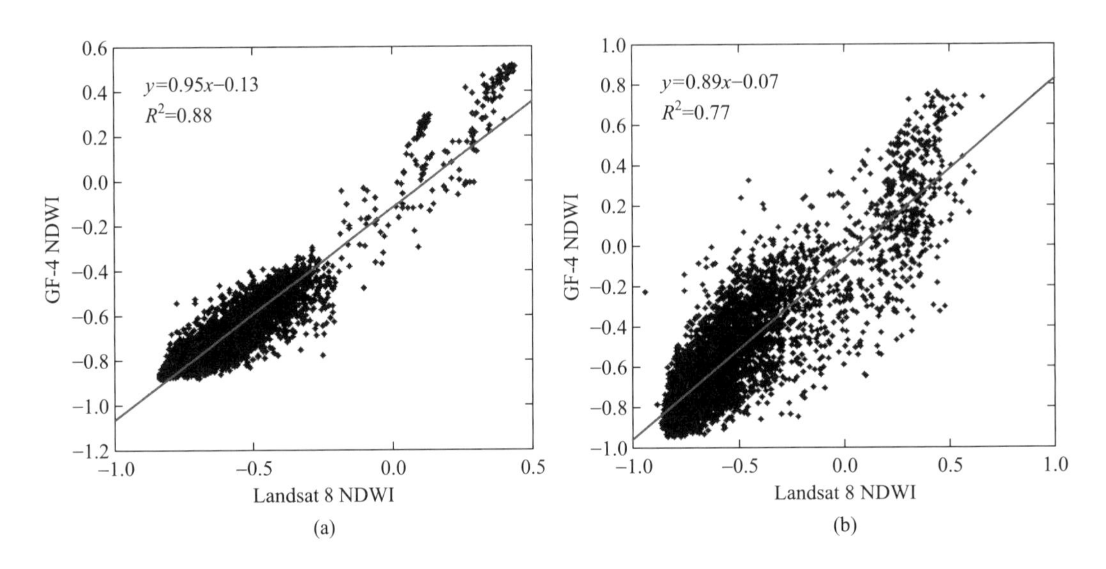

图 8.8 交叉验证结果相关分析图：(a)内蒙古东北部；(b)长江中下游

GF-4 卫星传感器光谱响应函数模拟计算得到的水体的 NDWI 值远大于 0，背景地物的 NDWI 值远小于 0；NDWI 应用于 GF-4 卫星遥感数据可有效提取阴影处水体、非阴影处水体、平静水体以及波浪信息；基于 GF-4 卫星遥感数据计算得到的 NDWI 值与基于 Landsat 8 卫星遥感数据计算得到的 NDWI 值具有较好的一致性。归一化差异水体指数模型 NDWI 适用于 GF-4 卫星遥感数据，并且能够为 GF-4 卫星地表水体识别、洪涝灾害监测提供有效手段。

参考文献

曹荣龙，李存军，刘良云，王纪华，阎广建.2008.基于水体指数的密云水库面积提取及变化监测.测绘科学，33(2)：158-160.

丁凤.2009.基于新型水体指数(NWI)进行水体信息提取的实验研究.测绘科学，34(4)：155-157.

丁莉东，吴昊，王长健，覃志豪，章其祥.2006.基于谱间关系的 MODIS 遥感影像水体提取研究.测绘与空间地理信息，29(6)：25-27.

江晖.2006.水体信息自动提取遥感研究.中国地质大学(北京)硕士研究生学位论文.

蒋建军.2010.遥感技术应用.南京：江苏教育出版社.

梅安新，彭望琭，秦其明，刘慧平.2001.遥感导论.北京：高等教育出版社.

孟伟灿.2012.遥感影像水域边界智能化提取方法研究.解放军信息工程大学硕士研究生学位论文.

孟伟灿，朱述龙，曹闻，苏晓军，曹彬才.2013.综合水体指数的创建.测绘科学，38(4)：134-137.

莫伟华，孙涵，钟仕全，黄永璘，何立.2007.MODIS 水体指数模型(CIWI)研究及其应用.遥感信息，2007(5)：16-21.

日本遥感研究会.2011.遥感精解. 第2版.北京:测绘出版社.

王晴晴,余明.2014.基于简单比值型水体指数(SRWI)的水体信息提取研究.福建师范大学学报(自然科学版),2014(1):39-44.

肖艳芳,赵文吉,朱琳.2010.利用TM影像Band1与Band7提取水体信息.测绘科学,35(5):226-227.

徐涵秋.2005.利用改进的归一化差异水体指数(MNDWI)提取水体信息的研究.遥感学报,9(5):589-595.

闫霈,张友静,张元.2007.利用增强型水体指数(EWI)和GIS去噪音技术提取半干旱地区水系信息的研究.遥感信息,2007(6):62-67.

朱鹤.2013.遥感技术在地表水源地水体监测中的应用研究.中国水利水电科学研究院硕士研究生学位论文.

Borak J S. 1999. Feature selection and land cover classification of a MODIS-like data set for a semiarid environment.*International Journal of Remote Sensing*,20(5):919-938.

Feyisa G L, Meilby H, Fensholt R and Proud S R.2014. Automated water extraction index: A new technique for surface water mapping using Landsat imagery.*Remote Sensing of Environment*,140(1):23-35.

Jain S K, Singh R D, Jain M K and Lohani A K.2005. Delineation of flood-prone areas using remote sensing techniques.*Water Resources Management*,19(4):333-347.

Mcfeeters S K.1996.The use of the normalized difference water index (NDWI) in the delineation of open water features. *International Journal of Remote Sensing*,17(7):1425-1432.

Otsu N.1979.A threshold selection method from gray-level histograms.*IEEE Transactions on Systems, Man, and Cybernetics: Systems*,9(1):62-66.

Ouma Y O and Tateishi R.2006.A water index for rapid mapping of shoreline changes of five East African Rift Valley lakes: An empirical analysis using Landsat TM and ETM+ data. *International Journal of Remote Sensing*,27(15):3153-3181.

Work E A and Gilmer D S.1976.Utilization of satellite data for inventorying prairie ponds and lakes.*International Journal of Remote Sensing*,42(5):685-694.

Xu H. 2006. Modification of normalised difference water index (NDWI) to enhance open water features in remotely sensed imagery.*International Journal of Remote Sensing*,27(14):3025-3033.

Zeng Z Y. 2007a. A new method of data transformation for satellite images: I. Methodology and transformation equations for TM images. *International Journal of Remote Sensing*,28(18):4095-4124.

Zeng Z Y.2007b.A new method of data transformation for satellite images: II.Transformation equations for SPOT, NOAA, IKONOS, QuickBird, ASTER, MSS and other images and application. *International Journal of Remote Sensing*,28(18):4125-4155.

Zhang T, Ren H, Qin Q, Zhang C and Sun Y.2017.Surface water extraction from Landsat 8 OLI imagery using the LBV transformation.*IEEE Journal of Selected Topics in Applied Earth Observations and Remote Sensing*, 10(10):4417-4429.

第9章

雪盖指数的构建与反演

地球上80%的淡水以积雪的形式存在,在中高纬度等干旱与半干旱地区,春季融雪径流是工农业用水和生活用水的主要补给来源,获取准确的雪盖信息对水循环研究与水资源利用至关重要(柏延臣和冯学智,1997;Dozier,1989)。冬季长时间、大面积的降雪往往导致雪灾,给人类社会的生产生活带来严重影响,春季积雪快速融化所形成的径流容易引发洪水、泥石流等自然灾害,威胁人民群众的生命财产安全,因此,对积雪进行实时动态监测对防灾减灾有重要意义(冯学智等,1997;裴欢,2006)。

9.1 研究概述

9.1.1 研究背景

积雪是重要的地表覆盖类型之一,北半球冬季积雪覆盖面积可达总面积的40%以上(黄镇和崔彩霞,2006;Frei et al.,2012)。积雪具有明显的季节变化特征,冬季的大面积降雪与春季的快速消融使得积雪成为地球表面最为活跃的自然要素之一(王建,1999;Frei et al.,2012)。积雪是关键的气候指示因子,在气象模型、全球能量平衡模型以及融雪径流模型中,积雪是重要的输入参数与边界条件,其高于其他地表覆盖类型的高反射特性对全球气候变化与地表辐射平衡有重要影响(Dozier,1989)。

传统的积雪观测方法主要利用气象台站的地面观测数据,但由于成本限制等原因,气象台站的数量较少,导致地面观测数据的空间连续性差,难以满足大范围积雪精细观测的需求(傅华等,2007)。随着遥感技术的发展,利用遥感数据提取雪盖信息为大范围积雪精细观测提供了有效手段,国内外学者对此开展了大量研究(Dozier,1989;陈贤章,1988;Hall et al.,1995;Rosenthal and Dozier,1996;Shimamura et al.,2006;梁继等,2007;肖飞等,2010;Frei et al.,2012;黄艳艳等,2016)。

9.1.2 研究现状

雪盖信息提取,即识别遥感数据中的雪盖像元,判定积雪分布范围,主要方法包括目视判读法、波段阈值法、雪盖指数法以及监督分类与非监督分类法等(王建,1999;孙志群等,2012)。其中,雪盖指数法原理明确,计算过程简单,可实现雪盖信息的自动化提取,算法具有良好的普适性与鲁棒性,雪盖提取结果可重复性好、精度高,广泛应用于遥感数据雪盖信息提取与雪盖产品的生产中。

雪盖指数是指通过对遥感数据进行波段加减、波段比值、波段变换等数学运算所构建的提取积雪覆盖信息的数学模型。在定量遥感中,无论是积雪覆盖区面积提取,还是雪灾监测、雪深估算,雪盖指数都是重要的指标与依据。雪盖指数既是从遥感图像中定性获取积雪覆盖分布的工具,也是定量获取雪盖信息的基础。

目前,用于雪盖信息提取的遥感传感器主要包括 AVHRR(Advanced Very High Resolution Radiometer)、MODIS(Moderate Resolution Imaging Spectroradiometer)、TM(Thematic Mapper)、ETM+(Enhanced Thematic Mapper Plus)等。其中,TM、ETM+等遥感数据的空间分辨率较高,可获取雪盖分布的精细信息,但其重访周期较长,获取晴空影像的能力较弱,限制了其积雪动态观测的潜力;AVHRR、MODIS 等遥感数据的重访周期较短,可实现积雪的连续动态监测,但其空间分辨率为公里级,难以满足精细尺度雪盖信息提取的需求(孙志群等,2012)。

我国于 2015 年 12 月 9 日成功发射了 GF-4 地球静止轨道卫星,其上搭载的高分辨率光学遥感凝视相机为遥感卫星积雪观测提供了新的可能(吴玮等,2016)。与极轨卫星不同,GF-4 卫星位于地球同步轨道,具有成像幅宽大、观测频次高的优势(李三妹等,2007;杨俊涛等,2013),其在一天内可对中国及周边地区以寻访模式进行多次观测,或在短时间内对同一地区进行分钟级的高频次观测,大大提高了获取晴空影像的能力,同时,其灵活的观测模式与极短的重访周期使得实时、快速、动态的积雪监测成为可能。与风云二号 C 星(FY-2C)、MTSAT-2(Multi-Functional Transport Satellite-2)等静止气象卫星不同,GF-4 卫星多光谱遥感数据的空间分辨率高达 50 m,中红外遥感数据的空间分辨率高达 400 m,可提供更为精细的积雪分布信息。GF-4 卫星是我国首颗同时具备高时间分辨率与高空间分辨率的高分系列卫星,研究 GF-4 积雪观测方法,构建适用于 GF-4 数据的雪盖指数模型,为实现我国对积雪的常规观测与积雪衍生灾害的快速响应提供了条件,对我国气候变化研究、水资源管理以及防灾减灾有重要意义。由于 GF-4 传感器并未设置波长范围在 1.6 μm 附近的短波红外(short wavelength infrared,SWIR)波段,以归一化差值雪盖指数(normalized difference snow index,NDSI)为代表的传统雪盖指数模型无法直接应用于 GF-4 数据,需构建适用于 GF-4 数据的雪盖指数模型(Dozier,1989;延昊,2005;Shimamura et al.,2006)。

9.2 原理与模型

9.2.1 雪盖光谱特征

积雪的反射光谱特性受积雪的表面形态(粗糙度和受污染程度等)、内部结构(雪深和雪密度等)以及物理特性(雪粒形状和雪粒径等)影响。根据雪粒径不同,可将积雪划分为四类典型类型:雪粒径典型值为 10 μm,称为霜(frost);为 24 μm,称为细粒雪(fine snow);为82 μm,称为中粒雪(medium granular snow);为 178 μm 称为粗粒雪(coarse granular snow)。四类典型积雪的光谱反射率曲线如图 9.1 所示。

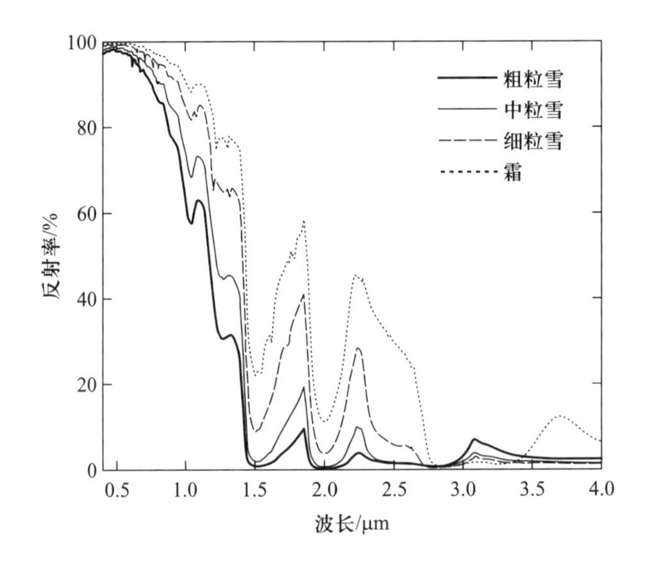

图 9.1 四类典型积雪在 0.4~4 μm 波长范围内的光谱反射率曲线

从图 9.1 中可以看出,四类典型积雪在可见光及近红外波段(0.4~0.9 μm)均具有极强的反射特性,反射率高达80%以上;在 1.0~1.5 μm 波段范围内,反射率随波长的增大而减小;在 1.6 μm 波长附近,四类典型积雪的反射率均减小至极小值。

9.2.2 模型构建

归一化差值雪盖指数(NDSI)是利用上述积雪光谱反射率特性构建的,通过对遥感数据进行波段加减、波段比值等变换来突出积雪信息,抑制背景地物信息,增大积雪与背景地物之间的差异,从而达到提取积雪信息的目的。NDSI 的计算公式如下:

$$\mathrm{NDSI}=\frac{\rho_{\mathrm{Green}}-\rho_{\mathrm{SWIR}}}{\rho_{\mathrm{Green}}+\rho_{\mathrm{SWIR}}} \tag{9.1}$$

式中,ρ_{Green}为遥感数据中绿光波段的反射率,ρ_{SWIR}为遥感数据中短波红外波段的反射率。由于积雪的可见光波段的反射率较高,在短波红外波段的反射率较低,因此积雪的 NDSI 值为较高的正值;而背景地物的 NDSI 值为负值或接近于零(黄艳,2016)。NDSI 广泛应用于遥感影像积雪信息提取,例如,Dozier 将 NDSI 模型应用于 Landsat 5 TM 数据,实现了雪盖像元的识别与积雪范围的提取;Hall 等利用 NDSI 模型构建了 MODIS 雪盖制图算法 SNOMAP,并生产了 MODIS 全球雪盖产品。除雪盖像元识别与积雪范围提取外,NDSI 还与积雪的一些特性(如雪深、亚像元积雪覆盖比率等)存在较好的相关关系,其所携带的积雪信息较二值分类结果更为丰富。

然而,GF-4 卫星传感器并未设置波长范围在 1.6 μm 附近的短波红外波段,因而无法直接计算 NDSI。因此,需要在分析积雪光谱特征的基础上,拟合雪盖在短波红外波段的反射率,进而计算雪盖指数。为构建短波红外波段积雪反射率拟合公式,选择波段设置、空间分辨率与 GF-4 卫星相近,并且具有短波红外波段的 Landsat 8 OLI 地表反射率产品作为替代数据。由于 Landsat 8 OLI 与 GF-4 传感器在波段宽度、中心波长、光谱响应函数等传感器参数上存在细微差异,需要评估两者对应波段相同地物的反射率一致性。因此,选择约翰・霍普金斯大学光谱库(Johns Hopkins University Spectral Library)中 214 条典型地物(包括火成岩、变质岩、沉积岩、人造地物、积雪、土壤、植被等地表覆盖类型)的光谱反射率曲线,根据式(9.2)计算 Landsat 8 OLI 与 GF-4 传感器对应波段的反射率:

$$R=\int_{\lambda_1}^{\lambda_2} R_{\lambda}\times \mathrm{SPF}_{\lambda}\,\mathrm{d}\lambda \tag{9.2}$$

式中,R 为波段反射率,λ 为波长,R_{λ} 为对应波长处的反射率,SPF_{λ} 为对应波长处的归一化光谱响应系数,λ_1 为波段的起始波长,λ_2 为波段的终止波长。对 Landsat 8 OLI 与 GF-4 传感器对应波段相同地物的反射率进行相关性分析,结果如图 9.2 所示。

从图 9.2 中可以看出,Landsat 8 OLI 与 GF-4 传感器对应波段相同地物的反射率具有非常好的一致性,散点基本分布在 1 : 1 线上。因此,以具有短波红外波段的 Landsat 8 OLI 地表反射率产品作为替代数据构建的短波红外波段积雪反射率拟合公式理论上同样适用于 GF-4 反射率数据。

对于多波段遥感数据,在可见光与近红外波段的反射率所携带的信息足以重建出短波红外波段的反射率。Gladkova 等提出了 QIR(quantitative image restoration)方法成功地通过多元线性回归,利用 MODIS 除波段 6(波长范围在 1.6 μm 附近)外其他波段的反射率数据重建了失效的波段 6 反射率数据,并将其应用于 NDSI 计算与 MODIS Collection 6 雪盖产品的生产之中。相似地,本研究以实测积雪光谱反射率数据为基础,利用多元线性回归方法,构建了适用于 GF-4 的短波红外波段积雪反射率拟合公式。

选用的实测积雪光谱反射率数据采集于黑河市。测量仪器为 SVC HR-1024 光谱仪,共采集了 7 个样本,对于每一个样本,进行 30 次重复测量,并将均值作为该样本所对应的

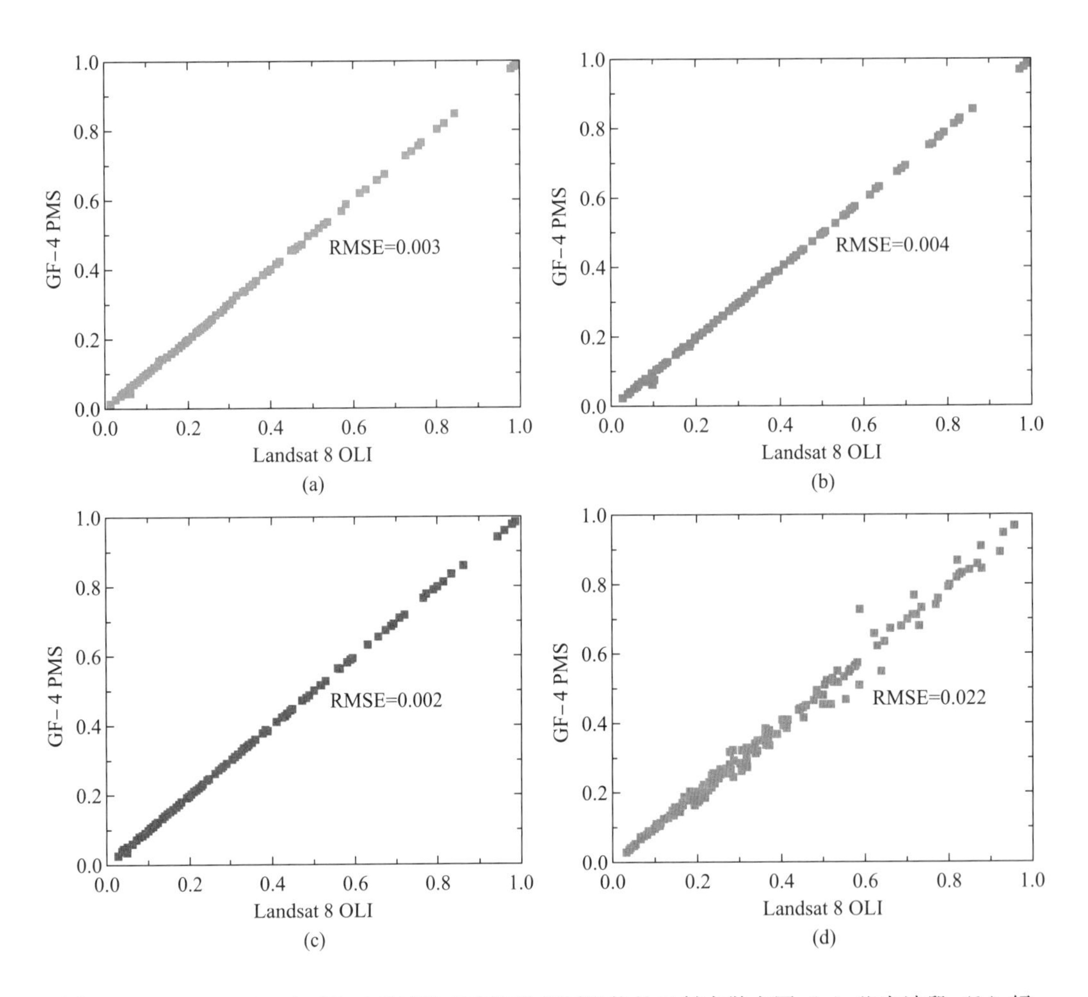

图 9.2 Landsat 8 OLI 与 GF-4 传感器对应波段相同地物的反射率散点图;(a) 蓝光波段;(b) 绿光波段;(c) 红光波段;(d) 近红外波段

光谱反射率。同时,同步测量每一个样本的雪粒径,测量仪器为放大镜与格尺,进行 3 次重复测量,并将均值作为该样本所对应的雪粒径。雪粒径是积雪反射率的主要影响因素。本研究分析了积雪在可见光、近红外以及短波红外波段反射率与雪粒径之间的相关性,分析结果如图 9.3 所示。

从图 9.3 中可以看出,积雪在可见光、近红外、短波红外波段的反射率随雪粒径的增大而减小,变化方向相同,不同波段反射率均与雪粒径存在明显的相关性。因此,基于此特征,利用多元线性回归方法,构建了如下短波红外积雪反射率拟合公式:

$$\rho_{\mathrm{SWIR\_GF-4}} = 0.1255\rho_{\mathrm{Blue}} - 0.2847\rho_{\mathrm{Green}} - 0.3445\rho_{\mathrm{Red}} + 0.6722\rho_{\mathrm{NIR}} - 0.0076 \quad (9.3)$$

式中,ρ_{Blue}为积雪在蓝光波段的反射率,ρ_{Green}绿光波段的反射率,ρ_{Red}为红光波段的反射率,ρ_{NIR}为近红外波段的反射率;$\rho_{\mathrm{SWIR_GF-4}}$为拟合得到的积雪在短波红外波段的反射率。拟合的短波红外波段反射率与实测的短波红外波段反射率的散点图如图 9.4 所示。

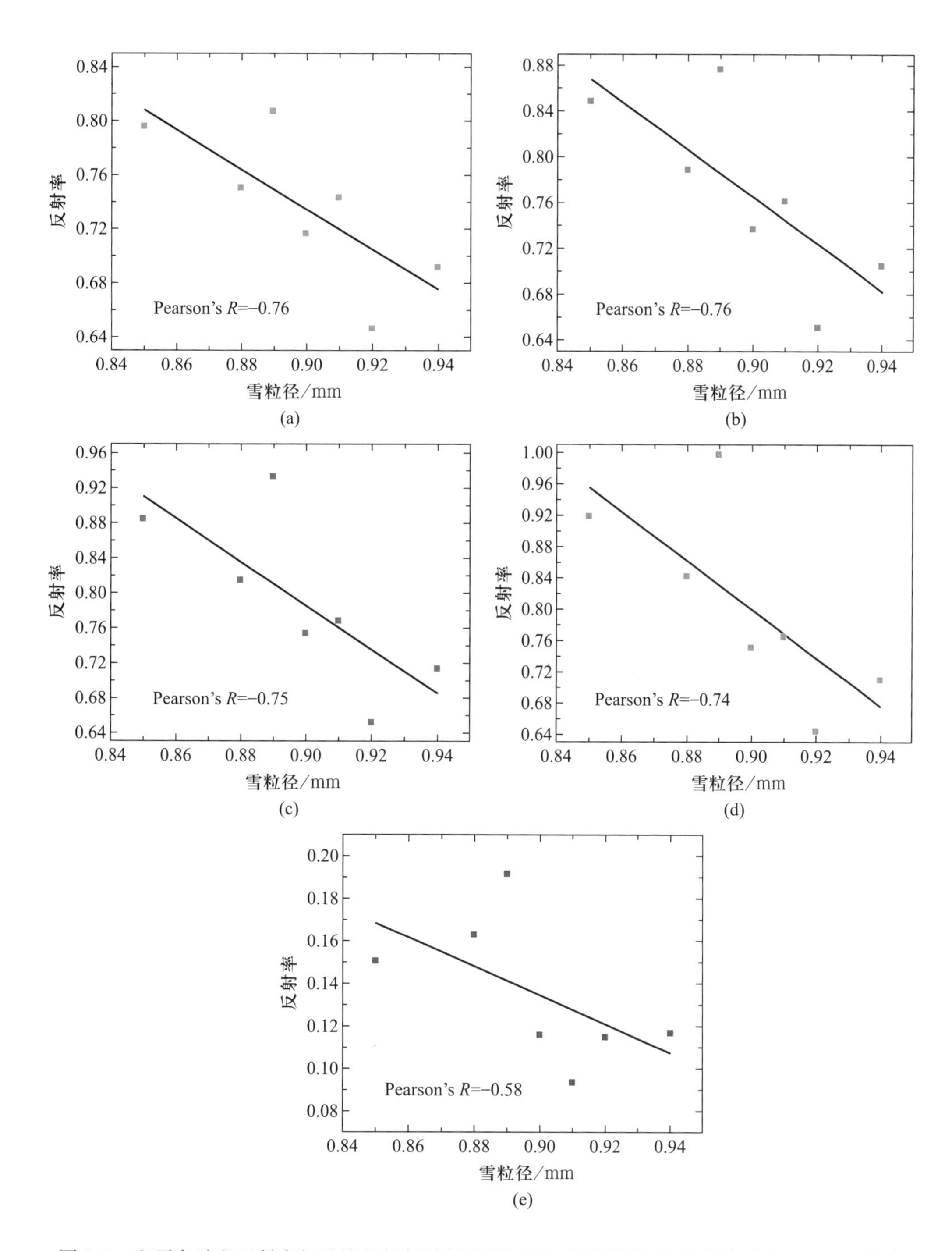

图 9.3 积雪各波段反射率与雪粒径的相关性分析:(a) 蓝光波段;(b) 绿光波段;(c) 红光波段;(d) 近红外波段;(e) 短波红外波段

从图 9.4 中可以看出,散点基本分布在 1∶1 线上,均方根误差仅为 0.0029,表明短波红外波段积雪反射率拟合公式的效果较为理想。除实测积雪光谱反射率外,项目组还将

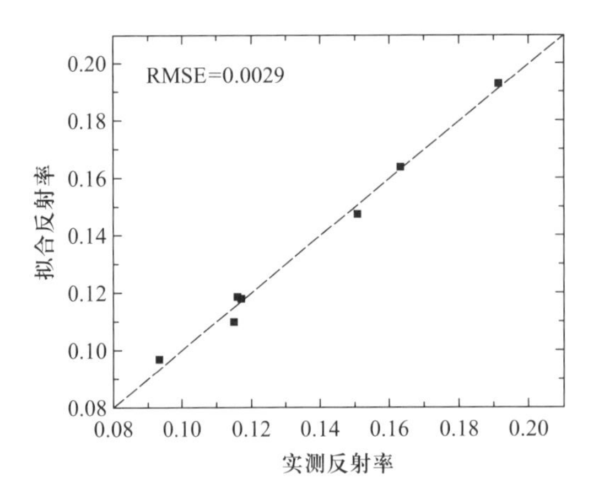

图 9.4 拟合、实测短波红外波段反射率散点图

该拟合公式应用于 9 景 Landsat 8 OLI 地表反射率数据上，以评估该拟合公式应用于遥感数据的实际效果。9 景 Landsat 8 OLI 地表反射率数据的位置如图 9.5 所示。

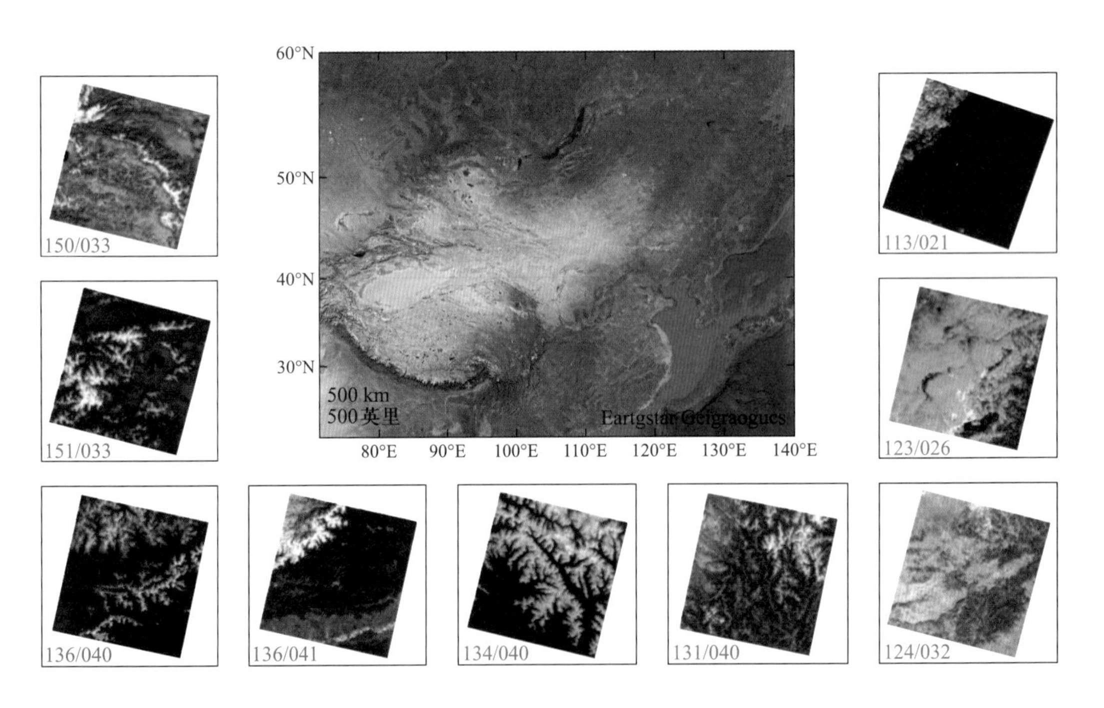

图 9.5 9 景 Landsat 8 OLI 数据的位置分布图

首先，利用 SNOMAP 算法从这 9 景 Landsat 8 OLI 数据中提取雪盖像元，在提取的雪盖像元中随机选取 90000 个样本，然后利用可见光与近红外波段的反射率拟合这些样本在短波红外波段的反射率，并计算拟合结果与实际的短波红外反射率值的绝对误差。绝对误差的直方图如图 9.6 所示。

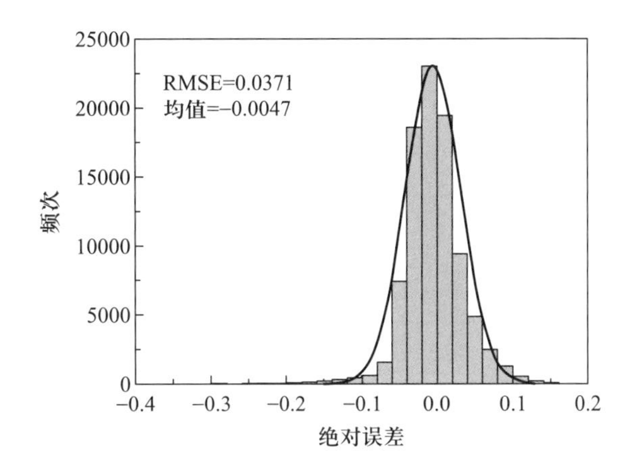

图 9.6 绝对误差分布直方图

从直方图中可以看出,绝对误差基本呈正态分布,均值在 0 附近,均方根误差仅为 0.0371,表明该拟合公式应用于 Landsat 8 OLI 地表反射率数据取得了良好的效果。由于 Landsat 8 OLI 和 GF-4 对应波段反射率具有较好的一致性,可以将该拟合公式应用于 GF-4 数据。

需要注意的是,以上得到的积雪像元短波红外反射率拟合公式仅适用于雪盖像元,利用短波红外反射率拟合值计算得到的 NDSI 结果仅对雪盖像元有意义。因此,非雪盖像元的计算结果应被剔除,仅保留雪盖像元的 NDSI 值。

在分析积雪及其他地表覆盖类型(水体、裸土、植被等)的光谱反射特性的基础上,通过进一步构建决策树的方式识别雪盖像元,剔除非雪盖像元。McFeeters 于 1996 年提出 NDWI 以从遥感数据中提取水体信息,水体的 NDWI 值为正值,裸土与植被的 NDWI 值为负值,积雪的 NDWI 值在零附近(McFeeters,1996)。通过对 NDWI 设置阈值,可有效区分水体、积雪与裸土、植被。同时,水体在近红外波段具有极强的吸收特性,反射率较低,积雪在该波段的反射率较高。通过对近红外波段反射率设置阈值,可进一步区分积雪与水体。在大量试验的基础上,项目组提出以下决策树作为雪盖像元的识别准则:

$$\text{像元} = \begin{cases} \text{雪像元}, \mathrm{NDWI} \geqslant -0.25 \text{ 且 } \rho_{\mathrm{NIR}} \geqslant 0.2 \\ \text{非雪像元}, \mathrm{NDWI} < -0.25 \text{ 或 } \rho_{\mathrm{NIR}} < 0.2 \end{cases} \tag{9.4}$$

式中,NDWI 为像元的归一化差异水体指数值,ρ_{NIR}为像元在近红外波段的反射率。

综上所述,本研究首先拟合得到适用于雪盖像元的短波红外波段反射率计算公式,在此基础上计算 NDSI 作为 GF-4 卫星遥感数据的雪盖指数值;之后,利用 NDWI 值与近红外波段反射率建立决策树,剔除计算结果中的非雪盖像元,构建了适用于 GF-4 卫星遥感数据的雪盖指数模型。模型的计算公式如下:

$$\mathrm{NDSI}_{\mathrm{GF-4}} = \begin{cases} \dfrac{\rho_{\mathrm{Green}} - \rho_{\mathrm{SWIR\_GF-4}}}{\rho_{\mathrm{Green}} + \rho_{\mathrm{SWIR\_GF-4}}}, & \mathrm{NDWI} \geqslant -0.25 \text{ 且 } \rho_{\mathrm{NIR}} \geqslant 0.2 \\ \mathrm{NAN}, & \mathrm{NDWI} < -0.25 \text{ 或 } \rho_{\mathrm{NIR}} < 0.2 \end{cases} \tag{9.5}$$

$$\rho_{SWIR\_GF-4} = 0.1255\rho_{Blue} - 0.2847\rho_{Green} - 0.3445\rho_{Red} + 0.6722\rho_{NIR} - 0.0076$$

式中,NAN 为无效值,表示当前像元不参与计算雪盖指数。模型中的阈值为经验值,在实际应用中可根据遥感数据的实际情况进行调整。

雪盖指数最终结果为单波段产品,其相关元数据字段的完整列表见表 9.1。

表 9.1 雪盖指数产品规格

属性	值	属性	值
长名称	Snow Index	有效范围	-10000~10000
短名称	SI	无效值	-32768
数据类型	Signed Int32	比例因子	0.0001
单位	光谱指数(波段比值)		

9.3 算法实现

9.3.1 算法流程介绍

适用于 GF-4 卫星 PMS 传感器数据的雪盖指数模型算法以 GF-4 卫星 PMS 传感器数据为输入数据,输出为 GF-4 SI 影像文件、XML 说明文件与 RPB 地理地理信息文件。

算法流程如下(图 9.7):

(1)算法以 GF-4 卫星 PMS 传感器反射率数据文件路径为输入,通过读取影像文件,得到各波段反射率矩阵($m \times n$)。

(2)首先判断各波段反射率矩阵大小是否一致,若一致,则进行后续计算;若不一致,则进行异常处理。

(3)逐像元(即矩阵中的元素)判断该像元是否为雪盖像元,若判定为非雪盖像元,则将该像元的输出结果设为无效值;若判定为雪盖像元,则进行后续计算。

(4)逐雪盖像元计算短波红外反射率模拟值,根据 NDSI 模型计算 SI 值,判断数值是否在合理范围内,若计算结果数值不在合理范围内,则进行异常处理;若在合理范围内,则保存计算结果。

(5)输出 GF-4 SI 影像文件、XML 说明文件和 RPB 地理信息文件。

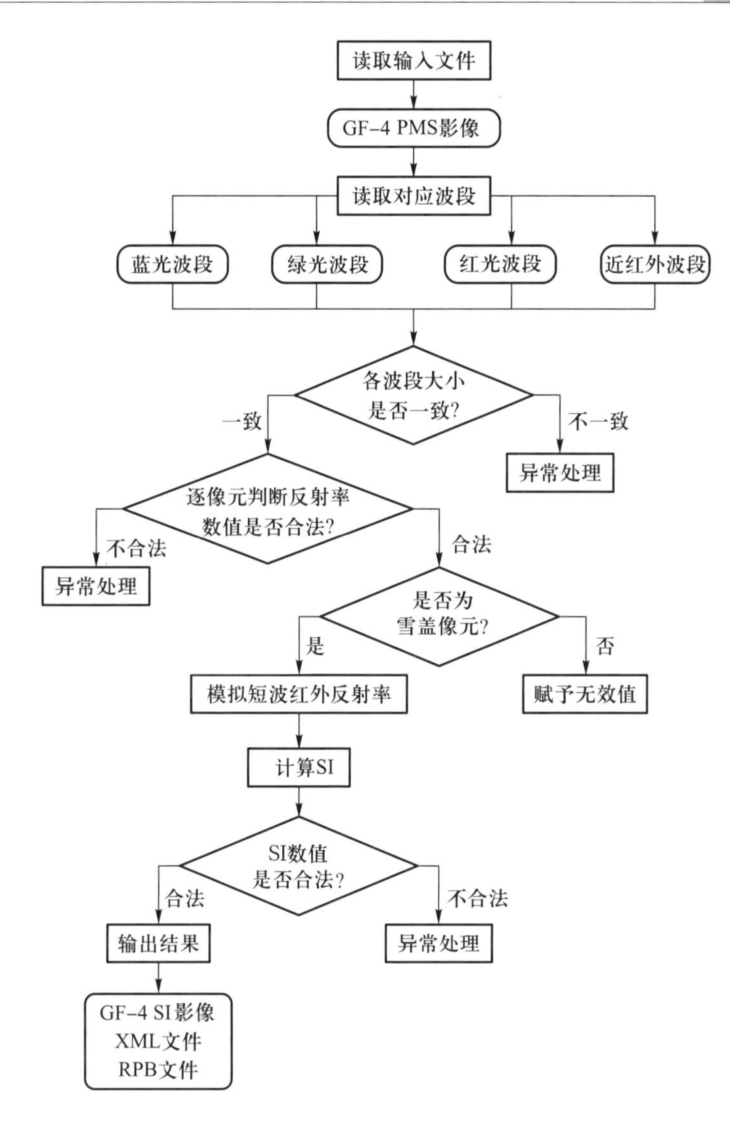

图 9.7 算法流程图

9.3.2 伪代码

算法 计算 SI 雪盖指数

输入:GF-4 多光谱影像路径($m*n$),NDWI 阈值,近红外波段反射率阈值

输出:SI 计算结果($m*n$)

```
Function CalcSI(inputpath,thresholdNDWI,thresholdNIR)
  //inputpath 为 GF-4/PMS 影像路径
  //thresholdNDWI 为 NDWI 阈值
```

```
//thresholdNIR 为近红外波段反射率阈值
img ← GetImg(inputpath)
[blue,green,red,nir] ← GetBand(img)
status ← 0
if sizeof(blue) ! = sizeof(green) then //蓝光和绿光波段大小不一致
  status ← -1 //状态失败
  return 0
end if
if sizeof(blue) ! = sizeof(red) then //蓝光和红光波段大小不一致
  status ← -1 //状态失败
  return 0
end if
if sizeof(blue) ! = sizeof(nir) then //蓝光和近红外波段大小不一致
  status ← -1 //状态失败
  return 0
end if
if sizeof(green) ! = sizeof(red) then //绿光和红光波段大小不一致
  status ← -1 //状态失败
  return 0
end if
if sizeof(green) ! = sizeof(nir) then //绿光和近红外波段大小不一致
  status ← -1 //状态失败
  return 0
end if
if sizeof(red) ! = sizeof(nir) then //红光和近红外波段大小不一致
  status ← -1 //状态失败
  return 0
end if
ndwi ← CalcNDWI(green,nir)
for each pixel in img do
  if (blue[m,n] > 0) && (blue[m,n] < 10000) && (green[m,n] > 0) && (green[m,n] <
10000) && (red[m,n] > 0) && (red[m,n] < 10000) && (nir[m,n] > 0) && (nir[m,n] <
10000) then //像元值在合理范围之内
    if (ndwi[m,n] ? a? thresholdNDWI) && (nir[m,n] ? a? thresholdNIR) then //判
定为雪盖像元
      swir[m,n] ← 0.1255 * blue[m,n] - 0.2847 * green[m,n] - 0.3445 * red[m,
n] + 0.6722 * nir[m,n] - 0.0076 //计算 SWIR 波段反射率
      si ← (green[m,n] - swir[m,n]) /(green[m,n] + swir[m,n]) * 10000 //乘以系数
10000 转换为整型
```

```
            output[m,n] ← si
        if (si < -10000) then //极小值异常处理
            output[m,n] ← -10000
        end if
        if (si > 10000) then //极大值异常处理
            output[m,n] ← 10000
        end if
      else
        output[m,n] ← NAN //非雪盖像元
      end if
    else
      output[m,n] ← -32768 //无效值异常处理
    end if
  end for
  exportfile(outputpath,output,outputparas)//输出影像文件
  exportXML(inputpath,outputpath,outputparas) //输出影像 xml 文件
  exportRPB(inputpath,outputpath,outputparas) //输出影像 rpb 地理信息文件
  status ← 1 //状态成功
  return 0
End Function
```

9.4 应用与验证

为分析项目所构建的 GF-4 雪盖指数(NDSIGF4)模型,选择河北省承德市地区与青海省哈拉湖地区作为研究区。研究区的 GF-4 数据与 Landsat 8 OLI 数据真彩色合成示意图如图 9.8 所示。

从图 9.8 中可以看出,两个研究区内均分布有大量积雪。其中,河北省承德市地区在卫星影像拍摄前(2016 年 12 月 14—18 日)有降雪,该区域内的积雪大部分属于细粒雪;青海省哈拉湖地区在卫星影像拍摄前(2016 年 10 月 15—16 日)一个月内并没有降雪,该区域内的积雪大部分属于中粒雪和粗粒雪。两个研究区内的积雪可以较好地覆盖不同雪盖类型,有利于更全面地分析雪盖指数的实际效果。

9.4.1 雪盖像元提取

根据本研究所构建的适用于 GF-4 卫星遥感数据的雪盖指数模型提取雪盖像元,分类结果如图 9.9 所示。与图 9.8 对比可以看出,研究区内的水体、裸土、高寒草原等地表覆盖

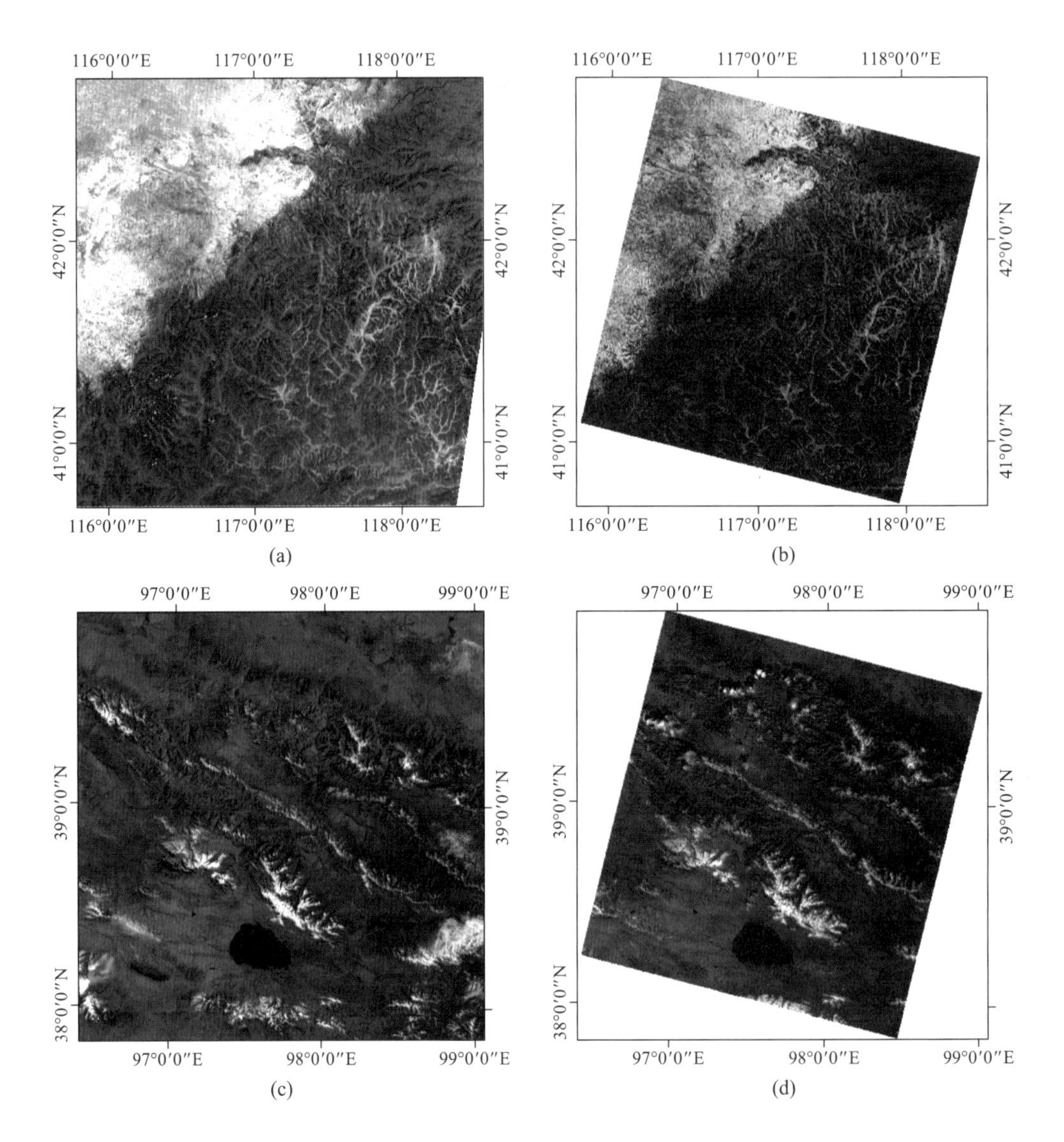

图 9.8　GF-4 和 Landsat 8 OLI 数据研究区标准假彩色合成示意图:(a) 河北省承德市地区 GF-4 数据;(b) 河北省承德市地区 Landsat 8 数据;(c) 青海省哈拉湖地区 GF-4 数据;(d) 青海省哈拉湖地区 Landsat 8 数据

类型已被剔除,仅保留雪盖像元,达到了识别雪盖像元、提取积雪分布范围的目的。模型提取的积雪覆盖范围边界清晰,内部连续,较好地保留了位于阴影处的雪盖像元。此外,模型将少量的河道像元识别为雪盖像元。这是由于河道像元的含水量较高,NDWI 值为较大,近红外波段反射率高于水体,可通过适当提高决策树中近红外波段反射率的阈值,以减少此类误提取现象的发生。

诸如 SNOMAP 等传统的积雪信息提取方法通过设置雪盖指数阈值进行雪盖像元识别,本研究所构建的雪盖指数模型则基于雪盖像元识别决策树的方式达到同样的目的。

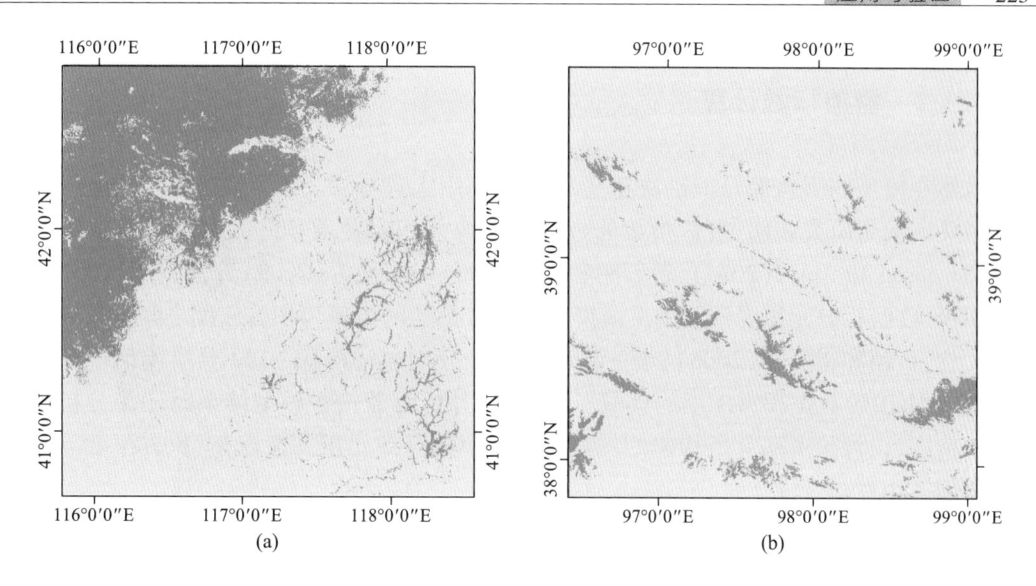

图 9.9 雪盖像元分类结果:(a) 河北省承德市地区; (b)青海省哈拉湖地区

因此,在对模型进行分析时,需计算结果的分类精度,以分析模型对积雪信息的提取效果。

为保证精度计算的客观性与严谨性,在分类结果未知的情况下,在每个研究区内随机选取 20000 个样本点(包括 10000 个分类为雪盖的像元和 10000 个分类为非雪盖的像元),通过目视判读的方式逐点判定该点的实际地表覆盖类型作为参考类别。在此基础上,利用混淆矩阵定量评价本章所构建模型的分类精度(表 9.2)。

表 9.2 混淆矩阵

项目	雪盖	非雪盖	参考总和
雪盖	19227	773	20000
非雪盖	1475	18525	20000
分类总和	20702	19298	40000

从表 9.2 中可以看出,本研究所构建雪盖指数模型基本避免了雪盖像元漏提取的现象发生,非雪盖像元误提取的比例仅占提取雪盖像元比例的 7.12%。根据表 9.2 所示混淆矩阵,可计算模型的具体精度评价指标(表 9.3)。模型各项精度评价指标均在 92%以上,总体精度为 94.38%,表明模型的分类精度较高,较好地实现了积雪提取的效果。

表 9.3 精度评价指标

类型	制图精度	用户精度
雪盖	92.88%	96.14%
非雪盖	95.99%	92.62%

9.4.2 雪盖指数计算

虽然在模型的雪盖像元识别决策树中并未利用雪盖指数,但雪盖指数的数值仍有其实际意义。大量研究表明,雪盖指数的数值与亚像元积雪覆盖率之间存在良好的线性关系,Salomonson 和 Appel(2004)、曹云刚和刘闯(2006)、周强等(2009)分别利用 NDSI 建立了 MODIS 数据亚像元积雪覆盖率反演模型。雪盖指数的数值与积雪深度之间也存在一定的相关性,黄镇和崔彩霞(2006)、李三妹等(2006)分别通过构建 NDSI 分层阈值模型等方式实现了 MODIS 数据积雪深度的反演。因此,在分析雪盖指数模型结果时还需分析模型的数值精度,以评价本研究所构建的雪盖指数模型在亚像元积雪覆盖率、积雪深度等参数反演中的实用性。

本研究统计了样本对应的 NDSIGF4、Landsat 8 NDSI 以及两者之间绝对误差的直方图(图 9.10)。从图中可以看出,NDSIGF4 与 Landsat 8 NDSI 之间的绝对误差呈正态分布。两者之间绝对误差直方图的峰值出现在 0 附近,表明 NDSIGF4 与 Landsat 8 NDSI 之间存在较好的一致性。

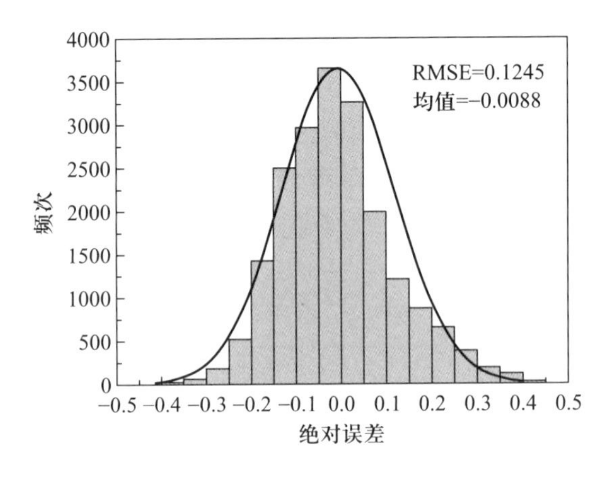

图 9.10 差值直方图

以 Landsat 8 NDSI 为参考值,NDSIGF4 的 RMSE 为 0.1245,大于短波红外波段反射率拟合值的 RMSE。这是由于 NDSIGF4 的计算公式的分子和分母同时包括短波红外波段反射率,计算过程中的误差累计导致最后结果的误差增大。除此之外,模型误差的一个重要来源为 GF-4 卫星遥感数据与 Landsat 8 卫星遥感数据的配准误差。GF-4 为静止卫星,Landsat 8 为极轨卫星,两者对同一观测地区的观测角度存在较大差异。遥感数据的成像过程本质上属于将三维信息投影至二维平面的过程,在投影过程中,具有一定高度的物体由于观测方向不同,会产生明显变形,这一角度效应对于海拔较高的山脊地区尤为明显,导致两者的高山积雪区难以配准,从而引入较大误差。

以上结果表明,本研究针对高分四号构建的新型雪盖指数(NDSIGF4)模型的分类精度为94.38%,同时与Landsat 8 NDSI具有较好的一致性,可有效提取积雪信息。

综上所述, NDSIGF4模型可以有效识别雪盖像元,提取积雪信息,为积雪信息观测与提取提供了一条新的途径,有利于提高GF-4卫星数据在积雪信息提取、雪灾监测等领域的实用价值。

参 考 文 献

柏延臣,冯学智.1997.积雪遥感动态研究的现状及展望.遥感技术与应用,1997(2):60-66.

曹云刚,刘闯.2006.一种简化的MODIS亚像元积雪信息提取方法.冰川冻土,28(4):562-567.

陈贤章.1988.从卫星遥感资料中提取雪盖信息的探讨.遥感学报,1988(2):30-37.

冯学智,鲁安新,曾群柱.1997.中国主要牧区雪灾遥感监测评估模型研究.遥感学报,1(2):129-134.

傅华,李三妹,黄镇,沙依然,李聪,纪良.2007.MODIS雪深反演数学模型验证及分析.干旱区地理,30(6):907-914.

黄艳.2016.积雪覆盖时空建模分析及融雪径流模拟.华东师范大学博士研究生学位论文.

黄艳艳,赵红莉,杨树文,蒋云钟,卢鑫.2016.HJ-1B卫星遥感影像的积雪识别.测绘科学,41(8):129-133.

黄镇,崔彩霞.2006.基于EOS/MODIS的新疆积雪监测.冰川冻土,28(3):343-347.

李三妹,傅华,黄镇,刘玉洁,镨拉提.2006.用EOS/MODIS资料反演积雪深度参量.干旱区地理,29(5):718-725.

李三妹,闫华,刘诚.2007.FY-2C积雪判识方法研究.遥感学报,11(3):406-413.

梁继,张新焕,王建.2007.基于NDVI背景场的雪盖制图算法探索.遥感学报,11(1):85-93.

裴欢.2006.基于MODIS数据的北疆积雪信息提取及其应用研究.新疆大学硕士研究生学位论文.

孙志群,刘志辉,邱冬梅.2012.基于HJ-1B数据的雪盖提取方法研究——以军塘湖流域为例.干旱区地理,35(1):125-132.

王建.1999.卫星遥感雪盖制图方法对比与分析.遥感技术与应用,14(4):29-36.

吴玮,秦其明,范一大,刘明,舒阳.2016."高分四号"卫星数据产品减灾服务时效性测试.航天返回与遥感,37(4):102-109.

肖飞,杜耘,凌峰,张百平,吴胜军,薛怀平.2010.基于水流路径分析的雪线数字提取.遥感学报,14(1):55-67.

延昊.2005.利用MODIS和AMSR-E进行积雪制图的比较分析.冰川冻土,27(4):515-519.

杨俊涛,蒋玲梅,吴凤敏,孙瑞静.2013.MTSAT-2静止气象卫星中国区域雪盖监测.遥感学报,17(5):1264-1280.

周强,王世新,周艺,王丽涛.2009.MODIS亚像元积雪覆盖率提取方法.中国科学院大学学报,26(3):383-388.

Dozier J.1989.Spectral signature of alpine snow cover from the Landsat Thematic Mapper.*Remote Sensing of Environment*,28(73):9-22.

Dozier J.2007.Snow reflectance from Landsat-4 Thematic Mapper.*IEEE Transactions on Geoscience and Remote Sensing*,22(3):323-328.

Frei A,Tedesco M,Lee S,Foster J,Hall D K,Kelly R and Robinson D A.2012.A review of global satellite-derived snow products.*Advances in Space Research*,50(8):1007-1029.

Hall D K, Riggs G A and Salomonson V V. 1995. Development of methods for mapping global snow cover using moderate resolution imaging spectroradiometer data. *Remote Sensing of Environment*, 54(2): 127-140.

Rosenthal W and Dozier J. 1996. Automated mapping of montane snow cover at subpixel resolution from the Landsat Thematic Mapper. *Water Resources Research*, 32(1): 115-130.

Salomonson V V and Appel I. 2004. Estimating fractional snow cover from MODIS using the normalized difference snow index. *Remote Sensing of Environment*, 89(3): 351-360.

Shimamura Y, Izumi T and Matsuyama H. 2006. Evaluation of a useful method to identify snow-covered areas under vegetation-comparisons among a newly proposed snow index, normalized difference snow index, and visible reflectance. *International Journal of Remote Sensing*, 27(21): 4867-4884.

第10章

遥感反演系统与数据产品生产

10.1 遥感反演系统

基于GF-4卫星数据的特征参数反演系统(以下简称遥感反演系统)采用插件式开发技术予以实现。插件式开发是当前主流的软件开发方式,它针对软件的功能模块提取出标准接口,通过构建符合接口规范的一系列插件并在统一平台的支撑下进行集成,形成遥感反演系统。各个插件的开发测试相对独立,从而提高了软件的重用性与扩展性,提高了系统的开发效率。从完成一个软件系统的流程看,遥感反演系统需要经历需求分析、系统设计和软件实现等主要阶段,分别叙述如下。

10.1.1 需求调研与分析

需求调研与分析对于遥感反演系统软件开发有着十分重要的意义。软件研制项目,约有一半的失败和需求调研与分析不清密切关联。需求调研与分析的主要任务是通过系统设计开发人员与用户之间的广泛交流,不断澄清模糊的概念,消除专业隔阂,经系统分析后形成一个清晰完整、需求一致的说明。

用户,又称使用者,GF-4卫星遥感数据的主用户包括民政、林业、地震、气象部门及高分应用技术中心。用户需求是该参数反演系统软件开发的根本驱动力,是遥感反演系统设计人员的指南,也是遥感反演系统验收的重要参考依据。用户需求调研,首要目标是明确反演系统设计与开发的目的和任务"是什么",充分了解参数反演系统需要"做什么"。因此充分与用户沟通交流,多方面了解用户对反演系统的功能要求与具体需要解决的问题,这是保障该系统成功实现的重要环节。

一个完整的参数反演系统应具备参数反演数据输入、图像数据的管理、遥感图像与像元查询、图像计算与分析、反演结果的可视化表达等功能。因此,需要了解部门用户对反演系统的功能与性能指标的需求,项目发布指南中规定的参数反演功能与指标;了解遥感反演系统的可能用户(操作者)都是哪些人?他们过去采用什么样的技术方法来反演分析遥感信息?不同部门用户工作的主要流程是什么?遥感反演系统用户单位以及工作性质对参数反演有怎样的时效性要求?哪些人员使用遥感反演参数,哪些人员与遥感反演参数具有直接或间接的使用关系,应用人员的专业知识水平如何?这些都是参数反演系统在需求调研阶段需要调查与了解的问题。

从遥感反演对软、硬件的性能指标要求以及时效性需求角度,需要了解部门用户配置的计算机硬件、网络、操作系统、数据库,以及是否允许在广域网运行等信息;此外,需要了解用户对原始图像数据与反演结果的数据输入/输出格式、存储方式、存储量大小、响应速度、数据反演精度等指标有哪些具体要求。

从使用的角度,需要了解用户对于反演系统的界面形式,如窗口、菜单、按钮、对话框、快捷键设置、图形和图像在窗口中的布局配置,以及参数结果可视化表现形式等具体要求。

10.1.2 需求综合分析

在全面了解用户需求的基础上,从国内外研究进展调研入手,掌握地球同步轨道卫星技术与传感器成像技术发展的动态变化,分析目前地球同步轨道卫星遥感图像处理和特征参数反演技术的进展状况,分析与评价其优缺点,为顶层设计提供参考。

鉴于用户不一定能完整地理解遥感反演系统,以及系统功能模块众多,每个模块在运行时需要设置不同参数,部门用户往往只能提出笼统的要求,不能把用户对反演模块的具体技术要求准确地、清楚地表达出来。因此,遥感反演系统应具备哪些功能和性能,如何方便用户使用,取决于系统分析人员能否准确把握用户的需求。在满足当前用户要求的前提下,通过对反演技术流程涉及的潜在问题进行归纳、提炼和综合,才能把反演系统的功能和性能表述为具体的反演系统需求规格说明,从而奠定反演系统开发的基础,保证反演系统的设计与开发的针对性。

在用户需求调查与分析的基础上,用文字和图表的方式,编写需求分析报告。需求分析报告应包括参数反演系统需求规格说明,详见表10.1。

表10.1 遥感反演系统需求规格说明表

1. 介绍
1.1 编写目的(说明编写该文档的目的、研制部门与“遥感反演系统”的用户对象)
1.2 “遥感反演系统”项目名称与用途(说明项目要做什么,不做什么)
1.3 定义(按字母顺序列出项目涉及的专业定义和缩略语)
1.4 参考(列出参考的所有文档。文档需要指明标题、编号、日期和出版社等)
2. 项目概述
2.1 “遥感反演系统”项目研制的目标

续表

2.2 遥感反演系统主要功能列表
2.3 运行环境(包括硬件平台、操作系统及版本、必须安装的依赖软件等)
2.4 限制条件(描述强加于项目的主要限制因素,包括硬件、软件、接口、预算、进度等)
2.5 假设和依赖(列出会影响遥感反演系统需求实现的所有假设因素)
3."遥感反演系统"功能与性能需求
3.1 详细描述"遥感反演系统"所有的功能需求(每一节描述一个功能需求,每个功能需求可以通过输入、处理、输出等项来进一步说明)
3.2 "遥感反演系统"性能需求(说明软件要满足的一些静态和动态的量化需求。静态需求可能包括:要处理的信息的数量和数据精确度、支持并行操作的用户数等。动态需求可能包括:更新处理时间、响应时间、系统对运行环境与操作系统的兼容性等)
4."遥感反演系统"数据需求
4.1 "遥感反演系统"数据类型
4.2 "遥感反演系统"数据库(描述空间数据与属性数据采用的数据库类型)
4.3 "遥感反演系统"数据字典
4.4 "遥感反演系统"数据采集方式与质量要求
5. 外部接口需求
5.1 用户界面(说明"遥感反演系统"与用户界面之间每项接口的特性。这些特性可能包括,简单的屏幕式样、图形用户界面标准、该系统的接口风格等)
5.2 硬件接口(描述"遥感反演系统"软件与系统的硬件部件之间的逻辑和物理特性,可能包括"遥感反演系统"软件所支持的设备类型、软硬件之间的控制流、通信协议、数据特点等)
5.3 软件接口(说明"遥感反演系统"与其他软件的连接,包括操作系统、运行库、数据库、集成的商业组件等,要指明它们的名字和版本。描述它们之间互相需要的服务及传递的数据项和消息,指明这些数据项和消息的格式和目的)
5.4 通信接口(描述"遥感反演系统"通信功能的相关要求,如网络服务通信协议、Web 浏览器等。定义所有相关的消息格式。指明要遵守的数据传输速率、同步机制、通信标准等)
6. 质量属性(以明确的、量化的、可检验的方式指明该系统在可靠性、可移植性、实用性、可维护性等方面的目标)
7. 安全性(说明该系统防止由于意外或恶意的访问、不正确的使用或修改所带来的破坏的要求,如密码系统、身份认证、数据加密、备份机制等)
8. 其他需求(对其他需要描述但未在本模板中列出的需求,如数据共享、软件重用的方式等)

需求分析报告编写完成后,需要召开需求分析论证会,邀请本领域的技术专家和单位用户代表参加论证,分别讨论与审核数据预处理方案、技术平台整体架构,以及植被指数、植被覆盖度、叶面积指数、地表反照率、水体指数、雪盖指数、气溶胶光学厚度等特征参数遥感产品功能模块划分的合理性和技术可行性;根据 GF-4 卫星的不同成像采集模式(如凝视模式与机动模式等)对应的应用需求,论证能够满足不同应用精度需求的特征参数反演策略与解决途径;针对 GF-4 卫星数据特点,分析时间高分辨率(高频次)数据快速处理方法的可行性;针对项目发布指南中的考核指标,论证插件的规范化开发与精度检测标准

的科学性、系统性和先进性。需求分析论证会中,可以请相关专家和部门用户代表,把需求分析报告中错误的地方用审查清单列出,对存在问题的提出修改建议,尽早发现反演系统在需求与设计思路上存在的错误,以避免走弯路。用户单位对需求文档的正式审查,是达到双方认同的重要途径,也是保证参数反演系统软件质量的一种重要手段。经过需求审核与修改后,形成正式的需求分析报告。

10.1.3 系统设计与实现

需求分析阶段主要弄清楚系统需要"做什么",本节主要讨论"怎么做",这是遥感反演系统设计与软件开发和实现需要解决的主要问题。

1)总体设计

在归纳与总结遥感参数反演系统设计与开发实践经验基础上(秦其明等,2003;金川等,2007),总体设计由参数反演数据流程入手,综合考虑了遥感影像数据的输入,到通过插件完成参数反演,再到反演结果的输出。需要注意的是,某些参数反演的数据处理链条存在先后顺序关系(即输入输出的关联),如地表反射率是植被覆盖度反演的输入参数,基于特征参数反演数据流程(图10.1)。系统总体设计择要阐述如下。

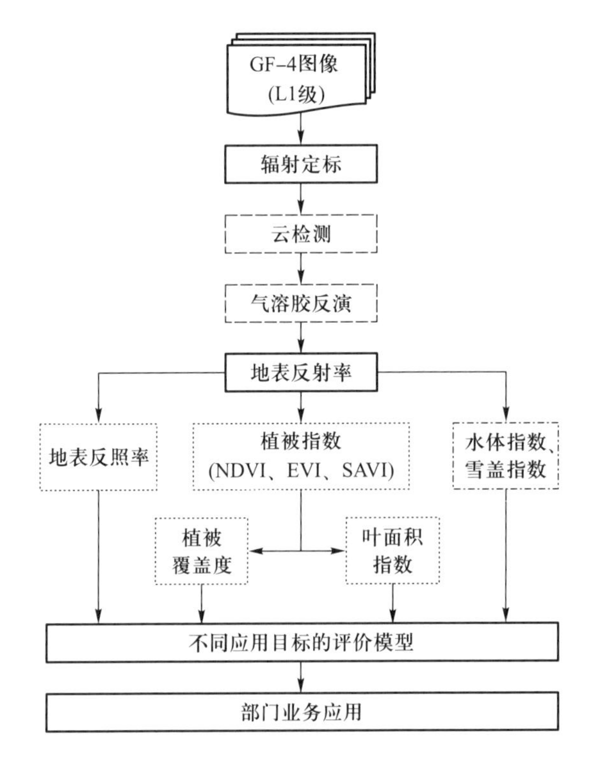

图10.1 GF-4卫星数据的特征参数反演数据流程

(1)系统模块逻辑构架

按照功能可以将反演系统划分为多个独立的参数反演插件模块。系统模块设计在逻辑上分为四层结构:①数据组织模块,主要包括 GF-4 卫星遥感数据的访问、数据管理、图像显示等基础功能子模块;②大气模块,主要包括云检测、气溶胶光学厚度反演和大气校正等功能子模块;③陆表参数模块,主要包括地表反射率计算、地表反照率反演、植被指数计算、植被覆盖度反演和叶面积指数反演等功能子模块;④水体参数模块,主要包括水体指数和雪盖指数计算等功能子模块。

为了充分利用 GF-4 遥感图像各个波段的信息,增强大气参数(云监测、气溶胶)、陆表参数(植被指数、植被覆盖度、地表反照率、叶面积指数)和水体参数(水体指数、雪盖指数)反演流程的连贯性,提高运算效率。图 10.1 给出了 GF-4 卫星数据的特征参数反演数据流程。

(2)插件式软件开发架构

依据系统总体逻辑分层体系架构,插件式软件开发分为平台和插件两大组成部分。在设计开发的系统中,考虑到各参数反演模型存在功能差异,而数据管理、数据预处理方法、数据交互显示等具有通用性,将通用功能在基础平台中实现,对不同的参数反演模型构建独立的插件。具体来说,基础平台负责提供支撑参数反演的基本功能,包括遥感影像输入/输出、预处理、波段列表管理、图像显示交互(用鼠标单击图像不同的区域会显示坐标点对应的图像信息)、反演产品生成、插件管理等,其中插件管理模块通过插件接口调用大气、陆表或水体参数反演模型,实现不同参数的遥感反演(图 10.2)。此外,为使插件获取基础平台的数据、界面等资源并向基础平台反馈处理结果,实现基础平台下插件间的通信,以应用程序接口(API)的方式向插件提供统一的平台扩展接口,在基础平台中来实现这些接口的具体功能。插件则实现特定的参数反演模型的功能,根据参数反演模型具有的共性,提取出所有插件需要实现的标准插件接口,以完成参数反演的任务及与基础平台的通信。当需要集成新建立的参数反演模型到基础平台上时,只需开发实现标准插件接口的反演模型插件,即可将其方便地添加,在系统中动态挂接,以拓展系统的参数反演功能。

采用插件式软件开发模式,可实现插件"高内聚、低耦合"和"即插即用"的效果,即将遥感反演模块插件在二进制级上集成到系统中,而不需要遥感反演系统重新编译链接源代码,不会影响系统的原有各项功能,且各插件可使用多种开发语言研制,在不同的开发环境下独立研制和测试,但需要遵循统一的接口规定,以便被遥感反演系统识别认证。

系统在.NET Framework 上开发,采用 Windows Forms 快速、直观地搭建美观简洁的用户界面,主要使用 C#语言编写代码,利用 GDAL(Geospatial Data Abstraction Library)开源库支持遥感影像数据读写,将插件编译成 DLL 以便平台调用。.NET Framework 除具有对多种语言的支持、跨操作系统平台、丰富的类库、便捷的界面设计和代码编写等优势外,还可以运用其反射机制动态、便捷地进行插件加载和调用,其内容详见插件模块详细设计。

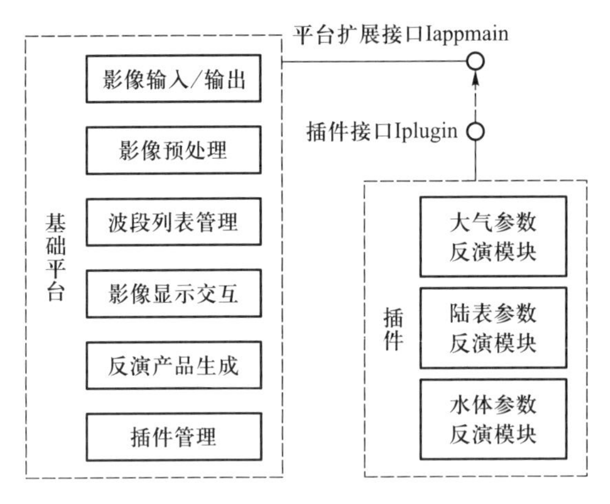

图10.2 系统框架结构图(朱声杰等,2018)

(3)设计模式的应用

系统应用空间数据对象共享模式和桥接模式来优化系统设计。其中,空间数据对象共享模式在遥感反演系统平台和各插件之间传递遥感数据时,仅利用同一个数据对象,而不需要重复执行创建、销毁数据对象等操作,节省了内存和处理时间。桥接模式将插件对象的抽象部分和实现部分分离,实现插件松散耦合,不同的参数反演插件分别继承统一的抽象接口,并根据各自特定的参量设置和处理逻辑进行不同反演模型的实现,同时提高了重用度和可扩充性。

2)详细设计与系统实现

详细设计是推敲并扩充总体设计,以获得关于处理逻辑、数据结构和数据定义更加详尽的描述,直到设计完善到足以软件编程实现的过程。系统实现则是按照预先的设计,通过软件编码与调试、测试等工作来实现遥感反演系统的过程。本节择要阐述关键工作与方法技术。

(1)统一规范与标准

建立"制定统一的地理数据产品规范和数据交换标准",对于中国地理信息产业的发展至关重要(秦其明,1994)。遥感反演系统的不同参数反演功能分别由多家单位参与研制,为保证遥感反演系统顺利集成,在不同参数反演模块功能的具体研制与实现过程中,需要遵循统一研制规范与标准,这是保证系统开发质量的关键。为了保证遥感反演产品为更多的用户所使用,也需要遵循统一的数据产品规范和统一的数据交换标准。

①程序设计语言与集成编程环境。参数反演系统作为一个软件工程,需要共同遵守统一的程序设计语言与集成编程环境。在插件式开发技术调研基础上,研制人员讨论并

商定“遥感反演系统”采取基于．NET 的技术路线进行开发，程序设计语言统一采用 C# 语言。C#是微软公司为．NET Framework 量身定做的一种程序语言，该语言的优势在于：具有 Visual Basic 简易使用的特性和 C/C++的强大功能，同时也是组件导向（component-oriented）的程序语言。为提高编程效率，遥感反演系统在研制过程中使用了开源库 GDAL。GDAL 利用抽象数据模型（包括栅格数据和矢量数据）来表达所支持的不同文件格式，并使用一系列命令行工具来进行数据转换和处理，便于开发者在 X/MIT 许可协议下读写空间数据。遥感反演系统采用 Microsoft Visual Studio 2010 作为集成编程环境工具，使用的．NET 框架为 Framework 4.0。

②统一开发规范。按照规范及程序设计基本原则，程序的可读性对于软件，尤其是对软件的质量有重要影响，因此在程序设计过程中应当充分重视以下事项：

- 程序命名规范：变量命名必须具有一定的实际意义，形式为 xAbcFgh，x 由变量类型确定，Abc、Fgh 表示连续意义字符串，如果连续意义字符串仅两个，可都大写。
- 编程规范：程序结构清晰，简单易懂，直截了当，代码精简，避免垃圾程序。使用括号以避免二义性。函数命名要保证程序的可读性，由它所对应功能的英文词汇组合而成，每个单词的首字母大写。尽量使用标准库函数和公共函数。不要随意定义全局变量，尽量使用局部变量。常量命名必须全部以大写字母来撰写，中间可根据意义的连续性用下划线连接，每一条定义的右侧必须有一简单的注释，说明其作用。
- 程序注释规范：为便于后续开发者改进或优化模型算法，要求所有注释使用中文，对所有代码都增加注释。函数注释包括函数功能描述（例如，每个类中的函数需要表明其作用是什么）、函数参数描述（参数列表中的各个参数作用是什么）、返回值说明等。此外，修改后的函数功能描述，需要修改的代码要用/ * … * /注释。

（2）插件模块详细设计

插件（plug-in）是遵循一定规范的应用程序接口编写出来的一类程序，它支持反演模块根据需求动态挂接。

①接口设计。为实现插件式软件系统开发框架，系统平台须声明可被插件调用的属性和功能，且插件也须知道自身符合什么条件才能融入系统框架体系当中。通过接口设计可以解决这一问题，而接口的合理性、完备性则是插件与平台功能集成和交互的关键。

- 平台扩展接口 Iappmain：遥感反演系统的平台扩展接口 Iappmain，包括一个遥感影像数据集的属性 DataSet，向不同反演模型插件提供通过 GDAL 库读取的遥感影像数据；另外包括加载插件界面的方法 LoadWindow，将插件返回遥感图像进行显示的方法 ShowResult，通过插件生成新的参数反演图像时更新波段列表的方法 UpdataBandList。
- 插件接口 Iplugin：系统提供了一个标准的插件接口 Iplugin，系统平台中各个扩展插件都须实现该接口才能被平台加载。插件的基本信息包括名称、类别、版权、功能描述等，被封装到一个结构体中，并定义该结构体类型的属性 PluginInfo。Iplugin 中也定义了通过该属性获取插件基本信息的方法、插件事件处理方法的集合和标示插件是否需要加载到平台的属性 IsLoad。Iplugin 中声明的 IndexCompute 方法用于执行参数反演的算法。虽然不同参数的反演算法,需要输入不同的波段和其他信息进行运算,但运算结果都以栅格图像的形式呈现,结果图像的每个像元值都是一个浮点型的数值。这一方法没有限定输入参数,而定义输出类型为 float[ ],在不同的插件模型中根据特定的参数反演算法,对其有不同的实现。此外,Iplugin 中声明了一个 Iappmain 型的属性,正是通过这个属性将反演系统平台的实例传给插件,从而使插件可以调用 Iappmain 接口中平台实现的方法,这是反演系统平台和插件进行通信的关键所在。

②插件的加载和调用。系统平台中加载及调用插件是通过动态添加的菜单项来实现的。一种思路是将系统的菜单项和插件的对应关系存储在一个配置文件当中,系统启动时通过读取该配置文件中的信息,对菜单进行初始化设置,这就需要另外开发一个编辑配置文件的工具(汪冬冬和秦其明,2004)。遥感反演系统采用的则是更为便捷的方法(朱声杰和秦其明,2018),它借助 . Net 反射机制,只需将所有编译成 DLL 的插件,复制到系统平台指定的统一插件获取路径中,系统启动时扫描该文件夹中的所有 . dll 文件,验证对应的插件是否符合要求,而不需要对插件进行打包安装、写入注册表等操作。运用 . Net 反射机制需要引入 System. Reflection 命名空间,通过反射机制在运行时能够从对象中获取其类型,动态地创建类型的实例,还能够获取对象实例的成员(方法、属性等)。

系统平台加载插件的流程如图 10. 3 所示。

第一步:扫描系统指定的插件文件夹中的所有 . dll 文件;

第二步:判断每个 DLL 插件是否实现了 Iplugin 接口,若实现则为系统平台的扩展插件,将其添加进所有插件列表 AllPluginList 中,该列表中的插件可由插件管理器进行管理;

第三步:获取插件的 IsLoad 属性值,判断该插件是否需要被加载,若需要,则将其添加进加载插件列表 LoadedPluginList 中,该列表中的插件将生成菜单项挂接到平台上;

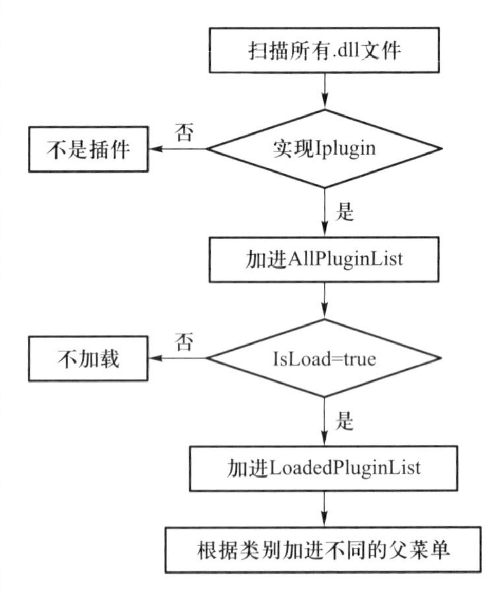

图 10. 3 系统平台加载插件流程
(朱声杰等,2018)

第四步:在动态添加菜单项时,将 LoadedPluginList 中的插件根据通过反射获得的插件类别(分为大气参数反演、陆表参数反演、水体参数反演三类)加进不同的父菜单中,使得菜单的体系层次清晰,便于用户操作。

插件加载完毕后,当用户需要调用插件时,单击插件对应的菜单项,激发通过反射获得的插件的事件响应方法,在该方法中,通过插件中的 Iappmain 型的属性,调用平台的 LoadWindow 方法来加载插件界面,进而可以调用插件的功能。

3）系统实现与测试

①插件动态扩展。将各个参数的反演模块根据 Iplugin 接口规范分别构建独立的插件，在系统平台中可以借助插件管理器控制它们是否加载，实现动态扩展插件功能。

为便于对所有参数反演插件集中进行管理，平台中构建了一个插件管理器。在左边的列表中选择插件，右边文本框显示相应插件的基本信息；通过勾选/取消勾选操作，决定插件是否加载到系统平台中。单击下方的“更新”按钮后，所有被勾选的插件将会被加载，而未勾选的则从平台中卸载，插件是否被加载的信息被保存在 IsLoad 属性中，进行同步更新，平台菜单栏中插件对应的菜单项也得到更新。

插件管理器的重用和扩展能力，使得反演系统在替换和添加参数反演模型时简便易行，为实现大气参数、陆表参数、水体参数反演插件的集成奠定了基础。

②反演模型算法优化与实现。遥感反演系统开发的关键在于反演模型算法的优化与插件的开发。GF-4 卫星 PMS 传感器获取的每景影像，解压后的数据量约为 1 GB，参数反演过程中涉及大量的数据运算。因此，在开发过程中需要优化反演模型的算法。此外，系统需要集成多个参数反演模型，每个反演模型都是一个独立的插件，这些插件如何独立成为一个可以动态挂接的模块，需要在开发中遵循插件开发要求进行。

参数反演模型的算法优化主要包括内存管理优化、运行速度优化和算法稳定性提高三个方面。

内存管理优化：在充分把握特征参数反演逻辑流程的基础上，在算法实现过程中合理分配并适时释放内存。对于覆盖大范围区域的图像处理任务，可在算法中应用图像分块技术，减少内存压力，以满足 GF-4 卫星数据的大数据量处理的要求。使用动态链接技术减少数据处理过程中程序对于内存的不必要占用。利用内存加锁、解锁技术，避免特征参数反演过程中对于同一内存数据的意外修改。

模型算法优化：在各特征参数反演模型的算法设计过程中，充分考虑算法的时间复杂度和空间复杂度，实现模型算法的优化。在特征参数反演模型复杂运算情况下，采用分治策略将反演模型合理划分成更小的处理单元，提升算法的运行速度。在算法实现过程中，尽量减少对于影像数据的 I/O 操作。此外，在编程实现过程中，可以从运算操作符、算法内部逻辑流程（如减少遍历和循环次数、选择合适的排序算法等）等方面进行改进，以提高模型算法的执行效率。

提高模型运行的稳定性：在编程实现过程中，仔细分析特征参数反演过程中的逻辑流程，避免算法逻辑错误带来的不良后果。充分考虑可能出现的异常，并合理利用各种程序设计语言和集成开发环境中的异常处理机制，捕获异常，作出相应响应，生成异常日志。由于 GF-4 卫星数据量大的特点，某些反演模型的运行时间较长，应在系统设计过程考虑将相应信息处理进程反馈到人机交互界面，以避免误操作。在反演模型编程实现时，严格按照软件开发管理规范进行，开发完成后，对算法程序进行严格的测试以保证程序运行的稳定性和结果的可靠性。

③软件测试与系统集成。软件测试是遥感反演系统开发过程中的一个关键环节，其

目的是以较小的代价发现尽可能多的编程错误。在遥感反演软件研制过程中,需要同步进行软件测试工作,其中包括单元测试、反演模块测试、模块集成测试和系统测试等环节,以评测程序源代码、功能插件及插件模块接口、系统软件功能及参数配置。好的测试用例的设计与测试方法,有助于提高遥感反演系统的可靠性、准确性和可维护性。

插件式遥感参数反演系统为各类反演模型集成提供了平台。在"基于 GF-4 卫星数据的特征参数反演技术"项目验收后,基于上述成果将逐步形成可以动态挂接不同参数反演插件模块、服务多个领域的遥感反演系统。

面对参数反演模型多样化与复杂化的发展需求,系统平台需要进一步提炼和完善平台扩展接口和插件接口的内容,使得各种类型的参数反演插件能够以标准化的快捷方式被开发和集成。为应对遥感数据的多元化综合应用的趋势,系统平台完善与扩展的方向应主要集中在处理算法的优化与多源数据协同反演建模等方面。

10.2 卫星遥感数据产品

自 1972 年 7 月 23 日美国发射第一颗地球资源卫星以来,随着对地观测技术的迅猛发展,光学遥感卫星对地观测获取数据能力迅速提高,遥感数据产品生产逐步形成了卫星遥感成像,星上存储,地面卫星接收站在视距范围内接收卫星传输信号,卫星遥感图像通过下传到达地面卫星接收系统,接收系统把获得的遥感图像存储,图像预处理系统对存储的图像经过云量监测和成像质量评估,分别进行辐射校正、几何校正后,按照"景"分幅,这是基本的图像数据产品的前期生产流程。用户可以根据不同需要,对遥感图像数据产品进行再次加工,如图像镶嵌、图像融合、图像分类等,形成需要的图像数据产品或遥感专题图。

10.2.1 生产流程与 GF-4 卫星数据产品

1)光学遥感数据产品生产流程

随着遥感信息在多个领域的广泛应用,以及遥感技术在某些领域的深入应用,数据产品生产流程呈现规范化、专业化和定量化的特点。

为方便遥感用户使用 Landsat 系列卫星的数据产品,该卫星数据采用了基于信息处理流程的数据分级,其分级方式是根据从传感器采集到的数据按照处理流程划分:如 0 级原始数据产品,对应地面站接收的原始数据,经格式化、同步、分帧等处理后生成的遥感数据集;1 级辐射校正产品,是经过辐射校正处理的遥感数据集;2 级是系统几何校正产品,它提供的遥感数据经过辐射校正处理和系统几何校正处理。为区分源于地球观测系统(EOS)卫星获取的影像生成的标准数据产品,1986 年,美国国家航空航天局(NASA)定义了一系列数据处理"级别",用户根据其级别来判断遥感数据在生产过程经过了哪些数据处理流程,便于用户知道如何更恰当地去利用这些数据产品。

同样,SPOT 系列卫星数据产品也沿用了统一处理级别体系来描述其产品,其规律是每提升一级,新的级别是由其低级别生成,同时它也是更高一级产品的输入数据。例如,SPOT5 卫星数据产品分级如下:0 级为原始数据;1A 级产品经辐射纠正处理后的产品;1B 级产品是在 1A 基础上做了系统几何校正的产品;2A 级产品将图像数据投影到给定的地图投影坐标系下,地面控制点参数不予以引入;2B 级产品在 1 级产品基础上,引入地面控制点参数,生成几何精度高的数据产品。

这种采用统一处理级别体系的分级方法,优点是逻辑清晰,其数据处理流程更多地考虑在每一步处理过程中消除像元中存在的不确定性信息,提高了每个像元的辐射值准确性与可比性,地理定位的准确性。然而,随着数据产品分级的深入,像元包含信息更具有针对性和专业性,这需要采用信息提取的方式来对遥感数据进行加工。注意到这个特点,顾行发等(2018)着眼于陆表信息或特征参数的提取,融合了数据处理流程的优点,提出了遥感数据产品的分类分级体系(表 10.2)。

表 10.2 遥感数据产品的分类分级体系一览表(顾行发等,2018)

分类	等级	名称	定义	示例
数据产品	0 级	原始影像数据产品	卫星载荷原始数据及辅助信息。经过数据解包、元数据检核、分景分幅,但未做任何校正	
	1 级	系统辐射校正产品	经过系统辐射校正,波谱复原处理,未进行几何校正的影像编码产品。但可通过传感器校正得到 RPC 并按照辅助数据进行提供	加 RPC 文件的以景为单位的数据/基于原始数据的经过辐射校正(光谱定标、辐射定标、暗电流校正)的数据
	2 级	系统几何校正产品	在 1 级产品的基础上,进行了系统几何校正(一般通过 RPC 或严密几何成像模型纠正)的影像编码产品,或映射到指定的地图投影坐标下的产品数据	以景为单位的数据产品
	3A	影像几何精校正产品	经过系统辐射校正的高精度地理编码产品	高精度定位图
	3B	影像正射校正产品	经过系统辐射校正的正射纠正地理编码产品	正射图产品
	3C	影像融合产品	光学全色与多光谱数据融合后的产品	多光谱融合图像产品
	3D	影像匀色镶嵌产品	匀色纠正的地理编码产品	大区域影像图产品
	3E	影像地图产品	标准影像地图产品	1∶25 万地图产品
	3F	影像云掩膜产品	经过云检测处理,检测出的厚云分布掩膜产品	云检测产品

续表

分类	等级	名称	定义	示例
数据产品	3G	影像表观辐亮度产品	经过定标处理,得到入瞳处辐亮度场,形成的表观辐亮度数据产品	表观辐亮度产品
	4A	目标辐射产品	目标基础遥感辐射物理参数产品	云亮温、大气光程产品、光谱吸收峰产品
	4B	目标分类产品	分类、变化监测处理产品	秸秆燃烧产品、烟排放、云分类
	5级	目标物理特性产品	目标本征物理量产品,与具体观测手段无关。以目标物理量为主	气溶胶光学厚度产品、PM2.5产品、PM10产品、专题信息产品
	6级	目标专题特性产品	结合社会经济数据、行业专家知识,通过综合分析产生的专题信息产品	月/旬/季合成产品、沙尘暴过程、天气预报、污染监测报告

2015年12月31日,中国科学院提出、原中国科学院遥感与数字地球研究所牵头编制了推荐性国家标准《卫星对地观测数据产品分类分级规则》(GB/T 32453—2015),2016年7月,正式由原国家质量监督检验检疫总局、国家标准化管理委员会发布。该标准通过开展对现有国内外主要遥感卫星系列的数据分类分级方案,相关国际标准和国家标准的广泛调研,针对目前和近期主要国产卫星对地观测数据产品类型及其不同类型用户对其分类分级的需求,提出数据产品的分类分级规则,建立了统一的卫星对地观测数据产品分类分级体系,有力支持了我国高分辨率对地观测系统重大专项共性关键技术研发,也为GF-4卫星特征参数遥感反演产品分类分级提供了依据。

2)GF-4卫星数据产品的分类分级

依据《卫星对地观测数据产品分类分级规则》规定,分类体系由大类、中类和小类组成。大类包括光学数据产品、微波数据产品和地球物理场数据产品三种。GF-4卫星数据产品在大类上属于光学数据产品,中类属于多光谱数据产品。在分级体系中,遥感反演产品介于五级子级4(L5-4)~子级6(L5-6),其具体描述与解释详见表10.3。

表10.3 卫星对地观测多光谱数据产品分级一览表(引用国家标准GB/T 32453—2015)

卫星对地观测数据产品分级		解释	备注
0级(L0)		是指按条带、按景或按区域分发的经过解格式,压缩处理的原始数据产品	各级产品根据需要可以划分为子级或扩充级
1级(L1)	子级1(L1-1)	相对辐射校正	基础类数据产品
	子级2(L1-2)	绝对辐射校正	基础类数据产品

续表

卫星对地观测数据产品分级		解释	备注
2 级(L2)	子级 1(L2-1)	仅经过系统几何校正	基础类数据产品
	子级 2(L2-2)	相对辐射校正和系统几何校正	基础类数据产品
	子级 3(L2-3)	绝对辐射校正和系统几何校正	基础类数据产品
3 级(L3)	子级 1(L3-1)	仅经过几何精校正	以下 3 级~6 级产品属增值类数据产品
	子级 2(L3-2)	相对辐射校正和几何精校正	
	子级 3(L3-3)	绝对辐射校正和几何精校正	
4 级(L4)	子级 1(L4-1)	仅经过地形几何校正的数据产品	
	子级 2(L4-2)	经相对辐射校正和地形几何校正的数据产品	
	子级 3(L4-3)	经绝对辐射校正和地形几何校正的数据产品	
5 级(L5)	子级 1(L5-1)	要素级融合的数据产品	据信息融合程度细分
	子级 2(L5-2)	特征级融合的数据产品	
	子级 3(L5-3)	决策级融合的数据产品	
	子级 4(L5-4)	完全基于参量本身的反演产品	从参量反演的视角划分子级 4~子级 6
	子级 5(L5-5)	采用交叉检验方法进行验证的反演产品	
	子级 6(L5-6)	经过现场真实性检验的反演产品	

3）GF-4 卫星数据产品生产

目前,基于 GF-4 卫星遥感参数反演系统,根据研制任务要求,实现了 GF-4 卫星数据产品生产,为基于 GF-4 卫星数据产品应用提供了特征参数产品集。下面从大气、地表和水体三个方面分别阐述 GF-4 卫星参数产品生产。

(1)大气参数产品生产

大气参数产品包含云检测与云覆盖产品、气溶胶光学厚度产品。

云检测与云覆盖参数产品是根据 L1-1 级的 GF-4 数据计算得到,包含单景云覆盖产品和凝视影像序列云覆盖产品两类。

- 单景云覆盖产品基于单景 GF-4 影像经云检测算法生成,其结果为二值的云掩模影像。产品命名为原始影像名称+‘_Cloud_’+12 位产品生成时间。

- 凝视影像序列云覆盖产品为基于某一区域的凝视成像(2~20 景)而生成的单一云掩模影像,其反映的是某一时间段中云在观测区域中的覆盖变化。产品命名为原始影像名称+‘_CloudNS_’+12 位产品生成时间。

气溶胶光学厚度产品需要云检测与云覆盖产品作为输入,该产品包含 1 km 气溶胶产品和平滑 50 m 气溶胶产品两类。

- 1 km 气溶胶产品为经过 20 像元×20 像元聚合之后的 1 km 气溶胶光学厚度产品。产品命名为原始影像名称+‘_Aerosol_’+12 位产品生成时间。由于分辨率发生了改变,该产品在生产时会自动生成名为原始影像名称+‘_Longitude_’+12 位产品生成时间、原始影像名称+‘_Latitude_’+12 位产品生成时间的同分辨率经纬度文件作为地理坐标标识。
- 平滑 50 m 气溶胶产品为 1 km 气溶胶产品的 50 m 空间分辨率插值产品,目的是为了匹配后续产品生产时所需的分辨率。其产品命名为原始影像名称+‘_Smooth_Aerosol_’+12 位产品生成时间。

(2)地表参数产品生产

地表参数产品包含地表反射率产品、地表反照率产品、植被指数产品、植被覆盖度产品和叶面积指数产品 5 种类型。

地表反射率产品作为后续地表参数和水体参数反演的中间产品,是地表参数反演的基础。地表反射率产品包含红、绿、蓝和近红外四个波段的反射率数据,产品命名为原始影像名称+‘_Reflectance_’+12 位产品生成时间。

地表反照率产品是在地表反射率产品的基础上,根据半球反射率公式计算得到的。反照率计算分为 BRDF 模型和 AB 算法二类。产品命名为原始影像名称+‘_Albedo_’+12 位产品生成时间。

植被指数产品是在地表反射率产品基础上计算得到的,特征参数反演系统提供了三种不同的植被指数(NDVI、EVI、SAVI)产品生成方法。这三种指数可反映出我国主要作物的生长状况,适应性强。另外,植被指数产品还提供 16 天合成的植被指数合成产品。合成产品通过将每 16 天周期内的遥感影像及其反演结果进行融合,生产出代表时间段内植被长势情况的、具有更高精度的 16 天合成植被指数产品。产品命名为原始影像名称+‘_[VI]_’+12位产品生成时间,其中[VI]根据植被指数种类的不同分别为 NDVI、EVI、SAVI,其中合成产品后面加上_syn 字样以示区别。

植被覆盖度产品是在植被指数产品的基础上计算得到的,一般以 NDVI 产品为基础。植被覆盖度产品反映区域内被植被覆盖的比例状况。产品命名为原始影像名称+‘_FVC_’+12位产品生成时间。

叶面积指数产品是在植被指数产品和地表反射率产品的基础上计算得到的,计算 LAI 可以选用经验模型或物理模型。经验模型以植被指数产品作为输入参数,经过统计经验回归计算得到。产品命名为原始影像名称+‘_LAI_’+12 位产品生成时间。LAI 物理模型将地表反射率产品作为输入,反演时综合考虑所有 GF-4 多光谱四个波段的反射率。产品命名为原始影像名称+'_LAI_wl_'+12 位产品生成时间。

(3)水体参数产品生产

水体参数产品生产包括水体指数产品和雪盖指数产品。

水体指数是在地表反射率产品的基础上,通过分析水体的特有光谱反射特征并结合 GF-4 卫星传感器波段设置特点,构建的水体指数模型。水体参数产品是采用水体指数计算得到的水体在地表分布的情况。产品命名为原始影像名称+'_WaterIndex_'+12 位产品生成时间。

雪盖指数是在地表反射率产品的基础上,依据积雪光谱反射率特性构建雪盖指数进一步计算得到的数据产品,它反映了地表被积雪覆盖的情况。产品命名为原始影像名称+'_SnowIndex_'+12位产品生成时间。

在运用 GF-4 卫星遥感参数反演系统生产特征参数遥感反演产品中,从便于用户使用角度考虑,分别提供了单一参数遥感产品生产或产品批处理生产两种方法,其中产品批处理生产,是在不需要使用者干预的情况下,按照遥感反演系统中默认设置,生成特征参数遥感反演的各种产品。鉴于地表状况复杂多变,遥感反演系统中采用的模型、算法和默认设置也需要结合具体地域和应用要求不断改进与完善。

10.2.2 存在的问题与解决的途径

目前,包括 GF-4 卫星在内的遥感数据产品生产,一直沿用地面端遥感信息处理加工模式与依赖地面运行的遥感参数反演系统进行数据产品生产方式,从用户需求和提升卫星资源利用效率角度看,至少存在以下主要问题:

(1)无法满足遥感数据产品实时生产与准实时应用的迫切需求

遥感数据产品应用流程目前采取"卫星成像—星上数据存储—数据对地传输—地面接收—数据预处理—数据产品生产—分发给用户—最终用户应用数据产品"的传统方式。从遥感数据获取到遥感信息被最终用户所应用,上述流程至少经过多个传输环节,最终用户一般需要几小时甚至数十小时才能拿到数据产品,信息获取滞后,遥感信息时效性差,特别是在重大自然灾害监测与突发事件中,这种数据产品的生产效率,无法满足人类对遥感数据产品的急迫应用需求。

(2)成像过程中缺乏场景自适应性与智能预测能力

卫星搭载的光学传感器,对地成像过程中缺乏对遥感图像应用价值的判读能力,主要是根据卫星运行轨道和提前设定的成像区域对地观测。由于地球表面1/3~1/2区域经常覆盖有云层,地表信息被云层所覆盖,卫星遥感图像大多数达不到应用要求,更无法满足遥感数据产品的生产质量要求。由于在轨卫星和地面系统被割裂,云层信息难以及时反馈,成像时缺乏场景自适应性与智能预测能力,在全云区仍然成像,在多云区无法及时告知相机成像最佳指向角度,获取的图像大部分覆盖云层,几乎没有利用价值,大量的多云图像占据了星上有限的固态存储空间,造成在轨卫星资源的巨大浪费。

(3)数据下传通道资源浪费或下传图像质量降低

随着遥感图像空间分辨率与光谱分辨率大幅度提高,星载传感器获取的图像迅速增加,星-地数据传输带宽与星-地间可视时间段传输成为制约遥感大数据下传的瓶颈。覆盖大量云层的图像,应用价值不高,卫星下传这些云覆盖图像,增加了下行数传带宽的压力,造成星-地数据传输通道资源的巨大浪费;在有限的星-地间可视时间限制下,为保证大画幅的高分辨率遥感图像(包括大部分被云层覆盖的遥感图像)发送回地面,需要对下传图像进行有损压缩,提高图像传输量,在卫星地面接收站再进行图像解压缩和其他预处理,有损压缩图像复原将丢失图像大量细节信息。

针对上述问题,国内外一些航天部门或公司开始探索卫星在轨智能信息处理与星上数据产品生产的途径与方法。

Pingree(2010)指出,由美国国家航空航天局支持研制的一款先进的星上处理系统,在卫星地面站的指令操作下,可以选择在星上对高光谱数据(196个波段,0.4~2.5 μm)进行处理,一景200 MB原始图像处理成用户想要的最终产品,其数据量不到20 KB,在30分钟内就可以下传至最终用户终端。

张兵(2011)有针对性地论述了新一代“智能遥感卫星系统”的概念及其主要特点,重点介绍了自适应遥感成像和星上数据实时处理,并设计了一套具有自适应成像和应用模式优化能力的智能高光谱卫星有效载荷系统。

吕红等(2014)指出,未来中国智能遥感载荷系统技术将重点向以下几个方面发展:针对不同的目标和环境,改变空间分辨率、谱段、方位指向以及曝光时间等,以获得最佳成像品质。遥感图像在轨解译技术从信息获取的源头完成数据量向信息量的转变,保证下行数据的有效性,提高突发事件感知能力。

欧洲航天研究机构协会(ESRE)在向欧盟提交的《欧洲空间技术发展优先级与路线图(2018—2030)》中提出,将按照2018—2020年、2021—2025年和2026—2030年三个阶段,通过研发颠覆性创新技术、增强版有效载荷及应用服务等一系列举措,提升其在小卫星领域的竞争力。其中,2018—2020年的关键目标是对小卫星星座的验证任务进行任务定义和关键技术研发。技术研发所涉及的关键内容包括分布式在轨数据处理、加工和分析技术等(付郁等,2019)。

上述情况表明,由地面接收站和数据生产中心负责完成的光学遥感卫星数据预处理与数据产品生产,其中大部分传统任务可以上移到星载环境下完成,实现“卫星成像→星上图像预处理→星上遥感信息分类与识别→图像处理结果(含数据产品)下传至卫星地面站或移动车接收终端→分发给终端用户使用”,显然,这是与传统卫星遥感信息地面处理不同的一种新模式,将带来遥感数据预处理和产品生产方式的巨大改变。与传统地面生产遥感数据产品相比,该模式重要意义主要体现在以下方面:

- 数据产品生产的实时性。星上实时处理对地观测图像,可以在十几分钟至一小时之内将卫星遥感处理的结果形成数据产品,及时通过微波下传通道发送到最终用户手中,发挥卫星遥感现势性强的优势,方便最终用户及时用到这些数据产品。在地震等重大灾害突发时,星上实时处理对地观测图像,可以充分体现卫星遥感获取地表信息速度快、周期短、覆盖范围大的特点,及时了解与评估重大灾害区域的情况,为抢救震灾区人员生命提供及时可靠信息,这是传统地面端生产遥感数据产品无法做到的。因此,星上图像实时预处理与遥感数据产品生产具有无法比拟的优势。
- 提高了卫星数据下传通道资源的利用率。随着传感器成像智能预测和场景自适应成像技术发展,卫星对地观测具有低分辨率感知能力、高分辨率重点目标详查能力,它们直接推动了在轨卫星遥感数据预处理技术和数据产品生产方式发展。这种在轨遥感数据产品生产方式,针对性更强,减少下行传输的数据量,降低了卫星图像下行传输压力,为无损下传高分辨率遥感图像创造了条件。

10.2.3 星上遥感反演产品智能化生产

星上遥感反演产品智能化生产是未来发展的主要趋势,也是各国航天部门与卫星数据公司竞相发展的前沿科学与技术,它主要表现在如下方面:

(1) 场景自适应驱动下的任务规划、成像预测与对地观测

场景原来指戏剧中的场面,这里指遥感器对地观测视野中的地表景观。在轨卫星自适应成像的关键技术难点在于在轨卫星传感器随着卫星轨道运动与姿态控制,自主实现不同场景的判定与分类处理,依据遥感相机的视场所对应的下垫面与天候,自适应决定成像区域。为了实现该目标,需要运用人工智能方法,结合前视广角传感器提供的天气状况与云层分布信息,确定在什么时间采用何种模式对观测目标实施成像规划,并针对不同的地表环境,自主改变空间分辨率、谱段、方位指向以及曝光时间等,以获得最佳成像品质。

实现场景自适应驱动,需要积极发展智能遥感载荷系统关键技术,开展顶层系统设计,分别从遥感载荷系统硬件、软件和地表环境知识库三方面支持场景自适应的对地观测。

从顶层设计角度看,智能遥感载荷系统至少应包括:前视宽视场遥感器,用于获取卫星运行轨道两侧和前方低分辨率遥感图像,以及成像规划与预测成像区域;高分辨率遥感

器,用于对少云或无云区域成像;地表环境知识库,用于对云量检测、图像质量评价等,支持场景自适应决策。

针对在轨卫星场景自适应驱动下的任务规划与成像预测需要,需要研制基于前视宽视场遥感器获取的低分辨率遥感图像云检测星上模块、图像质量评价和多场景图像质量比较模块,构建场景和任务类型映射表,指导遥感器根据预测成像区域对地观测并成像。

根据星载智能遥感载荷系统平台的技术要求,研究高集成度设计方法,提高载荷元器件高密度布局的信号稳定性及高频串扰抑制,发展体积小与质量轻的星载遥感载荷,加强空间环境下高速大容量存储器的防护措施,提高遥感载荷系统的可靠性和扩展性。分析并制定智能遥感载荷系统软件的结构划分、文件系统的设计、引导程序的加载流程方案;研究软件的模块间的低耦合度设计方法和智能遥感载荷系统核心软件部分的最小化更新技术;研究与卫星地面站和移动地面终端的通信机制,研究软件更新后的在轨自测技术,保障上注卫星软件更新需求;从星载智能遥感载荷系统软件完整性、可更新性要求出发,提高星上智能遥感载荷系统的可靠性。

从支持场景自适应驱动出发,构建面向应用的遥感图像知识库,该知识库包括综合考虑空间特征、地物的时间特征、地物的波谱特征的不同地物波谱库,全球多种分辨率的地面高程格网数据,具有代表性的不同地区不同季节的全球大气廓线,以及全球不同类型的土地覆盖类型分布图等各种先验知识。遥感图像知识库为卫星成像规划、星上遥感图像预处理和地物特征信息自动提取提供必要的智能化技术支撑。

(2)在轨遥感数据实时预处理

在轨遥感数据实时预处理,是指在轨卫星获取的原始数据直接在星上预处理,形成可以用于地物参数反演所需要的标准数据产品。预处理主要包括图像辐射校正、大气校正、几何校正等。尽管目前地表图像预处理技术非常成熟,大多数的商业化软件都具备这方面的功能。但是,适用于地面数据预处理的成熟算法,在星上特殊的图像预处理环境下,往往无法直接使用。将图像预处理模型与算法移植到星上实时预处理系统中,需要充分考虑在轨卫星硬件与软件环境的约束,保证算法与处理程序的高可靠、标准化、模块化、可扩展、可重构、高集成度等严格要求。Visser 和 Dawood(2004)给出了澳大利亚 2002 年 12 月发射的 FedSat 试验卫星用来监测自然灾害的示范案例。该卫星搭载了名为 HPC-1 的可重构在轨处理原型系统,可利用星上红外探测(BIRD)传感器获取的数据在轨检测火灾,一旦发现火灾,能够在很短时间内将火灾信息直接广播给有关各方。在星载硬件和软件环境的支持下,我国卫星遥感数据在轨预处理已经在火点监测、船舶监测、星上对云识别等任务中得到了初步的应用试验。

除了上述提到的部分应用试验外,实现卫星遥感数据实时预处理,尚有大量研究与实验有待开展,例如,实现在轨遥感数据实时预处理,需要充分考虑星载传感器环境的约束,在模型复杂度、鲁棒性和泛化能力间寻找最佳的平衡点,对在轨图像预处理算法进行剪裁优化,切实保障实时预处理的可靠性与业务化。

(3)遥感反演产品星上智能化生产

目前,星上遥感图像处理仍然处在从“数据到数据”的探索实验阶段,在实现从“遥感数据到反演产品”生产上几乎是空白。迫切需要针对在轨卫星环境的特点,发展星载遥感反演产品的生产方法与技术,实时提供高质量、高精度遥感反演产品,满足国家的重大应用需求。

遥感反演产品星上生产,既有类同于在地面上遥感反演产品生产的方面,也有不同于地面反演产品生产的方面。

与地面上遥感反演产品生产类同的方面,主要包括:

- 遥感反演产品生产过程中面临的“病态反演”(ill-posed)的问题仍然存在,遥感反演产品星上生产,也需要利用先验知识库或增加新的信息源的途径来解决。
- 图像预处理基本流程不变,这包括光学遥感图像(多光谱/高光谱)的辐射校正、大气校正(若需要的话)、几何校正等基本流程、处理顺序与地面端类似。
- 参数反演的基本流程不变,包括根据参数反演目标(获取哪种地物参数数据产品)和遥感图像各项参数(如传感器空间分辨率、波段数目、每个波段设置区间、卫星成像瞬间的地方时、应用地域等),优选或者构建反演模型和反演算法。确定模型和算法所需的其他相关参量,开展遥感反演产品的生产。利用先验知识库或者交叉验证方式对反演产品真实性进行验证,判别反演产品结果是否适合应用。

受到在轨卫星软硬件环境的制约,星上遥感反演产品生产与地面上不同方面,主要包括:

①星上运行的反演模型与算法的可靠性和高效性显著高于地面参数反演系统。因此,遥感反演系统上注到在轨卫星之前,应根据星上硬件平台性能需求,研究并比较同类产品不同反演模型(如经验模型、半经验模型或物理模型)的特点,从同类产品不同反演模型优选出适用于星上硬件平台的反演模型,在地面端相同软硬件环境下,对该模型的不同算法进行比较优化,逐步形成适用于星上苛刻环境的遥感反演优化算法库,为星上参数反演系统生产遥感数据产品提供支撑。

②构建遥感反演知识库(或专家系统)支持星上遥感反演产品的生产。在地面端,遥感反演系统在生产遥感产品中碰到难以解决的问题,可以通过人机交互方式来解决。而在星上系统生产遥感产品时碰到棘手的问题,只有依赖遥感反演知识库,运用遥感反演专家知识来指导与帮助星上遥感反演系统来选取模型、算法和运行参数,如根据不同任务需求与卫星观测区域范围,确定反演产品需要的地理背景参数选取,以及选取的参数与反演模型算法动态结合的方法与途径,可以说遥感反演知识库对于指导遥感反演产品生产具有不可替代的作用。

③人工智能在星上遥感反演产品生产中发挥着重要作用。人工智能作为21世纪三大尖端技术之一,是对人的意识、思维的信息过程的模拟(李德仁等,2017)。星上智能化

生产,实质上是运用人工智能取代人来解决星上遥感数据产品生产出现的专业问题,以保障遥感数据产品专业化与规范化生产。尽管星上遥感反演成品的基本生产流程不变,星上遥感反演系统生成数据产品后,需要人工智能的支持,从先验知识库调取定量指标对产品质量进行评估与分析,进行精度评估,确定遥感反演产品的质量等级。针对验证结果,发现反演模型或算法存在的问题,星上系统可以发出相关信息,通过地面端进行完善与优化,在相同星上软硬件环境下生成运行程序,并进行反汇编。与星上模型或算法进行比对后,通过上传通道实现差异化上注,并通过指令启动更新版本软件,使用优化后的系统生产遥感反演产品。遥感产品在生产过程中,由于不同地域光热水空间分布的差异性以及地形地貌条件不同,为提高反演模型的精度,需要依据成像地域的相关先验知识对模型反演结果进行检验,在人工智能支持下对系统运行的反演模型参数进行校正,实现模型参数的本地化,改善遥感数据产品的质量。

可以说,星上遥感反演产品的生产,是对传统地面端遥感反演产品生产模式的创新,它对于实现我国遥感图像产品的定量化、智能化与实时化具有重要意义。相较于地面端遥感反演产品生产,在轨星上生产遥感产品在时效性上具有无可比拟的优势,充分体现出遥感技术实时动态监测的真正优势,它代表着遥感数据产品生产的未来发展方向。

参考文献

付郁,韩维.2019.欧洲航天产业对小卫星技术的发展规划.国际太空,(6):42-45.

顾行发,余涛,等.2018.面向应用的航天遥感科学论证理论、方法与技术.北京:科学出版社.

金川,秦其明,汪冬冬,阿布杜瓦斯提·吾拉木.2007.干旱监测遥感支持系统的设计与实现.遥感学报,11(3):420-425.

李德仁,王密,沈欣,董志鹏.2017.从对地观测卫星到对地观测脑.武汉大学学报(信息科学版),42(2):143-149.

吕红,苏云,陈晓丽,李娜.2014.一种基于人工智能技术的卫星遥感载荷系统方案.航天返回与遥感,35(3):43-49.

秦其明.1994.重视发展我国的地理信息产业.科技导报,(8):19-21.

秦其明,王洪庆,刘海涛,李喆.2003.海洋数据多维动态显示系统的设计与开发.地理与地理信息科学,(4):93-96.

汪冬冬,秦其明.2004.基于COM技术的遥感参数反演系统设计与实现.计算机工程与应用,40(31):99-101.

张兵.2011.智能遥感卫星系统.遥感学报,15(3):1-3.

朱声杰,秦其明.2017.插件式遥感参数反演系统的设计与开发.遥感技术与应用,32(1):180-184.

Pingree P J.2010.Advancing NASA's on-board processing capabilities with reconfigurable FPGA Technologies. In:Thawar T A(ed.)*Aerospace Technologies Advancements*.Rijeka:InTech.

Visser S J, Dawood A S.2004.Real-time natural disasters detection and monitoring from smart earth observation satellite. *Journal of Aerospace Engineering*, 17(1):10-19.

索　　引

B

C

D

E

F

G

Y

Z

后　记

在本书即将付梓之际,有必要把本书学术思想形成与撰写过程予以记录,便于有兴趣的读者了解。

定量遥感是北京大学遥感与地理信息系统研究所传统的优势研究方向,具有长期和丰富的科研和教学积累。笔者自 2001 年起主持国家“863 计划”项目“遥感关键应用参数反演”(2001—2003 年),至今恰好 20 周年。这 20 年,伴随着中国经济持续快速发展,定量遥感应用也得到了快速发展。这期间,笔者先后主持并完成国家“863 计划”项目“农田干旱信息的多源时空遥感反演”(2009—2011 年),国家自然科学基金项目“水分和养分胁迫下的农田混合光谱观测试验与变化机理研究”(2011—2013 年),国家“十二五”科技支撑计划课题“全球变化环境下作物产量的影响与适应监测评估技术”(2012—2014 年),国家自然科学基金重点项目“农田遥感监测机理与生态过程关键参数反演”(2013—2017 年)、国家国防科技工业局项目“基于 GF-4 卫星数据的特征参数反演技术”(2015—2019 年)。

自 2013 年 4 月我国成功发射 GF-1 卫星起,迄今已经成功发射 7 颗民用高分卫星。我国遥感卫星为我国环境监测、灾害防治、资源调查和农林应用提供了数据资源的保障,也为笔者承担的高分专项应用共性关键技术项目“基于 GF-4 卫星数据的特征参数反演技术”和“GF-7 卫星高精度农作物信息提取技术”、国家重点研发计划项目中“作物生长与生产力卫星遥感监测预测”课题及“城乡生态环境综合监测技术集成与应用示范”课题等部分任务提供了数据支持。

从 2004 年起,笔者连续 17 年主持了北京大学“定量遥感”暑期研究生课程班,邀请国内外专家前来授课。授课专家在定量遥感方面开阔的学术视野和渊博的学识,给笔者科研与教学有益的启发。

笔者所在实验室的在站博士后、研究生和本科生,先后参加了“基于 GF-4 卫星数据的特征参数反演技术”立项建议书撰写、野外观测与野外数据采集、模型构建、软件编程、软件测试等工作,或参与本书中涉及的参数反演应用验证。他们包括任华忠、叶昕、王俊、吴伶、张源、周公器、隋娟、张添源、吴自华、孙元亨、张成业、张瑶、郑小坡、孙越君、汪子豪、龙泽昊、张兆旭、赵聪、许伟、韩谷怀等。

在本书撰写过程中,其他单位参与高分四号项目研究的人员也多次参与会议讨论并对书稿相关内容进行修改补充。本书还得到了国内许多专家、学者的支持和指导,他们为本书的出版提供了宝贵意见和建议。尤其是吴自华承担了书稿送交出版社前的统一编辑排版工作,为本书成稿付出了辛勤的劳动。笔者在此一并感谢。

秦其明

2020 年 10 月

于北京大学遥感楼

郑重声明